Vorwort

Vorlesungen zur *Linearen Algebra* gehören zu den Pflichtveranstaltungen der mathematischen Grundausbildung von allen Studenten der ingenieurwissenschaftlichen, wirtschaftwissenschaftlichen, naturwissenschaftlichen sowie informations- und kommunikationstechnischen Fachrichtungen an Fachhochschulen, Hochschulen und Universitäten.

Das in einem Band erscheinende Arbeits- und Übungsbuch zur *Linearen Algebra* in der Reihe „Mathematik-Studienhilfen" gibt eine knappe, konzentrierte Darstellung der wesentlichen Begriffe, Ergebnisse und Methoden und stellt das Einüben und Trainieren dieser anhand zahlreicher Beispiele mit vollständigen Lösungen in den Mittelpunkt. Das Buch eignet sich daher insbesondere zum Selbststudium und zur Prüfungsvorbereitung.

Die zentralen Gleichungen der *Linearen Algebra* sind lineare Gleichungssysteme $\boldsymbol{Ax} = \boldsymbol{b}$ und Eigenwertgleichungen $\boldsymbol{Ax} = \lambda\boldsymbol{x}$. Es ist einfach faszinierend, wie viel man über diese beiden Gleichungen sagen (und lernen) kann. Viele Anwendungen sind diskret und nicht kontinuierlich, digital anstatt analog und linearisierbar anstatt unberechenbar und chaotisch. Dann aber sind Matrizen und Vektoren die geeigneten Objekte und die *Lineare Algebra* die richtige Sprache; an die Stelle von kontinuierlichen Funktionen treten Vektoren.

Unser Buch ist so angelegt, dass es in der vorgegebenen Reihenfolge, ohne Auslassungen, sicher aber mit häufigem Zurückblättern, bearbeitet werden kann. Die Sätze sind grau unterlegt, durchnummeriert und (fast) jeder Satz mit einem Namen versehen. Eine Definition erkennt man nicht daran, dass davor *Definition* steht, sondern daran, dass der zu definierende Begriff **fett** gedruckt ist. An zahlreichen Beispielen können Sie die zentralen Begriffe und Methoden der *Linearen Algebra* trainieren. Jedes Kapitel beinhaltet Aufgaben, deren Lösungen am Ende abgedruckt sind. Sie finden zwei Sorten von Aufgaben. Zum einen ganz einfache Kästchenaufgaben bzw. Richtig- oder Falsch-Aufgaben, diese dienen zur unmittelbaren Selbstkontrolle und zum anderen die eigentlichen Aufgaben. Bei diesen habe ich mich bemüht, keine unnötigen Tricks einzubauen, sondern Ihnen Erfolgserlebnisse zu ermöglichen. Das Sachwortverzeichnis ist recht ausführlich angelegt, um das Auffinden von Definitionen und Erläuterungen beim Zurückblättern oder bei der späteren

Arbeit mit dem Buch zu erleichtern. Beweise habe ich nur dann geführt, wenn sie wesentlich zum Verständnis der betrachteten Zusammenhänge beitragen. In der Regel werden mathematische Sätze jedoch nur formuliert und ihre Bedeutung wird an Beispielen aufgezeigt. Sind Sie an vollständigen Beweisen interessiert, so verweise ich Sie auf die angegebene Literatur.

Ich habe mich bemüht, Bezeichnungen konsistent über das ganze Buch hinweg zu verwenden. Punkte, Mengen und lineare Abbildungen werden mit großen lateinischen Buchstaben A, B, C, usw. bezeichnet. Besonders wichtige Mengen, wie zum Beispiel die reellen Zahlen $\mathbf{R}$ werden ebenfalls mit großen lateinischen Buchstaben geschrieben, darüber hinaus sind sie aber noch fett gedruckt. Reelle Zahlen sind kleine lateinische a, b, c, ... oder griechische Buchstaben α, β, γ, usw. Vektoren und Matrizen sind fett und kursiv geschrieben; Vektoren sind kleine ($\boldsymbol{a}$, $\boldsymbol{b}$, $\boldsymbol{c}$ usw.) und Matrizen sind große lateinische Buchstaben ($\boldsymbol{A}$, $\boldsymbol{B}$, $\boldsymbol{C}$, usw.).

Das vorliegende Buch habe ich vollständig in LaTeX mit der Hauptklasse scrbook des KOMA-Script Pakets erstellt. Die Literaturhinweise wurden mit BibTeX und der Index mit *MakeIndex* erzeugt. Alle Bilder wurden mit Hilfe von PSTricks erstellt. Ohne diese schönen Tools wäre dies alles viel schwieriger gewesen.

Für jede Anregung, nützlichen Hinweis oder Verbesserungsvorschlag bin ich dankbar. Sie können mich über Post oder E-Mail `gramlich@fh-ulm.de` erreichen. Auch nachdem das Buch in Druck gegangen ist, wird es weiterleben. So finden Sie auf meiner Homepage `www.rz.fh-ulm.de/~gramlich` eine ständig aktualisierte Fehlerliste zu diesem Buch, die `.bib`-Datei, in der die von mir angegebene Literatur steht und weitere interessante Links zur *Linearen Algebra.*

Ich danke meinem Kollegen Klaus Ressel und meinen Studenten Karin Lehner, Christian Beck und Stefan Polzer, die durch Hinweise auf Druck- oder Denkfehler, oder einfach durch ihr fachliches oder didaktisches Interesse an diesem Buch und seinem Inhalt, zur Verbesserung des Textes beigetragen haben. Dank an Herrn Engelmann für die Aufnahme in diese Reihe und an Frau Fritzsch für die vielen Hinweise zur Gestaltung dieses Büchleins.

Ulm, 26. März 2003 Günter Gramlich

Inhaltsverzeichnis

1 Lineare Gleichungssysteme und Matrizen

The simplest model in applied mathematics is a system of linear equations.
It is also by far the most important.
GILBERT STRANG

In vielen realen, aber auch innermathematischen Problemen treten *lineare Gleichungssysteme* auf; ihre Behandlung ist eines der wichtigsten Themen der *Linearen Algebra.* In der *Elektrotechnik* etwa führt die Anwendung der KIRCHHOFFschen Knotenregel für Schaltkreise auf lineare Gleichungssysteme, Bilanzaufgaben in *Technik* und *Ökonomie* werden mit linearen Systemen modelliert. Innerhalb der Mathematik werden Lösungen nichtlinearer Gleichungssysteme und Optimierungsaufgaben mit linearen Systemen gesucht (Quasi-NEWTON-Verfahren). *Interpolationen* und *Approximationen* von Kurven und Flächen mittels Spline- und anderer Funktionen führen auf lineare Systeme. Die *Integration* von Anfangswertaufgaben bei Systemen gewöhnlicher *Differenzialgleichungen*, die Diskretisierung von *Randwertaufgaben* bei gewöhnlichen und partiellen *Differenzialgleichungen* mittels *Differenzenverfahren* oder *finiter Elemente* oder das Lösen von *Anfangs- und Randwertaufgaben bei partiellen Differenzialgleichungen* führt über lineare Gleichungssysteme zur Lösung.

Zur sachgerechten Behandlung mathematischer Probleme der *Technik* und *Wirtschaft*, etwa zu Netzwerkberechnungen in der *Elektrotechnik* oder zur Berechnung von Fachwerken in der *Statik*, zur Lösung von *Transportproblemen* oder anderen *Optimierungsaufgaben*, zur qualitativen und quantitativen Diskussion *mechanischer dynamischer Systeme* bedient man sich der Matrizenrechnung.

1.1 Lineare Gleichungssysteme

Die Gleichung

$$2x - 5 = 3$$

ist eine lineare Gleichung, weil die Variable x linear in ihr vorkommt. Löst man die Gleichung $2x - 5 = 3$ nach der Unbekannten x auf, so erhält man die Lösung $x = 4$.

Allgemein ist eine **lineare Gleichung in einer Variablen** x von der Form

$$ax = b,$$

wobei a, b reelle Konstanten sind. Für $a \neq 0$ ist $x = b/a$ die Lösung. Eine **lineare Gleichung in n Variablen** $x_1, x_2, \ldots, x_n$ hat die Gestalt

$$a_1x_1 + a_2x_2 + \cdots + a_nx_n = b,$$

wobei $a_1, a_2, \ldots, a_n$ und b gegebene reelle Konstanten sind. Die reellen Zahlen a_i nennt man die **Koeffizienten** der Gleichung und $b \in \mathbf{R}$ ist die **rechte Seite** der Gleichung (Zur Schreibweise sei bemerkt, dass wir für die Variablen x_1, x_2, x_3 einer Gleichung auch x, y oder z schreiben. Kommen mehr als drei Unbekannte vor, so schreiben wir x mit Index, also x_1, x_2 usw.).

Eine **Lösung** der linearen Gleichung $a_1x_1 + a_2x_2 + \cdots + a_nx_n = b$ ist eine endliche Folge (n-Tupel) von n Zahlen $\bar{x}_1$, $\bar{x}_2$, …, $\bar{x}_n$ mit der Eigenschaft, dass die Gleichung durch die Substitution $x_1 = \bar{x}_1$, $x_2 = \bar{x}_2$, …, $x_n = \bar{x}_n$ erfüllt wird. Die Gesamtheit aller Lösungen heißt **allgemeine Lösung** (**Lösungsmenge**) der Gleichung.

Beispiel 1.1

Finden Sie die allgemeine Lösung der Gleichung

$$4x - 2y = 1.$$

Lösung: Um Lösungen dieser Gleichung zu finden, können wir für x einen beliebigen Wert aus $\mathbf{R}$ wählen und nach y auflösen; alternativ können wir auch irgendeinen Wert für y wählen und nach x auflösen. Der erste Ansatz liefert für $x = t$, wobei $t \in \mathbf{R}$ beliebig ist, $y = 2t - 1/2$. Die derart bestimmte **parameterabhängige Lösung**

$$x = t, \quad y = 2t - 1/2$$

ist die **allgemeine Lösung**, jede spezielle Wahl des Parameters t ergibt eine **spezielle Lösung** (**Teillösung**). Einzelne Lösungen erhalten wir durch Einsetzen entsprechender Zahlen für t. Beispielsweise liefert $t = 3$ die Lösung $x = 3$, $y = 11/2$. Schlagen wir die zweite Lösungsstrategie ein, so erhalten wir

$$x = 1/2t + 1/4, \quad y = t.$$

Obwohl sich diese Formeln von den ersten unterscheiden, beschreiben sie dieselbe allgemeine Lösung. Zum Beispiel liefert hier $t = 11/2$ genau die Lösung $x = 3$, $y = 11/2$, die wir oben für $t = 3$ erhalten haben. ■

Üblicherweise treten lineare Gleichungen mit mehreren Variablen nicht einzeln auf. Kommen endlich viele Gleichungen mit den Variablen x_1, x_2, ..., x_n vor, so spricht man von einem **linearen Gleichungssystem**. Die m linearen Gleichungen

$$\begin{aligned} a_{11}x_1 + a_{12}x_2 + \cdots + a_{1n}x_n &= b_1 \\ a_{21}x_1 + a_{22}x_2 + \cdots + a_{2n}x_n &= b_2 \\ &\vdots \\ a_{m1}x_1 + a_{m2}x_2 + \cdots + a_{mn}x_n &= b_m \end{aligned}$$

ergeben ein lineares Gleichungssystem mit n Variablen. Die beiden Gleichungen

$$\begin{aligned} x_1 - 2x_2 &= 1 \\ 3x_1 + 2x_2 &= 11 \end{aligned}$$

bilden ein lineares Gleichungssystem mit zwei Unbekannten, das heißt, es ist $m = 2$ und $n = 2$.

Eine **Lösung** des linearen Gleichungssystems ist eine endliche Folge von n Zahlen (n-Tupel) $\bar{x}_1$, $\bar{x}_2$, ..., $\bar{x}_n$ mit der Eigenschaft, dass jede Gleichung erfüllt ist, wenn man $x_1 = \bar{x}_1$, $x_2 = \bar{x}_2$, ..., $x_n = \bar{x}_n$ in das Gleichungssystem einsetzt. Besitzt ein lineares System keine Lösung, so sagt man, es ist **unlösbar** (**inkonsistent**); hat es eine Lösung, so ist es **lösbar** (**konsistent**). Sind die rechten Seiten des Gleichungssystems Null, das heißt $b_1 = b_2 = \cdots = b_m = 0$, so heißt das System **homogen**. Beachten Sie, dass ein homogenes Gleichungssystem stets die Lösung $x_1 = x_2 = \cdots = x_n = 0$ hat; man nennt sie die **triviale Lösung**.

Zwei Gleichungssysteme sind **äquivalent**, wenn sie dieselbe Lösungsmenge haben. Das lineare System

$$\begin{aligned} x_1 - 3x_2 &= -7 \\ 2x_1 + x_2 &= 7 \end{aligned}$$

hat die Lösung $x_1 = 2$ und $x_2 = 3$. Das lineare System

$$\begin{aligned} 8x_1 - 3x_2 &= 7 \\ 3x_1 - 2x_2 &= 0 \\ 10x_1 - 2x_2 &= 14 \end{aligned}$$

hat ebenfalls die Lösung $x_1 = 2$ und $x_2 = 3$. Daher sind die beiden Systeme äquivalent.

1.2 Matrizen

Das rechteckige Zahlenschema

$$\begin{bmatrix} a_{11} & a_{12} & \cdots & a_{1n} \\ a_{21} & a_{22} & \cdots & a_{2n} \\ \vdots & \vdots & \vdots & \vdots \\ a_{i1} & a_{i2} & \cdots & a_{in} \\ \vdots & \vdots & \vdots & \vdots \\ a_{m1} & a_{m2} & \cdots & a_{mn} \end{bmatrix}$$

mit $a_{ij} \in \mathbf{R}$, $i = 1, 2, \ldots, m$, $j = 1, 2, \ldots, n$ heißt **Matrix mit m Zeilen und n Spalten** oder (m, n)-Matrix. Die reellen Zahlen a_{ij} sind die **Elemente der Matrix**. Zum Beispiel ist

$$\begin{bmatrix} 1 & \sqrt{2} & -2 \\ 7 & -3 & \pi \end{bmatrix}$$

eine Matrix mit 2 Zeilen, 3 Spalten und insgesamt 6 Elementen. Ein lineares Gleichungssystem mit m Gleichungen und n Unbekannten können wir als Matrix in der Form

$$\begin{bmatrix} a_{11} & a_{12} & \cdots & a_{1n} & b_1 \\ a_{21} & a_{22} & \cdots & a_{2n} & b_2 \\ \vdots & \vdots & \vdots & \vdots & \vdots \\ a_{i1} & a_{i2} & \cdots & a_{in} & b_i \\ \vdots & \vdots & \vdots & \vdots & \vdots \\ a_{m1} & a_{m2} & \cdots & a_{mn} & b_m \end{bmatrix}$$

schreiben, wenn wir uns merken, dass die Matrixelemente in der j-ten Spalte mit der Variablen x_j zu multiplizieren sind, zwischen zwei Spalten ein Pluszeichen $+$ und zwischen der vorletzten und letzten Spalte ein Gleichheitszeichen $=$ steht. Wir nennen diese Matrix die **erweiterte Koeffizientenmatrix des linearen Gleichungssystems**. Erweitert deshalb, weil die rechte Seite des Gleichungssystems mit in die Matrix aufgenommen wird. Ist dies nicht der Fall, so spricht man nur von der **Koeffizientenmatrix** des linearen Systems. Zum Beispiel hat das lineare Gleichungssystem

$$\begin{aligned} x_1 + x_2 + 2x_3 &= 9 \\ 2x_1 + 4x_2 - 3x_3 &= 1 \\ 3x_1 + 6x_2 - 5x_3 &= 0 \end{aligned}$$

die erweiterte Koeffizientenmatrix

$$\begin{bmatrix} 1 & 1 & 2 & 9 \\ 2 & 4 & -3 & 1 \\ 3 & 6 & -5 & 0 \end{bmatrix}.$$

Mit Hilfe von Matrizen können wir lineare Gleichungssysteme übersichtlicher und kompakter schreiben und behandeln.

1.3 Elementare Umformungen und Zeilenstufenformen

Wir entwickeln nun ein Lösungsverfahren für lineare Gleichungssysteme. Die grundlegende Idee dieses Verfahrens besteht darin, die erweiterte Koeffizientenmatrix in eine einfachere Form zu bringen, die es dann erlaubt, das lineare System einfach zu lösen. Im Allgemeinen erhält man dieses neue System in mehreren Schritten, indem man nachfolgende drei Operationen auf das gegebene System anwendet. Unter einer **elementaren Gleichungsumformung** versteht man eine der folgenden Operationen.

Elementare Gleichungsumformungen:

- Vertauschen von zwei Gleichungen,
- Multiplikation einer Gleichung mit einer von Null verschiedenen Konstanten,
- Addition eines Vielfachen einer Gleichung zu einer anderen Gleichung.

Satz 1.1
Elementare Gleichungsumformungen ändern nicht die Lösungsmenge eines linearen Gleichungssystems.

Anders ausgedrückt: Lineare Systeme, die durch elementare Gleichungsumformungen auseinander hervorgehen, sind äquivalent; sie haben die gleiche Lösungsmenge. Da die Zeilen der erweiterten Koeffizientenmatrix den Gleichungen des zugehörigen Systems entsprechen, liefern die elementaren Gleichungsumformungen folgende **elementare Zeilenumformungen** innerhalb der erweiterten Koeffizientenmatrix.

Elementare Zeilenumformungen:

- Vertauschen von zwei Zeilen,
- Multiplikation einer Zeile mit einer von Null verschiedenen Konstanten,
- Addition eines Vielfachen einer Zeile zu einer anderen Zeile.

Durch elementare Zeilenumformungen kann man nun jede Matrix auf *Zeilenstufenform* bringen. Eine Matrix hat **Zeilenstufenform**, wenn folgende Eigenschaften erfüllt sind:

- Alle Zeilen, die nur Nullen enthalten, stehen in den untersten Zeilen der Matrix.
- Wenn eine Zeile nicht nur aus Nullen besteht, so ist die erste von Null verschiedene Zahl eine Eins (Sie wird als **führende Eins** der Zeile bezeichnet).
- In zwei aufeinanderfolgenden Zeilen, die nicht verschwindende Elemente besitzen, steht die führende Eins der unteren Zeile rechts von der führenden Eins der oberen Zeile.

Besitzt eine Matrix Zeilenstufenform und gilt noch zusätzlich

- eine Spalte, die eine führende Eins enthält, hat keine weiteren von Null verschiedenen Einträge,

dann hat sie **reduzierte Zeilenstufenform**.

Beispiel 1.2 (Zeilenstufenform)

Entscheiden Sie, welche der folgenden Matrizen in Zeilenstufenform vorliegen.

$$\text{(a)}\ \begin{bmatrix} 1 & 4 & 3 & 7 \\ 0 & 1 & 5 & 2 \\ 0 & 0 & 1 & 9 \end{bmatrix} \qquad \text{(c)}\ \begin{bmatrix} 1 & 0 & 0 \\ 0 & 1 & 0 \\ 0 & 0 & 1 \end{bmatrix} \qquad \text{(e)}\ \begin{bmatrix} 1 & 0 & 0 \\ 0 & 1 & 0 \\ 0 & 2 & 0 \end{bmatrix}$$

$$\text{(b)}\ \begin{bmatrix} 1 & 1 & 0 \\ 0 & 1 & 0 \\ 0 & 0 & 0 \end{bmatrix} \qquad \text{(d)}\ \begin{bmatrix} 1 & 2 & 0 \\ 0 & 1 & 0 \\ 0 & 0 & 0 \end{bmatrix} \qquad \text{(f)}\ \begin{bmatrix} 1 & 3 & 4 \\ 0 & 0 & 0 \\ 0 & 0 & 0 \end{bmatrix}$$

Lösung: Nur die Matrix (e) hat keine Zeilenstufenform. ■

Beispiel 1.3 (Reduzierte Zeilenstufenform)

Entscheiden Sie, ob die folgenden Matrizen in reduzierter Zeilenstufenform vorliegen.

$$\text{(a)} \begin{bmatrix} 1 & 0 & 0 & 4 \\ 0 & 1 & 0 & 7 \\ 0 & 0 & 1 & -1 \end{bmatrix} \quad \text{(c)} \begin{bmatrix} 0 & 1 & 0 \\ 1 & 0 & 0 \\ 0 & 0 & 0 \end{bmatrix} \quad \text{(e)} \begin{bmatrix} 0 & 0 & 0 \\ 0 & 0 & 1 \\ 0 & 0 & 0 \end{bmatrix}$$

$$\text{(b)} \begin{bmatrix} 1 & 0 & 0 \\ 0 & 1 & 0 \\ 0 & 0 & 1 \end{bmatrix} \quad \text{(d)} \begin{bmatrix} 1 & 0 & 2 \\ 0 & 1 & 3 \\ 0 & 0 & 0 \end{bmatrix} \quad \text{(f)} \begin{bmatrix} 0 & 0 & 0 \\ 0 & 0 & 0 \\ 0 & 0 & 0 \end{bmatrix}$$

Lösung: (a), (b), (d) und (f) haben reduzierte Zeilenstufenform; die anderen Matrizen nicht. ∎

Liegt eine Matrix in Zeilenstufenform vor, so stehen unter einer führenden Eins nur Nullen. Hat die Matrix sogar reduzierte Zeilenstufenform, so stehen auch über einer führenden Eins nur Nullen.

Nachdem man die Koeffizientenmatrix eines linearen Gleichungssystems durch elementare Zeilenumformungen auf reduzierte Zeilenstufenform gebracht hat, lässt sich die Lösungsmenge des Systems leicht bestimmen. Das folgende Beispiel zeigt dies.

Beispiel 1.4

Wir gehen davon aus, dass die erweiterte Koeffizientenmatrix eines linearen Gleichungssystems durch elementare Zeilenumformungen auf die folgende reduzierte Zeilenstufenform gebracht wurde

$$\begin{bmatrix} 1 & 0 & 0 & 4 & -1 \\ 0 & 1 & 0 & 2 & 6 \\ 0 & 0 & 1 & 3 & 2 \end{bmatrix}.$$

Bestimmen Sie daraus die Lösungsmenge des Systems.

Lösung: Als zugehöriges Gleichungssystem ergibt sich

$$\begin{aligned} x_1 \qquad\quad + 4x_4 &= -1 \\ x_2 \quad + 2x_4 &= 6 \\ x_3 + 3x_4 &= 2. \end{aligned}$$

Da x_1, x_2 und x_3 den führenden Einsen entsprechen, bezeichnen wir sie als **führende Variablen**, die übrigen (hier x_4) nennen wir **freie Variablen**. Durch Auflösen der Gleichungen nach den führenden Variablen erhalten wir

$$\begin{aligned} x_1 &= -1 - 4x_4 \\ x_2 &= 6 - 2x_4 \\ x_3 &= 2 - 3x_4. \end{aligned}$$

Da x_4 einen beliebigen Wert $t \in \mathbf{R}$ annehmen kann, hat das System unendlich viele Lösungen, die sich durch

$$x_1 = -1 - 4t, \quad x_2 = 6 - 2t, \quad x_3 = 2 - 3t, \quad x_4 = t.$$

beschreiben lassen. ■

Beispiel 1.5

Wir gehen davon aus, dass die erweiterte Koeffizientenmatrix eines linearen Gleichungssystems durch elementare Zeilenumformungen auf die folgende Zeilenstufenform gebracht wurde

$$\begin{bmatrix} 1 & 2 & 4 & 0 & 1 \\ 0 & 1 & 2 & 0 & 0 \\ 0 & 0 & 1 & 1 & 0 \\ 0 & 0 & 0 & 0 & 0 \end{bmatrix}.$$

Bestimmen Sie die führenden und freien Variablen des dazugehörigen linearen Gleichungssystems.

Lösung: Entsprechend der Stellung der führenden Einsen kann man direkt an der Matrix ablesen, dass x_1, x_2 und x_3 die führenden Variablen sind. Die freie Variable ist daher x_4. ■

1.4 Das Gauß- und Gauß-Jordan-Verfahren

In Beispiel 1.4 haben wir gesehen, dass es nicht schwer ist, ein lineares Gleichungssystem zu lösen, dessen erweiterte Koeffizientenmatrix in reduzierter Zeilenstufenform vorliegt. Aus diesem Grund ist man bestrebt, jede Koeffizientenmatrix zum Lösen eines linearen Systems auf diese Form zu bringen. Man nennt diese Vorgehensweise **Gauß-Jordan-Verfahren**. Das Transformieren einer Matrix in reduzierte Zeilenstufenform besteht daher aus folgenden Schritten:

Algorithmus 1.1 (Gauß-Jordan-Verfahren)

1. Wir bestimmen die am weitesten links stehende Spalte, die von Null verschiedene Werte enthält.
2. Ist die oberste Zahl der in Schritt 1 gefundenen Spalte eine Null, dann vertauschen wir die erste Zeile mit einer geeigneten anderen Zeile.
3. Ist a das erste Element der in Schritt 1 gefundenen Spalte, dann dividieren wir die erste Zeile durch a, um die führende Eins zu erzeugen.
4. Wir addieren passende Vielfache der ersten Zeile zu den übrigen Zeilen, um unterhalb der führenden Eins Nullen zu erzeugen.
5. Wir wenden die ersten vier Schritte auf den Teil der Matrix an, den wir durch Streichen der ersten Zeile erhalten, und wiederholen dieses Verfahren, bis die erweiterte Koeffizientenmatrix Zeilenstufenform hat.
6. Mit der letzten nicht verschwindenden Zeile beginnend, addiere man geeignete Vielfache jeder Zeile zu den darüber liegenden Zeilen, um über den führenden Einsen Nullen zu erzeugen.

Zuweilen ist es günstiger und weniger aufwendig, wenn man die erweiterte Koeffizientenmatrix nur auf Zeilenstufenform bringt, das heißt auf den letzten Schritt (6.) im GAUSS-JORDAN-Verfahren verzichtet. Das Gleichungssystem, das man dabei erhält, kann dann durch die sogenannte **Rückwärtssubstitution** (siehe nachfolgende Beispiele) gelöst werden. Die Methode heißt dann **Gauß-Verfahren** und ist in folgenden Schritten durchzuführen:

Algorithmus 1.2 (Gauß-Verfahren)

- Wir führen die Schritte 1. bis 5. wie beim GAUSS-JORDAN-Verfahren durch.
- Wir lösen das System in Zeilenstufenform durch Rückwärtssubstitution.

Das GAUSS-Verfahren ist *die* Methode, um lineare Gleichungssysteme numerisch mit dem Computer zu lösen.

Beispiel 1.6 (Gauß-Verfahren, eindeutige Lösung)

Lösen Sie das lineare Gleichungssystem

$$\begin{aligned} x + y + 2z &= 9 \\ 2x + 4y - 3z &= 1 \\ 3x + 6y - 5z &= 0 \end{aligned}$$

durch das GAUSS-Verfahren.

Lösung: Die dazugehörige erweiterte Koeffizientenmatrix ist

$$\begin{bmatrix} 1 & 1 & 2 & 9 \\ 2 & 4 & -3 & 1 \\ 3 & 6 & -5 & 0 \end{bmatrix}.$$

Wir bringen dieses lineare Gleichungssystem bzw. diese Matrix durch elementare Gleichungs- bzw. Zeilenumformungen auf Zeilenstufenform.

1. Addition des (−2)fachen der ersten Zeile (Gleichung) zur zweiten:

$$\begin{aligned} x + y + 2z &= 9 \\ 2y - 7z &= -17 \\ 3x + 6y - 5z &= 0 \end{aligned} \qquad \begin{bmatrix} 1 & 1 & 2 & 9 \\ 0 & 2 & -7 & -17 \\ 3 & 6 & -5 & 0 \end{bmatrix}.$$

2. Addition des (−3)fachen der ersten Zeile (Gleichung) zur dritten:

$$\begin{aligned} x + y + 2z &= 9 \\ 2y - 7z &= -17 \\ 3y - 11z &= -27 \end{aligned} \qquad \begin{bmatrix} 1 & 1 & 2 & 9 \\ 0 & 2 & -7 & -17 \\ 0 & 3 & -11 & -27 \end{bmatrix}.$$

3. Multiplikation der zweiten Zeile (Gleichung) mit 1/2:

$$\begin{aligned} x + y + 2z &= 9 \\ y - 7/2z &= -17/2 \\ 3y - 11z &= -27 \end{aligned} \qquad \begin{bmatrix} 1 & 1 & 2 & 9 \\ 0 & 1 & -7/2 & -17/2 \\ 0 & 3 & -11 & -27 \end{bmatrix}.$$

4. Addition des (−3)fachen der zweiten Zeile (Gleichung) zur dritten:

$$\begin{aligned} x + y + 2z &= 9 \\ y - 7/2z &= -17/2 \\ -1/2z &= -3/2 \end{aligned} \qquad \begin{bmatrix} 1 & 1 & 2 & 9 \\ 0 & 1 & -7/2 & -17/2 \\ 0 & 0 & -1/2 & -3/2 \end{bmatrix}.$$

5. Multiplikation der dritten Zeile (Gleichung) mit −2:

$$\begin{aligned} x + y + 2z &= 9 \\ y - 7/2z &= -17/2 \\ z &= 3 \end{aligned} \qquad \begin{bmatrix} 1 & 1 & 2 & 9 \\ 0 & 1 & -7/2 & -17/2 \\ 0 & 0 & 1 & 3 \end{bmatrix}.$$

6. Damit ist die Zeilenstufenform erreicht und wir können durch Rückwärtssubstitution lösen. Auflösen nach den führenden Variablen ergibt

$$
\begin{aligned}
x &= 9 - y - 2z \\
y &= -17/2 + 7/2z \\
z &= 3
\end{aligned}
$$

Durch Einsetzen der letzten Gleichung in die anderen, erhalten wir

$$
\begin{aligned}
x &= 3 - y \\
y &= 2 \\
z &= 3
\end{aligned}
$$

und schließlich durch Substitution der zweiten Gleichung in die erste, ergibt die Lösung

$$
\begin{aligned}
x &= 1 \\
y &= 2 \\
z &= 3. \quad \blacksquare
\end{aligned}
$$

Wir lösen das gleiche Beispiel nun mit der Gauss-Jordan-Methode.

Beispiel 1.7 (Gauß-Jordan-Verfahren)

Lösen Sie das lineare System

$$
\begin{aligned}
x + y + 2z &= 9 \\
2x + 4y - 3z &= 1 \\
3x + 6y - 5z &= 0
\end{aligned}
$$

mit dem Gauss-Jordan-Verfahren.

Lösung: Die dazugehörige erweiterte Koeffizientenmatrix ist

$$
\begin{bmatrix} 1 & 1 & 2 & 9 \\ 2 & 4 & -3 & 1 \\ 3 & 6 & -5 & 0 \end{bmatrix}.
$$

Wir bringen diese Matrix durch Zeilenumformungen auf reduzierte Zeilenstufenform. Hierzu brauchen wir im Hinblick auf Beispiel 1.6 nur noch die dort bereits berechnete Zeilenstufenform auf reduzierte Gestalt zu bringen, das heißt oberhalb der führenden Einsen müssen Nullen stehen. Anders gesagt:

Im GAUSS-JORDAN-Verfahren ist nur noch Schritt 6 durchzuführen. Somit gehen wir von folgender Matrix aus

$$\begin{bmatrix} 1 & 1 & 2 & 9 \\ 0 & 1 & -7/2 & -17/2 \\ 0 & 0 & 1 & 3 \end{bmatrix}.$$

1. Addition des (7/2)fachen der dritten Zeile zur zweiten:

$$\begin{bmatrix} 1 & 1 & 2 & 9 \\ 0 & 1 & 0 & 2 \\ 0 & 0 & 1 & 3 \end{bmatrix}.$$

2. Addition des (−2)fachen der dritten Zeile zur ersten:

$$\begin{bmatrix} 1 & 1 & 0 & 3 \\ 0 & 1 & 0 & 2 \\ 0 & 0 & 1 & 3 \end{bmatrix}.$$

3. Addition des (−1)fachen der zweiten Zeile zur ersten:

$$\begin{bmatrix} 1 & 0 & 0 & 1 \\ 0 & 1 & 0 & 2 \\ 0 & 0 & 1 & 3 \end{bmatrix}.$$

Die Lösung $z = 3$, $y = 2$, $x = 1$ kann nun direkt abgelesen werden. ■

Beispiel 1.8 (Gauß-Verfahren, keine Lösung)

Zeigen Sie mit dem GAUSS-Verfahren, dass das lineare Gleichungssystem

$$\begin{aligned} x_1 + &= 6 \\ x_1 + x_2 &= 0 \\ x_1 + 2x_2 &= 0 \end{aligned}$$

keine Lösung hat.

Lösung: Die dazugehörige erweiterte Koeffizientenmatrix ist

$$\begin{bmatrix} 1 & 0 & 6 \\ 1 & 1 & 0 \\ 1 & 2 & 0 \end{bmatrix}.$$

Wir bringen diese Matrix durch elementare Zeilenumformungen auf Zeilenstufenform.

1. Addition des (-1)fachen der ersten Zeile zur zweiten:

$$\begin{bmatrix} 1 & 0 & 6 \\ 0 & 1 & -6 \\ 1 & 2 & 0 \end{bmatrix}.$$

2. Addition des (-1)fachen der ersten Zeile zur dritten:

$$\begin{bmatrix} 1 & 0 & 6 \\ 0 & 1 & -6 \\ 0 & 2 & -6 \end{bmatrix}.$$

3. Addition des (-2)fachen der zweiten Zeile zur dritten:

$$\begin{bmatrix} 1 & 0 & 6 \\ 0 & 1 & -6 \\ 0 & 0 & 6 \end{bmatrix}.$$

Damit hat die erweiterte Koeffizientenmatrix Zeilenstufenform. An der dritten, letzten Zeile ist erkennbar, dass das lineare System unlösbar ist, denn

$$0x_1 + 0x_2 = 6$$

ist für keine reelle Zahlenkombination x_1, x_2 lösbar. ∎

Beispiel 1.9 (Gauß-Verfahren, unendlich viele Lösungen)

Berechnen Sie die allgemeine Lösung des linearen Systems

$$\begin{aligned} x_1 + 2x_2 &= 4 \\ 3x_1 + 6x_2 &= 12 \end{aligned}$$

mit dem GAUSS-Verfahren.

Lösung: Die dazugehörige erweiterte Koeffizientenmatrix ist

$$\begin{bmatrix} 1 & 2 & 4 \\ 3 & 6 & 12 \end{bmatrix}.$$

Wir bringen diese Matrix durch elementare Zeilenumformungen auf Zeilenstufenform. Dies geht in einem Schritt. Addition des (-3)fachen der ersten Zeile zur zweiten:

$$\begin{bmatrix} 1 & 2 & 4 \\ 0 & 0 & 0 \end{bmatrix}.$$

Damit ist bereits Zeilenstufenform erreicht. Das dazugehörige Gleichungssystem ist

$$\begin{aligned} x_1 + 2x_2 &= 4 \\ 0x_1 + 0x_2 &= 0. \end{aligned}$$

Damit ist bereits erkennbar, dass das System unendlich viele Lösungen hat. Die erste Gleichung schreibt sich als

$$x_1 = 4 - 2x_2$$

und wir können für die freie Variable x_2 einen beliebigen Parameter $t \in \mathbf{R}$ wählen. Die unendlich vielen Lösungen haben somit die parametrisierte Form

$$x_1 = 4 - 2t, \quad x_2 = t. \ \blacksquare$$

Eine Matrix kann auf verschiedene Zeilenstufenformen gebracht werden, je nachdem, welche Zeilenumformungen man anwendet. Dagegen ist ihre reduzierte Zeilenstufenform eindeutig; man kann also auf eine gegebene Matrix unterschiedliche Folgen von Zeilenoperationen anwenden und erhält stets die gleiche reduzierte Zeilenstufenform.

1.5 Mehr über Matrizen

Matrizen bezeichnen wir gewöhnlich mit großen lateinischen Buchstaben, zum Beispiel $\boldsymbol{A}$, $\boldsymbol{B}$, $\boldsymbol{C}$, usw. Die **Ordnung** (**Größe**, **Format**) einer Matrix ist durch die Anzahl ihrer Zeilen und Spalten festgelegt. Mit $\mathbf{R}^{m\times n}$ bezeichnen wir die Menge aller Matrizen mit reellen Elementen. Für die Matrix $\boldsymbol{A}$ schreibt man auch $[a_{ij}]$ für $i = 1, 2, \ldots, m$ und $j = 1, 2, \ldots, n$. Die Menge aller reellen (m, n)-Matrizen bezeichnen wir mit $\mathbf{R}^{m\times n}$; es gilt also

$$\mathbf{R}^{m\times n} = \{\boldsymbol{A} \mid \boldsymbol{A} = [a_{ij}],\ a_{ij} \in \mathbf{R}\}.$$

Besteht eine Matrix aus einer einzigen Spalte, so heißt sie **Spaltenmatrix**, analog wird eine Matrix mit nur einer Zeile als **Zeilenmatrix** bezeichnet. Eine $(1, 1)$-Matrix ist sowohl Zeilen- als auch Spaltenmatrix und wird auch als **Skalar** bezeichnet.

Vertauscht man Zeilen und Spalten einer Matrix $\boldsymbol{A} = [a_{ij}] \in \mathbf{R}^{m\times n}$, so erhält man die **transponierte Matrix** $\boldsymbol{A}^{\mathrm{T}} \in \mathbf{R}^{n\times m}$ mit n Zeilen und m Spalten:

$$\boldsymbol{A}^{\mathrm{T}} = [a_{ji}]$$

Spaltenmatrizen spielen eine besondere Rolle, wir werden sie daher überwiegend mit kleinen (fett gedruckten, kursiven) lateinischen Buchstaben $\boldsymbol{a}$, $\boldsymbol{b}$, $\boldsymbol{u}$, $\boldsymbol{v}$, ... bezeichnen. Wir werden später sehen, dass sie mit den *Vektoren* des $\mathbf{R}^n$ identifiziert werden können. Da es nicht notwendig ist, ihre Elemente doppelt zu indizieren, können wir die $(n, 1)$-Spaltenmatrix $\boldsymbol{a}$ als

$$\boldsymbol{a} = \begin{bmatrix} a_1 \\ a_2 \\ \vdots \\ a_n \end{bmatrix}$$

schreiben. Liegt eine Spaltenmatrix $\boldsymbol{a} \in \mathbf{R}^{n\times 1}$ vor, so ist $\boldsymbol{a}^{\mathrm{T}} \in \mathbf{R}^{1\times n}$ eine Zeilenmatrix; umgekehrt ist $\boldsymbol{y}^{\mathrm{T}} \in \mathbf{R}^{1\times n}$ eine Zeilenmatrix, so ist $\boldsymbol{y} \in \mathbf{R}^{n\times 1}$ eine Spaltenmatrix. Zeilenmatrizen sind also transponierte Spaltenmatrizen und umgekehrt.

Eine Matrix $\boldsymbol{A}$ mit n Zeilen und n Spalten heißt **quadratische Matrix der Ordnung** n. Gegeben sei eine Matrix $\boldsymbol{A} \in \mathbf{R}^{n\times n}$, dann bilden die Elemente a_{11}, a_{22}, ..., a_{nn} die **Hauptdiagonale** von $\boldsymbol{A}$.

Eine Matrix $\boldsymbol{O}$, deren sämtliche Elemente Null sind, heißt **Nullmatrix**

$$\boldsymbol{O} = \begin{bmatrix} 0 & 0 & \cdots & 0 \\ 0 & 0 & \cdots & 0 \\ \vdots & \vdots & \vdots & \vdots \\ 0 & 0 & \cdots & 0 \end{bmatrix}.$$

Eine Matrix $\boldsymbol{D} = [d_{ij}] \in \mathbf{R}^{m\times n}$ ist eine **Diagonalmatrix**, wenn $d_{ij} = 0$ für $i \neq j$ gilt. Wir schreiben $\boldsymbol{D} = \mathrm{Diag}(d_{11}, d_{22}, \ldots, d_{rr})$ mit $r = \mathrm{Min}\{m, n\}$. Ist $n = m$, so hat eine Diagonalmatrix die folgende Struktur

$$\boldsymbol{D} = \begin{bmatrix} d_{11} & & & \\ & d_{22} & & \\ & & \ddots & \\ & & & d_{nn} \end{bmatrix}.$$

Vereinbarung: Schreiben wir in eine Matrix keine Elemente, so steht dafür die Zahl Null.

Eine quadratische Diagonalmatrix $\boldsymbol{E} \in \mathbf{R}^{n \times n}$, deren Diagonalelemente alle gleich 1 sind, heißt **Einheitsmatrix**:

$$\boldsymbol{E} = \begin{bmatrix} 1 & & & \\ & 1 & & \\ & & \ddots & \\ & & & 1 \end{bmatrix}.$$

Um die Ordnung einer Einheitsmatrix $\boldsymbol{E}$ zu verdeutlichen, schreiben wir auch $\boldsymbol{E}_n$, wenn die Einheitsmatrix n Zeilen und n Spalten hat.

Eine Matrix $\boldsymbol{A} \in \mathbf{R}^{n \times n}$ ist **symmetrisch**, wenn sie gleich ihrer Transponierten ist

$$\boldsymbol{A}^{\mathrm{T}} = \boldsymbol{A}.$$

Beispiel 1.10

Zeigen Sie, dass die Matrix

$$\boldsymbol{A} = \begin{bmatrix} 1 & 2 \\ 2 & 3 \end{bmatrix}$$

symmetrisch ist.

Lösung: Es ist

$$\boldsymbol{A}^{\mathrm{T}} = \begin{bmatrix} 1 & 2 \\ 2 & 3 \end{bmatrix} = \boldsymbol{A},$$

also ist die Matrix $\boldsymbol{A}$ symmetrisch. ∎

Eine Matrix $\boldsymbol{U} = [u_{ij}] \in \mathbf{R}^{n \times n}$ ist eine **obere Dreiecksmatrix**, wenn gilt $u_{ij} = 0$ für $i > j$. Eine Matrix $\boldsymbol{L} = [l_{ij}] \in \mathbf{R}^{n \times n}$ ist eine **untere Dreiecksmatrix**, wenn gilt $l_{ij} = 0$ für $i < j$.

1.6 Operationen mit Matrizen

Zwei Matrizen sind **gleich**, wenn sie dieselbe Ordnung haben und die einander entsprechenden Elemente übereinstimmen.

Beispiel 1.11

Wann sind die beiden Matrizen

$$A = \begin{bmatrix} 1 & x \\ y & -2 \end{bmatrix} \quad \text{und} \quad B = \begin{bmatrix} 1 & -1 \\ 2 & -2 \end{bmatrix}$$

gleich?

Lösung: Die Matrizen A und B sind genau dann gleich, wenn $x = -1$ und $y = 2$ ist. ■

Sind A und B zwei Matrizen gleicher Ordnung, so ist ihre **Summe** $A + B$ diejenige Matrix, die durch Addition der einander entprechenden Elemente entsteht.

Beispiel 1.12 (Addition von Matrizen)

Berechnen Sie die Summe der Matrizen

$$A = \begin{bmatrix} 1 & 2 & 3 \\ -1 & 4 & 2 \end{bmatrix} \quad \text{und} \quad B = \begin{bmatrix} 0 & 2 & -4 \\ -2 & 1 & 3 \end{bmatrix}.$$

Lösung: Die Summe ist

$$A + B = \begin{bmatrix} 1+0 & 2+2 & 3+(-4) \\ -1+(-2) & 4+1 & 2+3 \end{bmatrix} = \begin{bmatrix} 1 & 4 & -1 \\ -3 & 5 & 5 \end{bmatrix}. \quad ■$$

Beispiel 1.13 (Addition von Matrizen, Anwendung)

Ein Betrieb produziert die drei Güter I, II und III und liefert diese an vier Händler. Im ersten bzw. zweiten Halbjahr eines Jahres wurden dabei folgende Mengen abgegeben, siehe die Tabellen 1.1 und 1.2.

Tabelle 1.1: Erstes Halbjahr

	1. Händler	2. Händler	3. Händler	4. Händler
I	12	8	0	20
II	7	5	20	10
III	14	4	6	15

Die Jahresgesamtbilanz ergibt sich daher durch die Tabelle 1.3. Drücken Sie die Halbjahresproduktion mit Matrizen aus und berechnen Sie die Jahresgesamtproduktion durch Matrizenaddition.

Tabelle 1.2: Zweites Halbjahr

	1. Händler	2. Händler	3. Händler	4. Händler
I	13	12	5	10
II	13	7	8	20
III	12	8	7	15

Tabelle 1.3: Jahr

	1. Händler	2. Händler	3. Händler	4. Händler
I	$12+13=25$	$8+12=20$	$0+5=5$	$20+10=30$
II	$7+13=20$	$5+7=12$	$20+8=28$	$10+20=30$
III	$14+12=26$	$4+8=12$	$6+7=13$	$15+15=30$

Lösung: In Matrixschreibweise erhalten wir mit

$$\boldsymbol{A} = \begin{bmatrix} 12 & 8 & 0 & 20 \\ 7 & 5 & 20 & 10 \\ 14 & 4 & 6 & 15 \end{bmatrix} \quad \text{und} \quad \boldsymbol{B} = \begin{bmatrix} 13 & 12 & 5 & 10 \\ 13 & 7 & 8 & 20 \\ 12 & 8 & 7 & 15 \end{bmatrix}$$

die Jahresgesamtbilanz durch Matrizenaddition zu

$$\boldsymbol{A}+\boldsymbol{B} = \begin{bmatrix} 25 & 20 & 5 & 30 \\ 20 & 12 & 28 & 30 \\ 26 & 12 & 13 & 30 \end{bmatrix}. \quad \blacksquare$$

Die **Differenz** $\boldsymbol{A}-\boldsymbol{B}$ erhält man durch Subtraktion der Elemente in $\boldsymbol{B}$ von den entsprechenden Elementen in $\boldsymbol{A}$.

Ist $\boldsymbol{A} \in \mathbf{R}^{m\times n}$ und $c \in \mathbf{R}$ ein Skalar, so ist das **skalare Matrixprodukt** $c\boldsymbol{A} \in \mathbf{R}^{m\times n}$ die Matrix, die durch Multiplikation jedes Elementes von $\boldsymbol{A}$ mit der Zahl c entsteht.

Beispiel 1.14

Berechnen Sie für $c = 2$ und

$$\boldsymbol{A} = \begin{bmatrix} 2 & 3 & 4 \\ 1 & 9 & 7 \end{bmatrix}$$

die Matrix $c\boldsymbol{A}$.

Lösung: Es ist

$$c\boldsymbol{A} = \begin{bmatrix} 2 & 3 & 4 \\ 1 & 9 & 7 \end{bmatrix} = 2\begin{bmatrix} 2\cdot 2 & 2\cdot 3 & 2\cdot 4 \\ 2\cdot 1 & 2\cdot 9 & 2\cdot 7 \end{bmatrix} = \begin{bmatrix} 4 & 6 & 8 \\ 2 & 18 & 14 \end{bmatrix}. \quad \blacksquare$$

Für Matrizen $\boldsymbol{A}_1$, $\boldsymbol{A}_2$, ..., $\boldsymbol{A}_r$ derselben Größe und Skalare c_1, c_2, ..., c_r heißt der Ausdruck

$$c_1\boldsymbol{A}_1 + c_2\boldsymbol{A}_2 + \cdots + c_r\boldsymbol{A}_r$$

Linearkombination von $\boldsymbol{A}_1$, $\boldsymbol{A}_2$, ..., $\boldsymbol{A}_r$ mit den Koeffizienten c_1, c_2, ..., c_r. Für

$$\boldsymbol{A} = \begin{bmatrix} 2 & 3 & 4 \\ 1 & 9 & 7 \end{bmatrix} \quad \text{und} \quad \boldsymbol{B} = \begin{bmatrix} 0 & 2 & 7 \\ -1 & 3 & -4 \end{bmatrix}$$

ist

$$\begin{aligned} 2\boldsymbol{A} - \boldsymbol{B} &= 2\boldsymbol{A} + (-1)\boldsymbol{B} \\ &= 2\begin{bmatrix} 2 & 3 & 4 \\ 1 & 9 & 7 \end{bmatrix} + (-1)\begin{bmatrix} 0 & 2 & 7 \\ -1 & 3 & -4 \end{bmatrix} = \begin{bmatrix} 4 & 4 & 1 \\ 3 & 15 & 18 \end{bmatrix} \end{aligned}$$

eine Linearkombination von $\boldsymbol{A}$ und $\boldsymbol{B}$ mit den Koeffizienten 2 und -1.

Wir wollen nun das *Produkt zweier Matrizen* definieren. Da Matrizen addiert werden, indem man die einander entsprechenden Elemente addiert, ist es nahe liegend, zwei Matrizen gleicher Größe zu multiplizieren, indem man die einander entsprechenden Elemente multipliziert. Solch eine Multiplikation gibt es tatsächlich (man nennt sie HADARMARD- oder SCHUR-Multiplikation), sie ist aber für die meisten Probleme und Anwendungen von untergeordneter Bedeutung. Stattdessen treffen wir eine Definition der Matrizenmultiplikation, die zwar weniger natürlich erscheint, dafür aber viel nützlicher ist. Ist $\boldsymbol{A}$ eine (m, r)-Matrix und $\boldsymbol{B}$ eine (r, n)-Matrix, so ist das **Produkt $\boldsymbol{AB}$** die folgendermaßen definierte (m, n)-Matrix: Um das Element in der i-ten Zeile und j-ten Spalte von $\boldsymbol{AB}$ zu bestimmen, multipliziert man paarweise die Elemente der i-ten Zeile von $\boldsymbol{A}$ und der j-ten Spalte von $\boldsymbol{B}$ und addiert die entstehenden Produkte. Merke: Zeile mal Spalte. Diese Regel lässt sich schematisch darstellen; man spricht vom FALKschen Schema. Wir zeigen dies anhand der $(2, 2)$-Matrix $\boldsymbol{A}$ und der $(2, 3)$-Matrix $\boldsymbol{B}$ mit

$$\boldsymbol{A} = \begin{bmatrix} 2 & 0 \\ 6 & 8 \end{bmatrix} \quad \text{und} \quad \boldsymbol{B} = \begin{bmatrix} 5 & 7 & 8 \\ 9 & 10 & 11 \end{bmatrix}.$$

Um die $(2,3)$-Matrix $\boldsymbol{AB}$ zu erhalten, schreiben wir die Matrizen in ein Schema:

$$
\begin{array}{r|l}
 & \begin{bmatrix} 5 & 7 & 8 \\ 9 & 10 & 11 \end{bmatrix} \quad = \boldsymbol{B} \\
\hline
\boldsymbol{A} = \begin{bmatrix} 2 & 0 \\ 6 & 8 \end{bmatrix} & \begin{bmatrix} 10 & 14 & 16 \\ 102 & 122 & 136 \end{bmatrix} \quad = \boldsymbol{AB}
\end{array}
$$

Wir multiplizieren die Zeilenelemente der Matrix $\boldsymbol{A}$, die wir in die linke untere Ecke schreiben, mit den entsprechenden Spaltenelementen von $\boldsymbol{B}$, die wir in die obere rechte Ecke schreiben; im unteren rechten Bereich steht das Ergebnis $\boldsymbol{AB}$.

Kompakt schreibt sich das Matrizenprodukt der (m,r)-Matrix $\boldsymbol{A} = [a_{ij}]$ mit der (r,n)-Matrix $\boldsymbol{B} = [b_{jk}]$ als

$$\boldsymbol{AB} = \left[\sum_{j=1}^{r} a_{ij} b_{jk}\right]$$

für $i = 1, 2, \ldots, m$ und $k = 1, 2, \ldots, n$. Das Ergebnis ist eine (m,n)-Matrix.

Beispiel 1.15

Berechnen Sie das Produkt $\boldsymbol{AB}$ der Matrizen

$$\boldsymbol{A} = \begin{bmatrix} 1 & 2 & 4 \\ 2 & 6 & 0 \end{bmatrix} \quad \text{und} \quad \boldsymbol{B} = \begin{bmatrix} 4 & 1 & 4 & 3 \\ 0 & -1 & 3 & 1 \\ 2 & 7 & 5 & 2 \end{bmatrix}.$$

Lösung: $\boldsymbol{A}$ ist eine $(2,3)$-Matrix und $\boldsymbol{B}$ ist eine $(3,4)$-Matrix, also ist das Produkt $\boldsymbol{AB}$ erklärt und eine $(2,4)$-Matrix. Um beispielsweise das Element in Zeile 2 und Spalte 3 zu berechnen, betrachten wir die zweite Zeile von $\boldsymbol{A}$ und die dritte Spalte von $\boldsymbol{B}$. Dann multiplizieren wir die einander entsprechenden Elemente und addieren diese Produkte. Es ergibt sich

$$(2)(4) + (6)(3) + (0)(5) = 26.$$

Die restlichen sieben Elemente der Produktmatrix $\boldsymbol{AB}$ berechnen wir mit Hilfe des FALKschen Schemas.

$$\begin{array}{c|c}
 & \begin{bmatrix} 4 & 1 & 4 & 3 \\ 0 & -1 & 3 & 1 \\ 2 & 7 & 5 & 2 \end{bmatrix} = \boldsymbol{B} \\
\hline
\boldsymbol{A} = \begin{bmatrix} 1 & 2 & 4 \\ 2 & 6 & 0 \end{bmatrix} & \begin{bmatrix} 12 & 27 & 30 & 13 \\ 8 & -4 & 26 & 12 \end{bmatrix} = \boldsymbol{AB}. \quad \blacksquare
\end{array}$$

Durch Einfügen horizontaler und vertikaler Trennungslinien kann eine Matrix in kleinere Matrizen zerlegt werden. Man zerlegt dabei eine gegebene Matrix in **Untermatrizen** oder bildet eine Matrix aus mehreren Matrizen zu einer **Blockmatrix**. Zur Veranschaulichung haben wir drei Zerlegungen einer 3×4-Matrix $\boldsymbol{A}$ dargestellt – in vier Untermatrizen $\boldsymbol{A}_{11}$, $\boldsymbol{A}_{12}$, $\boldsymbol{A}_{21}$ und $\boldsymbol{A}_{22}$, in ihre Zeilen sowie in ihre Spalten zerlegt.

$$\boldsymbol{A} = \left[\begin{array}{ccc|c} a_{11} & a_{12} & a_{13} & a_{14} \\ a_{21} & a_{22} & a_{23} & a_{24} \\ \hline a_{31} & a_{32} & a_{33} & a_{34} \end{array}\right] = \begin{bmatrix} \boldsymbol{A}_{11} & \boldsymbol{A}_{12} \\ \boldsymbol{A}_{21} & \boldsymbol{A}_{22} \end{bmatrix}$$

$$\boldsymbol{A} = \left[\begin{array}{cccc} a_{11} & a_{12} & a_{13} & a_{14} \\ \hline a_{21} & a_{22} & a_{23} & a_{24} \\ \hline a_{31} & a_{32} & a_{33} & a_{34} \end{array}\right] = \begin{bmatrix} - & \boldsymbol{a}_1^{\mathrm{T}} & - \\ - & \boldsymbol{a}_2^{\mathrm{T}} & - \\ - & \boldsymbol{a}_3^{\mathrm{T}} & - \end{bmatrix}$$

$$\boldsymbol{A} = \left[\begin{array}{c|c|c|c} a_{11} & a_{12} & a_{13} & a_{14} \\ a_{21} & a_{22} & a_{23} & a_{24} \\ a_{31} & a_{32} & a_{33} & a_{34} \end{array}\right] = \begin{bmatrix} | & | & | & | \\ \boldsymbol{a}_1 & \boldsymbol{a}_2 & \boldsymbol{a}_3 & \boldsymbol{a}_4 \\ | & | & | & | \end{bmatrix}.$$

Gelegentlich ist es vorteilhaft, die Matrizenmultiplikation *spalten-* bzw. *zeilenweise* zu interpretieren. Dies ist zum Beispiel dann der Fall, wenn man vom Matrizenprodukt $\boldsymbol{AB} \in \mathbf{R}^{m \times n}$ nur an einer Spalte oder Zeile interessiert ist.

Spaltenweise: Ist $\boldsymbol{A} \in \mathbf{R}^{m \times r}$ und $\boldsymbol{B} \in \mathbf{R}^{r \times n}$, so hat $\boldsymbol{B}$ n Spalten, also die Form

$$\boldsymbol{B} = \begin{bmatrix} | & | & & | \\ \boldsymbol{b}_1 & \boldsymbol{b}_2 & \cdots & \boldsymbol{b}_n \\ | & | & & | \end{bmatrix}.$$

Das Matrizenprodukt $\boldsymbol{AB} \in \mathbf{R}^{m\times n}$ ist dann definiert und kann wie folgt geschrieben werden

$$\boldsymbol{AB} = \boldsymbol{A}\begin{bmatrix} | & | & & | \\ \boldsymbol{b}_1 & \boldsymbol{b}_2 & \cdots & \boldsymbol{b}_n \\ | & | & & | \end{bmatrix} = \begin{bmatrix} | & | & & | \\ \boldsymbol{Ab}_1 & \boldsymbol{Ab}_2 & \cdots & \boldsymbol{Ab}_n \\ | & | & & | \end{bmatrix}.$$

In Worten: Die i-te Spalte der Produktmatrix $\boldsymbol{AB}$ erhalten wir als Produkt der Matrix $\boldsymbol{A}$ mit der i-ten Spalte von $\boldsymbol{B}$.

Zeilenweise: Ist $\boldsymbol{A} \in \mathbf{R}^{m\times r}$ und $\boldsymbol{B} \in \mathbf{R}^{r\times n}$, so hat $\boldsymbol{A}$ m Zeilen, also die Form

$$\boldsymbol{A} = \begin{bmatrix} - & \boldsymbol{a}_1^{\mathrm{T}} & - \\ - & \boldsymbol{a}_2^{\mathrm{T}} & - \\ & \vdots & \\ - & \boldsymbol{a}_m^{\mathrm{T}} & - \end{bmatrix}.$$

Das Matrizenprodukt $\boldsymbol{AB}$ ist dann definiert und kann wie folgt geschrieben werden

$$\boldsymbol{AB} = \begin{bmatrix} - & \boldsymbol{a}_1^{\mathrm{T}} & - \\ - & \boldsymbol{a}_2^{\mathrm{T}} & - \\ & \vdots & \\ - & \boldsymbol{a}_m^{\mathrm{T}} & - \end{bmatrix}\boldsymbol{B} = \begin{bmatrix} - & \boldsymbol{a}_1^{\mathrm{T}}\boldsymbol{B} & - \\ - & \boldsymbol{a}_2^{\mathrm{T}}\boldsymbol{B} & - \\ & \vdots & \\ - & \boldsymbol{a}_m^{\mathrm{T}}\boldsymbol{B} & - \end{bmatrix}.$$

In Worten: Die i-te Zeile der Produktmatrix $\boldsymbol{AB}$ erhalten wir als Produkt der i-ten Zeile von $\boldsymbol{A}$ mit der Matrix $\boldsymbol{B}$.

Beispiel 1.16

Berechnen Sie die dritte Spalte und die zweite Zeile der Produktmatrix $\boldsymbol{AB}$ mit den Matrizen $\boldsymbol{A}$ und $\boldsymbol{B}$ aus Beispiel 1.15.

Lösung: Die dritte Spalte von $\boldsymbol{AB}$ ist

$$\begin{bmatrix} 1 & 2 & 4 \\ 2 & 6 & 0 \end{bmatrix}\begin{bmatrix} 4 \\ 3 \\ 5 \end{bmatrix} = \begin{bmatrix} 30 \\ 26 \end{bmatrix}$$

und die zweite Zeile $\boldsymbol{AB}$ ergibt sich zu

$$\begin{bmatrix} 2 & 6 & 0 \end{bmatrix}\begin{bmatrix} 4 & 1 & 4 & 3 \\ 0 & -1 & 3 & 1 \\ 2 & 7 & 5 & 2 \end{bmatrix} = \begin{bmatrix} 8 & -4 & 26 & 12 \end{bmatrix}. \blacksquare$$

Ist $\boldsymbol{A} \in \mathbf{R}^{m\times n}$ und $\boldsymbol{x} \in \mathbf{R}^{n\times 1}$, so ergibt sich das Produkt $\boldsymbol{Ax}$ zu

$$\begin{aligned}
\boldsymbol{Ax} &= \begin{bmatrix} a_{11} & a_{12} & \cdots & a_{1n} \\ a_{21} & a_{22} & \cdots & a_{2n} \\ \vdots & \vdots & \vdots & \vdots \\ a_{m1} & a_{m2} & \cdots & a_{mn} \end{bmatrix} \begin{bmatrix} x_1 \\ x_2 \\ \vdots \\ x_n \end{bmatrix} \\
&= \begin{bmatrix} a_{11}x_1 + a_{12}x_2 + \cdots + a_{1n}x_n \\ a_{21}x_1 + a_{22}x_2 + \cdots + a_{2n}x_n \\ \vdots \\ a_{m1}x_1 + a_{m2}x_2 + \cdots + a_{mn}x_n \end{bmatrix} \\
&= x_1 \begin{bmatrix} a_{11} \\ a_{21} \\ \vdots \\ a_{m1} \end{bmatrix} + x_2 \begin{bmatrix} a_{12} \\ a_{22} \\ \vdots \\ a_{m2} \end{bmatrix} + \cdots + x_n \begin{bmatrix} a_{1n} \\ a_{2n} \\ \vdots \\ a_{mn} \end{bmatrix} \\
&= x_1 \begin{bmatrix} | \\ \boldsymbol{a}_1 \\ | \end{bmatrix} + x_2 \begin{bmatrix} | \\ \boldsymbol{a}_2 \\ | \end{bmatrix} + \cdots + x_n \begin{bmatrix} | \\ \boldsymbol{a}_n \\ | \end{bmatrix} .
\end{aligned}$$

Dies bedeutet, dass das Produkt $\boldsymbol{Ax}$ aus einer Matrix $\boldsymbol{A}$ und einer Spaltenmatrix $\boldsymbol{x}$ eine Linearkombination der Spalten von $\boldsymbol{A}$ ist, deren Koeffizienten die Koordinaten (Elemente) von $\boldsymbol{x}$ sind. Man nennt dies die **spaltenweise Berechnung** von $\boldsymbol{Ax}$ im Gegensatz zum **zeilenweisen** herkömmlichen Ansatz. Analog ist das Produkt $\boldsymbol{y}^{\mathrm{T}}\boldsymbol{A}$ für eine Zeilenmatrix $\boldsymbol{y}^{\mathrm{T}} \in \mathbf{R}^{1\times m}$ mit einer Matrix $\boldsymbol{A} \in \mathbf{R}^{m\times n}$ die Linearkombination der Zeilen von $\boldsymbol{A}$ mit den Koordinaten (Elementen) von $\boldsymbol{y}$ als Koeffizienten.

Beispiel 1.17

Berechnen Sie das Matrizenprodukt $\boldsymbol{Ax}$ mit

$$\boldsymbol{A} = \begin{bmatrix} 1 & -2 \\ 3 & 2 \end{bmatrix} \quad \text{und} \quad \boldsymbol{x} = \begin{bmatrix} 3 \\ 1 \end{bmatrix}$$

erst spaltenweise und dann wie gewohnt zeilenweise.

Lösung: Spaltenweise als Linearkombination:

$$\begin{aligned}
\boldsymbol{Ax} &= \begin{bmatrix} 1 & -2 \\ 3 & 2 \end{bmatrix} \begin{bmatrix} 3 \\ 1 \end{bmatrix} = 3 \begin{bmatrix} 1 \\ 3 \end{bmatrix} + 1 \begin{bmatrix} -2 \\ 2 \end{bmatrix} = \begin{bmatrix} 3 \\ 9 \end{bmatrix} + \begin{bmatrix} -2 \\ 2 \end{bmatrix} \\
&= \begin{bmatrix} 3-2 \\ 9+2 \end{bmatrix} = \begin{bmatrix} 1 \\ 11 \end{bmatrix} .
\end{aligned}$$

Zeilenweise wie gewohnt:

$$\boldsymbol{Ax} = \begin{bmatrix} 1 & -2 \\ 3 & 2 \end{bmatrix} \begin{bmatrix} 3 \\ 1 \end{bmatrix} = \begin{bmatrix} (1)(3) + (-2)(1) \\ (3)(3) + (2)(1) \end{bmatrix} = \begin{bmatrix} 3-2 \\ 9+2 \end{bmatrix} = \begin{bmatrix} 1 \\ 11 \end{bmatrix}. \quad \blacksquare$$

Beispiel 1.18

Berechnen Sie das Matrizenprodukt $\boldsymbol{y}^{\mathrm{T}}\boldsymbol{A}$ mit

$$\boldsymbol{A} = \begin{bmatrix} 1 & -2 \\ 3 & 2 \end{bmatrix} \quad \text{und} \quad \boldsymbol{y} = \begin{bmatrix} 3 \\ 1 \end{bmatrix}$$

wie gewöhnlich und dann als Linearkombination der Zeilen von $\boldsymbol{A}$.

Lösung: Gewöhnlich ist

$$\begin{aligned} \boldsymbol{y}^{\mathrm{T}}\boldsymbol{A} &= \begin{bmatrix} 3 & 1 \end{bmatrix} \begin{bmatrix} 1 & -2 \\ 3 & 2 \end{bmatrix} = \begin{bmatrix} (3)(1) + (1)(3) & (3)(-2) + (1)(2) \end{bmatrix} \\ &= \begin{bmatrix} 3+3 & -6+2 \end{bmatrix} = \begin{bmatrix} 6 & -4 \end{bmatrix} \end{aligned}$$

und als Linearkombination der Zeilen

$$\begin{aligned} \boldsymbol{y}^{\mathrm{T}}\boldsymbol{A} &= \begin{bmatrix} 3 & 1 \end{bmatrix} \begin{bmatrix} 1 & -2 \\ 3 & 2 \end{bmatrix} = 3 \begin{bmatrix} 1 & -2 \end{bmatrix} + 1 \begin{bmatrix} 3 & 2 \end{bmatrix} \\ &= \begin{bmatrix} 3 & -6 \end{bmatrix} + \begin{bmatrix} 3 & 2 \end{bmatrix} = \begin{bmatrix} 6 & -4 \end{bmatrix}. \quad \blacksquare \end{aligned}$$

Es gibt noch eine dritte Möglichkeit, das Produkt zweier Matrizen zu interpretieren. Ist $\boldsymbol{a} \in \mathbf{R}^{m \times 1}$ eine Spaltenmatrix und $\boldsymbol{b}^{\mathrm{T}} \in \mathbf{R}^{1 \times n}$ eine Zeilenmatrix, so ist das Matrizenprodukt $\boldsymbol{ab}^{\mathrm{T}}$ definiert und eine Matrix aus $\mathbf{R}^{m \times n}$; Spaltenmatrix mal Zeilenmatrix ergibt eine (rechteckige) Matrix. Man nennt es das **dyadische Produkt**. Wir können es wie folgt schreiben

$$\begin{aligned} \boldsymbol{ab}^{\mathrm{T}} &= \begin{bmatrix} | \\ \boldsymbol{a} \\ | \end{bmatrix} \begin{bmatrix} b_1 & b_2 & \cdots & b_n \end{bmatrix} = \begin{bmatrix} | & | & & | \\ b_1\boldsymbol{a} & b_2\boldsymbol{a} & \cdots & b_n\boldsymbol{a} \\ | & | & & | \end{bmatrix} \\ &= \begin{bmatrix} b_1a_1 & b_2a_1 & \cdots & b_na_1 \\ b_1a_2 & b_2a_2 & \cdots & b_na_2 \\ \vdots & \vdots & \vdots & \vdots \\ b_1a_m & b_2a_m & \cdots & b_na_m \end{bmatrix}. \end{aligned}$$

Die Spalten sind Vielfache des gleichen Vektors $\boldsymbol{a}$ und die Zeilen sind Vielfache des gleichen Vektors $\boldsymbol{b}$.

Das dyadische Produkt erlaubt es nun, das Produkt zweier Matrizen $\boldsymbol{A} \in \mathbf{R}^{m\times r}$ und $\boldsymbol{B} \in \mathbf{R}^{r\times n}$ auch wie folgt zu schreiben

$$\begin{aligned}\boldsymbol{AB} &= \begin{bmatrix} | & | & & | \\ \boldsymbol{a}_1 & \boldsymbol{a}_2 & \cdots & \boldsymbol{a}_r \\ | & | & & | \end{bmatrix} \begin{bmatrix} - & \boldsymbol{b}_1^{\mathrm{T}} & - \\ - & \boldsymbol{b}_2^{\mathrm{T}} & - \\ & \vdots & \\ - & \boldsymbol{b}_r^{\mathrm{T}} & - \end{bmatrix} \\ &= \boldsymbol{a}_1\boldsymbol{b}_1^{\mathrm{T}} + \boldsymbol{a}_2\boldsymbol{b}_2^{\mathrm{T}} + \cdots + \boldsymbol{a}_r\boldsymbol{b}_r^{\mathrm{T}}.\end{aligned}$$

Statt eines Beweises zeigen wir die Gültigkeit an einem Beispiel.

Beispiel 1.19

Berechnen Sie das Produkt $\boldsymbol{AB}$ der Matrizen

$$\boldsymbol{A} = \begin{bmatrix} 1 & 2 & 4 \\ 2 & 6 & 0 \end{bmatrix} \quad \text{und} \quad \boldsymbol{B} = \begin{bmatrix} 4 & 1 & 4 & 3 \\ 0 & -1 & 3 & 1 \\ 2 & 7 & 5 & 2 \end{bmatrix}.$$

als Summe dyadischer Produkte.

Lösung: Es ist

$$\begin{aligned}\boldsymbol{AB} &= \begin{bmatrix} 1 & 2 & 4 \\ 2 & 6 & 0 \end{bmatrix} \begin{bmatrix} 4 & 1 & 4 & 3 \\ 0 & -1 & 3 & 1 \\ 2 & 7 & 5 & 2 \end{bmatrix} \\ &= \begin{bmatrix} 1 \\ 2 \end{bmatrix} \begin{bmatrix} 4 & 1 & 4 & 3 \end{bmatrix} + \begin{bmatrix} 2 \\ 6 \end{bmatrix} \begin{bmatrix} 0 & -1 & 3 & 1 \end{bmatrix} \\ &\quad + \begin{bmatrix} 4 \\ 0 \end{bmatrix} \begin{bmatrix} 2 & 7 & 5 & 2 \end{bmatrix} \\ &= \begin{bmatrix} 4 & 1 & 4 & 3 \\ 8 & 2 & 8 & 6 \end{bmatrix} + \begin{bmatrix} 0 & -2 & 6 & 2 \\ 0 & -6 & 18 & 6 \end{bmatrix} + \begin{bmatrix} 8 & 28 & 20 & 8 \\ 0 & 0 & 0 & 0 \end{bmatrix} \\ &= \begin{bmatrix} 12 & 27 & 30 & 13 \\ 8 & -4 & 26 & 12 \end{bmatrix}.\end{aligned}$$

Dies stimmt mit dem Ergebnis in Beispiel 1.15 überein. ∎

Rechenregeln für Matrizen

Die nachfolgenden Sätze fassen Rechenregeln für Matrizen zusammen. Diese sind grundlegend für die nachfolgenden Kapitel. Auf ihre Beweise wollen wir verzichten, jedoch sind die meisten Aussagen einfach nachzuweisen.

Satz 1.2 (Eigenschaften der Matrizenaddition)
Es seien $\boldsymbol{A}$, $\boldsymbol{B}$ und $\boldsymbol{C}$ Matrizen aus $\mathbf{R}^{m \times n}$. Dann gilt

(a) *Kommutativität:*

$$\boldsymbol{A} + \boldsymbol{B} = \boldsymbol{B} + \boldsymbol{A}.$$

(b) *Assoziativität:*

$$\boldsymbol{A} + (\boldsymbol{B} + \boldsymbol{C}) = (\boldsymbol{A} + \boldsymbol{B}) + \boldsymbol{C}.$$

(c) Es gibt genau eine (m,n)-Matrix $\boldsymbol{O}$ mit $\boldsymbol{A} + \boldsymbol{O} = \boldsymbol{A}$ für jede Matrix $\boldsymbol{A} \in \mathbf{R}^{m \times n}$. Die Matrix $\boldsymbol{O}$ ist die Nullmatrix.

(d) Zu jeder (m,n)-Matrix $\boldsymbol{A}$ gibt es eine eindeutige (m,n)-Matrix $\boldsymbol{D}$, sodass gilt $\boldsymbol{A}+\boldsymbol{D} = \boldsymbol{O}$. Wir schreiben $\boldsymbol{D}$ als $-\boldsymbol{A}$ und damit gilt $\boldsymbol{A}+(-\boldsymbol{A}) = \boldsymbol{O}$. Die Matrix $-\boldsymbol{A}$ ist die negative Matrix von $\boldsymbol{A}$.

Beispiel 1.20

Gegeben ist die Matrix

$$\boldsymbol{A} = \begin{bmatrix} 1 & -2 \\ 3 & 2 \end{bmatrix}.$$

Finden Sie die negative Matrix von $\boldsymbol{A}$, also $-\boldsymbol{A}$.

Lösung: Es ist

$$-\boldsymbol{A} = \begin{bmatrix} -1 & 2 \\ -3 & -2 \end{bmatrix}. \quad \blacksquare$$

Satz 1.3 (Eigenschaften der Matrizenmultiplikation)
Es seien $\boldsymbol{A}$, $\boldsymbol{B}$ und $\boldsymbol{C}$ Matrizen entsprechender Größe. Dann gilt

(a) *Assoziativität:*

$$\boldsymbol{A}(\boldsymbol{B}\boldsymbol{C}) = (\boldsymbol{A}\boldsymbol{B})\boldsymbol{C}.$$

(b) *Distributivität:*

$$(\boldsymbol{A} + \boldsymbol{B})\boldsymbol{C} = \boldsymbol{A}\boldsymbol{C} + \boldsymbol{B}\boldsymbol{C}.$$

(c) *Distributivität:*

$$\boldsymbol{C}(\boldsymbol{A} + \boldsymbol{B}) = \boldsymbol{C}\boldsymbol{A} + \boldsymbol{C}\boldsymbol{B}.$$

Beispiel 1.21

Gegeben sind die Matrizen

$$\boldsymbol{A} = \begin{bmatrix} 1 & 2 \\ 3 & 6 \end{bmatrix}, \quad \boldsymbol{B} = \begin{bmatrix} 1 & -2 \\ 3 & 2 \end{bmatrix}, \quad \boldsymbol{C} = \begin{bmatrix} 5 & 7 & 8 \\ 9 & 10 & 11 \end{bmatrix}.$$

Bestätigen Sie mit diesen Matrizen die Gültigkeit des Distributivgesetzes $(\boldsymbol{A}+\boldsymbol{B})\boldsymbol{C} = \boldsymbol{AC}+\boldsymbol{BC}$ aus Satz 1.3.

Lösung: Die linke Seite ist

$$(\boldsymbol{A}+\boldsymbol{B})\boldsymbol{C} = \begin{bmatrix} 2 & 0 \\ 6 & 8 \end{bmatrix} \begin{bmatrix} 5 & 7 & 8 \\ 9 & 10 & 11 \end{bmatrix} = \begin{bmatrix} 10 & 14 & 16 \\ 102 & 122 & 136 \end{bmatrix}$$

und die rechte Seite ergibt

$$\boldsymbol{AC}+\boldsymbol{BC} = \begin{bmatrix} 23 & 27 & 30 \\ 69 & 81 & 90 \end{bmatrix} + \begin{bmatrix} -13 & -13 & -14 \\ 33 & 41 & 46 \end{bmatrix} = \begin{bmatrix} 10 & 14 & 16 \\ 102 & 122 & 136 \end{bmatrix}.$$

Beide Seiten sind also gleich. ■

Satz 1.4 (Eigenschaften der skalaren Multiplikation)

Es seien $\boldsymbol{A}$, $\boldsymbol{B}$ Matrizen entsprechender Größe und r, s reelle Zahlen. Dann gilt

(a) *Assoziativität:*

$$r(s\boldsymbol{A}) = (rs)\boldsymbol{A}.$$

(b) *Distributivität:*

$$(r+s)\boldsymbol{A} = r\boldsymbol{A} + s\boldsymbol{A}.$$

(c) *Distributivität:*

$$r(\boldsymbol{A}+\boldsymbol{B}) = r\boldsymbol{A} + r\boldsymbol{B}.$$

(d) $\boldsymbol{A}(r\boldsymbol{B}) = r(\boldsymbol{AB}) = (r\boldsymbol{A})\boldsymbol{B}$.

Beispiel 1.22

Bestätigen Sie die Gültigkeit der Assoziativität $r(s\boldsymbol{A}) = (rs)\boldsymbol{A}$ anhand der Matrix

$$\boldsymbol{A} = \begin{bmatrix} 1 & 2 \\ 3 & 6 \end{bmatrix}$$

und den reellen Zahlen $r = 2$ und $s = 3$.

Lösung: Die linke Seite ist

$$r(s\boldsymbol{A}) = 2\left(3\begin{bmatrix} 1 & 2 \\ 3 & 6 \end{bmatrix}\right) = 2\left(\begin{bmatrix} 3 & 6 \\ 9 & 18 \end{bmatrix}\right) = \begin{bmatrix} 6 & 12 \\ 18 & 36 \end{bmatrix}$$

und die rechte Seite ergibt

$$(rs)\boldsymbol{A} = (2 \cdot 3)\begin{bmatrix} 1 & 2 \\ 3 & 6 \end{bmatrix} = 6\begin{bmatrix} 1 & 2 \\ 3 & 6 \end{bmatrix} = \begin{bmatrix} 6 & 12 \\ 18 & 36 \end{bmatrix}.$$

Beide Seiten sind also gleich. ■

Satz 1.5 (Eigenschaften der transponierten Matrix)
Es seien $\boldsymbol{A}$, $\boldsymbol{B}$ Matrizen entsprechender Größe und r eine reelle Zahl. Dann gilt

(a) $(\boldsymbol{A}^{\mathrm{T}})^{\mathrm{T}} = \boldsymbol{A}$.
(b) $(\boldsymbol{A}+\boldsymbol{B})^{\mathrm{T}} = \boldsymbol{A}^{\mathrm{T}} + \boldsymbol{B}^{\mathrm{T}}$.
(c) $(\boldsymbol{AB})^{\mathrm{T}} = \boldsymbol{B}^{\mathrm{T}}\boldsymbol{A}^{\mathrm{T}}$.
(d) $(r\boldsymbol{A})^{\mathrm{T}} = r\boldsymbol{A}^{\mathrm{T}}$.

Beispiel 1.23

Bestätigen Sie die Gleichung $(\boldsymbol{AB})^{\mathrm{T}} = \boldsymbol{B}^{\mathrm{T}}\boldsymbol{A}^{\mathrm{T}}$ aus Satz 1.5 anhand der Matrizen

$$\boldsymbol{A} = \begin{bmatrix} 1 & 2 \\ 3 & 6 \end{bmatrix} \quad \text{und} \quad \boldsymbol{B} = \begin{bmatrix} 1 & -2 \\ 3 & 2 \end{bmatrix}.$$

Lösung: Die linke Seite ist

$$(\boldsymbol{AB})^{\mathrm{T}} = \begin{bmatrix} 7 & 2 \\ 21 & 6 \end{bmatrix}^{\mathrm{T}} = \begin{bmatrix} 7 & 21 \\ 2 & 6 \end{bmatrix}.$$

Die rechte Seite ergibt

$$\boldsymbol{B}^{\mathrm{T}}\boldsymbol{A}^{\mathrm{T}} = \begin{bmatrix} 1 & 3 \\ -2 & 2 \end{bmatrix}\begin{bmatrix} 1 & 3 \\ 2 & 6 \end{bmatrix} = \begin{bmatrix} 7 & 21 \\ 2 & 6 \end{bmatrix}.$$ ■

Satz 1.6
Für die Multiplikation einer Matrix $\boldsymbol{A} \in \mathbf{R}^{n\times n}$ mit der Einheitsmatrix $\boldsymbol{E} \in \mathbf{R}^{n\times n}$ gilt stets

$$\boldsymbol{AE} = \boldsymbol{EA} = \boldsymbol{A}.$$

1.7 Die Matrixform eines linearen Gleichungssystems

Wir betrachten das lineare Gleichungssystem

$$\begin{aligned} a_{11}x_1 + a_{12}x_2 + \cdots + a_{1n}x_n &= b_1 \\ a_{21}x_1 + a_{22}x_2 + \cdots + a_{2n}x_n &= b_2 \\ &\vdots \\ a_{m1}x_1 + a_{m2}x_2 + \cdots + a_{mn}x_n &= b_m \end{aligned}$$

mit m Gleichungen und n Variablen. Mit den Bezeichnungen

$$\boldsymbol{A} = \begin{bmatrix} a_{11} & a_{12} & \cdots & a_{1n} \\ a_{21} & a_{22} & \cdots & a_{2n} \\ \vdots & \vdots & \vdots & \vdots \\ a_{m1} & a_{m2} & \cdots & a_{mn} \end{bmatrix}, \ \boldsymbol{b} = \begin{bmatrix} b_1 \\ b_2 \\ \vdots \\ b_m \end{bmatrix} \ \text{und} \ \boldsymbol{x} = \begin{bmatrix} x_1 \\ x_2 \\ \vdots \\ x_n \end{bmatrix}$$

lässt sich das lineare Gleichungssystem als

$$\begin{bmatrix} a_{11} & a_{12} & \cdots & a_{1n} \\ a_{21} & a_{22} & \cdots & a_{2n} \\ \vdots & \vdots & \vdots & \vdots \\ a_{m1} & a_{m2} & \cdots & a_{mn} \end{bmatrix} \begin{bmatrix} x_1 \\ x_2 \\ \vdots \\ x_n \end{bmatrix} = \begin{bmatrix} b_1 \\ b_2 \\ \vdots \\ b_m \end{bmatrix}$$

oder kurz

$$\boldsymbol{A}\boldsymbol{x} = \boldsymbol{b}$$

schreiben. Die Matrix $\boldsymbol{A} \in \mathbf{R}^{m\times n}$ ist die **Koeffizientenmatrix** oder **Systemmatrix**, $\boldsymbol{b} \in \mathbf{R}^{m\times 1}$ die **rechte Seite** des Systems und $\boldsymbol{x} \in \mathbf{R}^{n\times 1}$ ist die gesuchte Spaltenmatrix der Unbekannten. Die **erweiterte Koeffizientenmatrix** ergibt sich durch Anhängen von $\boldsymbol{b}$ an $\boldsymbol{A}$, also

$$\begin{bmatrix} \boldsymbol{A} & \boldsymbol{b} \end{bmatrix} = \begin{bmatrix} a_{11} & a_{12} & \cdots & a_{1n} & b_1 \\ a_{21} & a_{22} & \cdots & a_{2n} & b_2 \\ \vdots & \vdots & \vdots & \vdots & \vdots \\ a_{m1} & a_{m2} & \cdots & a_{mn} & b_m \end{bmatrix}.$$

1.8 Lösen quadratischer Systeme durch Matrixinvertierung

Der Begriff der *inversen Matrix* ist verwandt mit dem Kehrwert $1/a = a^{-1}$ einer reellen Zahl ungleich Null. Für den Kehrwert gilt $aa^{-1} = a^{-1}a = 1$.

Es sei $\boldsymbol{A} \in \mathbf{R}^{n\times n}$ eine quadratische Matrix. Gibt es eine Matrix $\boldsymbol{B}$ mit $\boldsymbol{AB} = \boldsymbol{BA} = \boldsymbol{E}$, so heißt $\boldsymbol{A}$ **invertierbar**. $\boldsymbol{B}$ wird als **Inverse** (**Kehrmatrix**) von $\boldsymbol{A}$ bezeichnet.

Beispiel 1.24

Zeigen Sie, dass die Matrix

$$\boldsymbol{B} = \begin{bmatrix} 1/4 & 1/4 \\ -3/8 & 1/8 \end{bmatrix} \text{ eine Inverse von } \boldsymbol{A} = \begin{bmatrix} 1 & -2 \\ 3 & 2 \end{bmatrix} \text{ ist.}$$

Lösung: Es gilt

$$\boldsymbol{AB} = \begin{bmatrix} 1 & -2 \\ 3 & 2 \end{bmatrix}\begin{bmatrix} 1/4 & 1/4 \\ -3/8 & 1/8 \end{bmatrix} = \begin{bmatrix} 1 & 0 \\ 0 & 1 \end{bmatrix} = \boldsymbol{E}$$

und

$$\boldsymbol{BA} = \begin{bmatrix} 1/4 & 1/4 \\ -3/8 & 1/8 \end{bmatrix}\begin{bmatrix} 1 & -2 \\ 3 & 2 \end{bmatrix} = \begin{bmatrix} 1 & 0 \\ 0 & 1 \end{bmatrix} = \boldsymbol{E}. \quad \blacksquare$$

Die Inverse einer Matrix ist eindeutig, denn angenommen $\boldsymbol{B}$ und $\boldsymbol{C}$ sind zwei inverse Matrizen von $\boldsymbol{A}$, so gilt $\boldsymbol{BA} = \boldsymbol{E}$, und multiplizieren wir beide Seiten von rechts mit $\boldsymbol{C}$, so folgt $(\boldsymbol{BA})\boldsymbol{C} = \boldsymbol{EC} = \boldsymbol{C}$. Andererseits ist $(\boldsymbol{BA})\boldsymbol{C} = \boldsymbol{B}(\boldsymbol{AC}) = \boldsymbol{BE} = \boldsymbol{B}$, woraus $\boldsymbol{C} = \boldsymbol{B}$ folgt. Daher bezeichnen wir *die* Inverse der Matrix $\boldsymbol{A}$ mit $\boldsymbol{A}^{-1}$. Es gilt also

$$\boldsymbol{AA}^{-1} = \boldsymbol{E} \quad \text{und} \quad \boldsymbol{A}^{-1}\boldsymbol{A} = \boldsymbol{E},$$

wenn $\boldsymbol{A}$ quadratisch ist und eine Inverse hat.

Satz 1.7 (Rechenregeln für invertierbare Matrizen)
Es seien $\boldsymbol{A}$ und $\boldsymbol{B}$ zwei quadratische Matrizen aus $\mathbf{R}^{n\times n}$.

- Die Inverse einer invertierbaren Matrix $\boldsymbol{A}$ ist invertierbar und es gilt: $(\boldsymbol{A}^{-1})^{-1} = \boldsymbol{A}$.
- Das Produkt $\boldsymbol{AB}$ zweier invertierbarer Matrizen ist invertierbar und es gilt: $(\boldsymbol{AB})^{-1} = \boldsymbol{B}^{-1}\boldsymbol{A}^{-1}$.
- Die Transponierte $\boldsymbol{A}^{\mathrm{T}}$ einer quadratischen Matrix ist genau dann invertierbar, wenn $\boldsymbol{A}$ invertierbar ist. In diesem Fall gilt: $(\boldsymbol{A}^{\mathrm{T}})^{-1} = (\boldsymbol{A}^{-1})^{\mathrm{T}}$.

Für endlich viele invertierbare Matrizen $\boldsymbol{A}_1, \boldsymbol{A}_2, \ldots, \boldsymbol{A}_k$ folgt damit

$$(\boldsymbol{A}_1\boldsymbol{A}_2\cdots\boldsymbol{A}_k)^{-1} = \boldsymbol{A}_k^{-1}\cdots\boldsymbol{A}_2^{-1}\boldsymbol{A}_1^{-1}.$$

Die Bedeutung der invertierbaren Matrizen für lineare Gleichungssysteme ergibt sich daraus, dass jede *Matrizengleichung*

$$\boldsymbol{AX} = \boldsymbol{B}$$

mit $\boldsymbol{B}, \boldsymbol{X} \in \mathbf{R}^{n\times l}$ und einer invertierbaren Matrix $\boldsymbol{A} \in \mathbf{R}^{n\times n}$ eine eindeutig bestimmte Lösung $\boldsymbol{X} = \boldsymbol{A}^{-1}\boldsymbol{B}$ besitzt (Man multipliziere die Matrizengleichung beidseitig von links mit $\boldsymbol{A}^{-1}$). Eine Matrizengleichung kann interpretiert werden als ein lineares Gleichungssystem mit $l \in \mathbf{N}$ rechten Seiten; die rechten Seiten sind die Spaltenvektoren der Matrix $\boldsymbol{B}$. Speziell für eine rechte Seite gilt der folgende Satz.

Satz 1.8
Es sei $\boldsymbol{A} \in \mathbf{R}^{n\times n}$ eine invertierbare Matrix. Dann hat das lineare System $\boldsymbol{Ax} = \boldsymbol{b}$ für jede rechte Seite $\boldsymbol{b} \in \mathbf{R}^{n\times 1}$ genau eine Lösung, nämlich

$$\boldsymbol{x} = \boldsymbol{A}^{-1}\boldsymbol{b}.$$

Bisher haben wir die GAUSS- und die GAUSS-JORDAN-Methode kennen gelernt, um lineare Systeme zu lösen. Für quadratische Systeme haben wir mit Satz 1.8 ein weiteres Verfahren gefunden. Dies ist zwar praktisch weniger von Bedeutung, dafür aber theoretisch von Bedeutung.

Für reelle $(2,2)$-Matrizen kann man die Inversen allgemein angeben.

Satz 1.9 (Die Inverse einer $(2,2)$-Matrix)
Die Matrix

$$\boldsymbol{A} = \begin{bmatrix} a & b \\ c & d \end{bmatrix} \in \mathbf{R}^{2\times 2}$$

ist für $ad - bc \neq 0$ invertierbar. In diesem Fall gilt

$$\boldsymbol{A}^{-1} = \frac{1}{ad-bc}\begin{bmatrix} d & -b \\ -c & a \end{bmatrix} = \begin{bmatrix} d/(ad-bc) & -b/(ad-bc) \\ -c/(ad-bc) & a/(ad-bc) \end{bmatrix}.$$

Als Beweis braucht man nur $\boldsymbol{AA}^{-1} = \boldsymbol{A}^{-1}\boldsymbol{A} = \boldsymbol{E}$ nachzurechnen.

Beispiel 1.25

Zeigen Sie, dass das lineare Gleichungssystem

$$\underbrace{\begin{bmatrix} 1 & -2 \\ 3 & 2 \end{bmatrix}}_{\boldsymbol{A}} \underbrace{\begin{bmatrix} x_1 \\ x_2 \end{bmatrix}}_{\boldsymbol{x}} = \underbrace{\begin{bmatrix} b_1 \\ b_2 \end{bmatrix}}_{\boldsymbol{b}}$$

für jede rechte Seite $\boldsymbol{b}$ genau eine Lösung hat.

Lösung: Die Inverse der Matrix $\boldsymbol{A}$ kennen wir aus Beispiel 1.24. Es ist

$$\boldsymbol{A}^{-1} = \begin{bmatrix} 1/4 & 1/4 \\ -3/8 & 1/8 \end{bmatrix}.$$

Daher ist

$$\boldsymbol{x} = \boldsymbol{A}^{-1}\boldsymbol{b} = \begin{bmatrix} 1/4 & 1/4 \\ -3/8 & 1/8 \end{bmatrix} \begin{bmatrix} b_1 \\ b_2 \end{bmatrix} = \begin{bmatrix} 1/4b_1 + 1/4b_2 \\ -3/8b_1 + 1/8b_2 \end{bmatrix}$$

die eindeutige Lösung des linearen Systems. Ist speziell $\boldsymbol{b} = [1, 11]^{\mathrm{T}}$, so ist $\boldsymbol{x} = [3, 1]^{\mathrm{T}}$ die Lösung. ■

Satz 1.10

Für die Multiplikation einer beliebigen Matrix $\boldsymbol{A} \in \mathbf{R}^{m \times n}$ mit der Nullmatrix $\boldsymbol{O} \in \mathbf{R}^{n \times r}$ gilt

$$\boldsymbol{AO} = \boldsymbol{O},$$

wobei das Ergebnis eine Nullmatrix mit m Zeilen und r Spalten ist. Entsprechendes gilt für

$$\boldsymbol{OA} = \boldsymbol{O},$$

wenn die Nullmatrizen die entsprechenden Ordnungen haben.

Mit diesem Ergebnis und mit Satz 1.8 folgt sofort

Satz 1.11

Ist $\boldsymbol{A} \in \mathbf{R}^{n \times n}$ eine invertierbare Matrix, dann hat das homogene Gleichungssystem $\boldsymbol{Ax} = \boldsymbol{o}$ nur die triviale Lösung.

Berechnung der Inversen einer Matrix

In Satz 1.9 haben wir eine Formel zur Berechnung der Inversen einer Matrix für den Fall $n = 2$ angegeben. Wie kann man die Inverse einer beliebigen Matrix $\boldsymbol{A} \in \mathbf{R}^{n \times n}$ explizit berechnen? Hierzu gibt es mehrere Möglichkeiten, insbesondere ist das GAUSS-JORDAN-Verfahren geeignet. Auf eines sei jedoch ausdrücklich hingewiesen. Das explizite Berechnen der Inversen einer Matrix ist praktisch weniger von Bedeutung als theoretisch. In den Anwendungen muss man äußerst selten die Inverse einer Matrix explizit kennen; gute Algorithmen lösen zum Beispiel lineare Systeme nicht dadurch, dass sie die Koeffizientenmatrix invertieren. In diesem Sinn ist Satz 1.8 hauptsächlich von theoretischer und weniger von praktischer Bedeutung. Nähere Informationen finden Sie hierzu in [8].

Entscheidend zur Berechnung der Inversen ist folgende Beobachtung. Die Inverse der Matrix $\boldsymbol{A}$ zu berechnen, bedeutet, die Matrizengleichung

$$\boldsymbol{A}\boldsymbol{X} = \boldsymbol{E}$$

nach $\boldsymbol{X}$ aufzulösen. Interpretiert man das Matrizenprodukt $\boldsymbol{A}\boldsymbol{X}$ spaltenweise, so lautet die Matrizengleichung

$$\begin{bmatrix} | & | & & | \\ \boldsymbol{A}\boldsymbol{x}_1 & \boldsymbol{A}\boldsymbol{x}_2 & \cdots & \boldsymbol{A}\boldsymbol{x}_n \\ | & | & & | \end{bmatrix} = \begin{bmatrix} 1 & & & \\ & 1 & & \\ & & \ddots & \\ & & & 1 \end{bmatrix},$$

das heißt $\boldsymbol{X}$ zu berechnen ist äquivalent dazu für $j = 1, 2, \ldots, n$

$$\boldsymbol{A}\boldsymbol{x}_j = \begin{bmatrix} 0 \\ \vdots \\ 0 \\ 1 \\ 0 \\ \vdots \\ 0 \end{bmatrix} \leftarrow j\text{-te Zeile}$$

nach $\boldsymbol{x}_j$ aufzulösen. In Worten: Es müssen n lineare Gleichungssysteme mit gleicher Koeffizientenmatrix $\boldsymbol{A}$, aber verschiedenen rechten Seiten gelöst werden und die Lösungsvektoren $\boldsymbol{x}_j$ bilden dann die Spaltenvektoren der inversen Matrix $\boldsymbol{X} = \boldsymbol{A}^{-1}$.

Algorithmus 1.3 (Berechnung von A^{-1})

Zur Bestimmung der Inversen einer Matrix $A \in \mathbf{R}^{n \times n}$ kann wie folgt vorgegangen werden.

1. Man erstellt die aus A und E_n zusammengesetzte Blockmatrix

$$\left[\begin{array}{cc} A & E_n \end{array} \right] = \left[\begin{array}{ccccccccc} a_{11} & a_{12} & \cdots & a_{1n} & 1 & & & \\ a_{21} & a_{22} & \cdots & a_{2n} & & 1 & & \\ \vdots & \vdots & \vdots & \vdots & & & \ddots & \\ a_{n1} & a_{n2} & \cdots & a_{nn} & & & & 1 \end{array} \right]$$

2. Mit Hilfe elementarer Zeilenumformungen wird die linke Blockmatrix so umgeformt, dass die Einheitsmatrix E_n den Platz von A einnimmt. Die inverse Matrix A^{-1} steht dann an der Stelle von E_n:

$$\left[\begin{array}{ccccccccc} 1 & & & & x_{11} & x_{12} & \cdots & x_{1n} \\ & 1 & & & x_{21} & x_{22} & \cdots & x_{2n} \\ & & \ddots & & \vdots & \vdots & \vdots & \vdots \\ & & & 1 & x_{n1} & x_{n2} & \cdots & x_{nn} \end{array} \right] = \left[\begin{array}{cc} E_n & X = A^{-1} \end{array} \right]$$

Mit Hilfe des Algorithmus 1.3 kann gleichzeitig entschieden werden, ob eine gegebene Matrix A invertierbar ist. Enthält zum Schluss die linke Blockmatrix eine Nullzeile, so ist die Matrix A nicht invertierbar.

Beispiel 1.26

Berechnen Sie mit dem GAUSS-JORDAN-Verfahren die Inverse der Matrix (siehe Beispiel 1.7)

$$\left[\begin{array}{ccc} 1 & 1 & 2 \\ 2 & 4 & -3 \\ 3 & 6 & -5 \end{array} \right] \cdot \left[\begin{array}{ccc} 1 & 0 & 0 \\ 0 & 1 & 0 \\ 0 & 0 & 1 \end{array} \right]$$

Lösung: Es ergeben sich zum Beispiel folgende Rechenschritte.

1. Addition des (-2)fachen der ersten Zeile zur zweiten:

$$\left[\begin{array}{cccccc} 1 & 1 & 2 & 1 & 0 & 0 \\ 0 & 2 & -7 & -2 & 1 & 0 \\ 3 & 6 & -5 & 0 & 0 & 1 \end{array} \right]$$

2. Addition des (-3)fachen der ersten Zeile zur dritten:

$$\left[\begin{array}{cccccc} 1 & 1 & 2 & 1 & 0 & 0 \\ 0 & 2 & -7 & -2 & 1 & 0 \\ 0 & 3 & -11 & -3 & 0 & 1 \end{array} \right]$$

3. Multiplikation der zweiten Zeile mit 1/2:

$$\begin{bmatrix} 1 & 1 & 2 & 1 & 0 & 0 \\ 0 & 1 & -7/2 & -1 & 1/2 & 0 \\ 0 & 3 & -11 & -3 & 0 & 1 \end{bmatrix}$$

4. Addition des (−3)fachen der zweiten Zeile zur dritten:

$$\begin{bmatrix} 1 & 1 & 2 & 1 & 0 & 0 \\ 0 & 1 & -7/2 & -1 & 1/2 & 0 \\ 0 & 0 & -1/2 & 0 & -3/2 & 1 \end{bmatrix}$$

5. Multiplikation der dritten Zeile mit −2:

$$\begin{bmatrix} 1 & 1 & 2 & 1 & 0 & 0 \\ 0 & 1 & -7/2 & -1 & 1/2 & 0 \\ 0 & 0 & 1 & 0 & 3 & -2 \end{bmatrix}$$

6. Addition des (7/2)fachen der dritten Zeile zur zweiten:

$$\begin{bmatrix} 1 & 1 & 2 & 1 & 0 & 0 \\ 0 & 1 & 0 & -1 & 11 & -7 \\ 0 & 0 & 1 & 0 & 3 & -2 \end{bmatrix}$$

7. Addition des (−2)fachen der dritten Zeile zur ersten:

$$\begin{bmatrix} 1 & 1 & 0 & 1 & -6 & 4 \\ 0 & 1 & 0 & -1 & 11 & -7 \\ 0 & 0 & 1 & 0 & 3 & -2 \end{bmatrix}$$

8. Addition des (−1)fachen der zweiten Zeile zur ersten:

$$\begin{bmatrix} 1 & 0 & 0 & 2 & -17 & 11 \\ 0 & 1 & 0 & -1 & 11 & -7 \\ 0 & 0 & 1 & 0 & 3 & -2 \end{bmatrix}$$

Somit ist

$$\boldsymbol{A}^{-1} = \begin{bmatrix} 2 & -17 & 11 \\ -1 & 11 & -7 \\ 0 & 3 & -2 \end{bmatrix}.$$

Machen Sie die Probe und bestätigen Sie $\boldsymbol{A}^{-1}\boldsymbol{A} = \boldsymbol{E}_3$. ■

1.9 Weitere Bemerkungen und Hinweise

KARL FRIEDRICH GAUSS (1777 – 1855) war deutscher Mathematiker und Wissenschaftler. Er gilt als einer der größten Mathematiker aller Zeiten. Es wird berichtet, dass in der ganzen Geschichte der Mathematik wohl noch nie ein Kind so frühreif wie GAUSS war, der sich ohne fremde Hilfe die Grundzüge der Arithmetik erarbeitete.

WILHELM JORDAN (1842 – 1899) war deutscher Ingenieur, der sich auf Geodäsie spezialisiert hatte. Seinen Beitrag zu linearen Gleichungssystemen veröffentlichte er in seinem Werk *Handbuch der Vermessungskunde.*

Mit Hilfe des GAUSSschen Verfahrens können Sie jedes vorgegebene lineare Gleichungssystem lösen – im Prinzip. In Wirklichkeit hat man es in den Anwendungen mit großen linearen Systemen zu tun, dessen numerische Lösung mit schwierigen Problemen verbunden sind. Wenn Sie sich für diese *Numerische Mathematik* interessieren, empfehle ich Ihnen das Buch von [8]. Wenn Sie in dieses Buch hineingeschaut haben, dann werden Sie feststellen, dass zum erfolgreichen professionellen Rechnen noch mehr gehört als ein paar theoretische Grundlagen, welche die Vorlesung über Mathematik für Anfangssemester bietet.

Statt von Zeilenstufenform spricht man manchmal auch von *Staffelform* bzw. *reduzierter Staffelform*, wenn man die reduzierte Zeilenstufenform meint.

Zwei Namen sind mit der Geburt der modernen *Linearen Algebra* verbunden: W.R. HAMILTON und H.G. GRASSMANN (1809 – 1877). GRASSMANN war Lehrer in Stetin (dem heitigen Szczecin) und maßgeblich am Entwurf des Vektorraum-Begriffs beteiligt. Informationen zur Geschichte der *Linearen Algebra* finden Sie bei BEUTELSPACHER [3] und der darin zitierten Literatur.

Aufgaben

1.1 Es sei $\boldsymbol{A}, \boldsymbol{B} \in \mathbf{R}^{2\times 3}$. Dann ist

□ $\boldsymbol{A}+\boldsymbol{B} \in \mathbf{R}^{2\times 3}$ □ $\boldsymbol{A}+\boldsymbol{B} \in \mathbf{R}^{4\times 6}$ □ $\boldsymbol{A}+\boldsymbol{B} \in \mathbf{R}^{4\times 9}$

1.2 Welche der folgenden Eigenschaften hat die Matrizenmultiplikation nicht:

□ Assoziativität □ Distributivität □ Kommutativität

1.3 Das Produkt

$$\begin{bmatrix} 1 & -1 \\ 2 & 0 \end{bmatrix} \begin{bmatrix} 3 \\ 1 \end{bmatrix}$$

ist gleich

☐ $\begin{bmatrix} 2 \\ 6 \end{bmatrix}$ ☐ $\begin{bmatrix} 5 \\ -3 \end{bmatrix}$ ☐ $\begin{bmatrix} 0 \\ 2 \end{bmatrix}$

1.4 Schreibt man ein lineares Gleichungssystem kurz als $\boldsymbol{Ax} = \boldsymbol{b}$, so ist damit gemeint

☐ $\boldsymbol{A} \in \mathbf{R}^{m\times n}$, $\boldsymbol{b} \in \mathbf{R}^{n\times 1}$.

☐ $\boldsymbol{A} \in \mathbf{R}^{m\times n}$, $\boldsymbol{b} \in \mathbf{R}^{m\times 1}$.

☐ $\boldsymbol{A} \in \mathbf{R}^{m\times n}$, $\boldsymbol{b} \in \mathbf{R}^{n\times 1}$ oder $\boldsymbol{b} \in \mathbf{R}^{m\times 1}$ (nicht festgelegt).

1.5 Es sei $\boldsymbol{A}$ eine quadratische Matrix. Wenn bei der LU-Faktorisierung zur Lösung eines linearen Gleichungssystems $\boldsymbol{Ax} = \boldsymbol{b}$ schon der erste Schritt nicht ausführbar ist, so bedeutet das

☐ $\boldsymbol{A} = \boldsymbol{O}$.

☐ Die erste Zeile von $\boldsymbol{A}$ ist die Nullzeile.

☐ Die erste Spalte von $\boldsymbol{A}$ ist die Nullspalte.

1.6 Welche der Matrizen ist symmetrisch?

☐ $\begin{bmatrix} 0 & 0 & 1 & 2 \\ 0 & 0 & 3 & 4 \\ 1 & 2 & 0 & 0 \\ 3 & 4 & 0 & 0 \end{bmatrix}$ ☐ $\begin{bmatrix} 0 & 0 & 1 & 2 \\ 0 & 0 & 3 & 4 \\ 1 & 3 & 0 & 0 \\ 2 & 4 & 0 & 0 \end{bmatrix}$ ☐ $\begin{bmatrix} 1 & 2 & 0 & 0 \\ 3 & 4 & 0 & 0 \\ 0 & 0 & 4 & 2 \\ 0 & 0 & 3 & 1 \end{bmatrix}$

1.7 Bringen Sie die erweiterte Koeffizientenmatrix des linearen Gleichungssystems

$$\begin{aligned} x_1 \qquad &= 6 \\ x_1 + \ x_2 &= 0 \\ x_1 + 2x_2 &= 0 \end{aligned}$$

auf Zeilenstufenform und zeigen Sie, dass dieses System keine Lösung besitzt.

1.8 Berechnen Sie die allgemeine Lösung des linearen Gleichungssystems

$$\underbrace{\begin{bmatrix} 2 & 4 & -2 \\ 4 & 9 & -3 \\ -2 & -3 & 7 \end{bmatrix}}_{\boldsymbol{A}} \underbrace{\begin{bmatrix} x_1 \\ x_2 \\ x_3 \end{bmatrix}}_{\boldsymbol{x}} = \underbrace{\begin{bmatrix} 2 \\ 8 \\ 10 \end{bmatrix}}_{\boldsymbol{b}}.$$

1.9 Berechnen Sie die allgemeine Lösung des linearen Gleichungssystems

$$\begin{aligned} 4x_1 - 8x_2 &= 12 \\ 3x_1 - 6x_2 &= 9 \\ -2x_1 + 4x_2 &= -6. \end{aligned}$$

1.10 Berechnen Sie die allgemeine Lösung des linearen Gleichungssystems

$$\begin{aligned} -x_2 + 3x_3 &= 1 \\ 3x_1 + 6x_2 - 3x_3 &= -2 \\ 6x_1 + 6x_2 + 3x_3 &= 5. \end{aligned}$$

1.11 Berechnen Sie die allgemeine Lösung des linearen Gleichungssystems

$$\begin{aligned} x_1 + x_2 + 2x_3 &= 8 \\ -x_1 - 2x_2 + 3x_3 &= 1 \\ 3x_1 - 7x_2 + 4x_3 &= 10. \end{aligned}$$

1.12 Zeigen Sie, dass die Matrizen $\boldsymbol{A}^{\mathrm{T}}\boldsymbol{A}$ und $\boldsymbol{A}\boldsymbol{A}^{\mathrm{T}}$ für jede Matrix $\boldsymbol{A} \in \mathbf{R}^{m \times n}$ symmetrisch sind.

Sie sollten nun mit folgenden Begriffen umgehen können

Lineare Gleichungssysteme, allgemeine Lösung, elementare Zeilenumformungen, (reduzierte) Zeilenstufenform, Gauss-Verfahren, Gauss-Jordan-Verfahren, Matrizen, Matrizenoperationen, inverse Matrix.

2 Vektoren in der Ebene und im Raum

Viele geometrische Fragen lassen sich mit *Verschiebungen* (*Translationen*) bearbeiten. Wir wollen deshalb Verschiebungen näher untersuchen und Rechenregeln für sie erarbeiten. Diese Regeln gelten jedoch nicht nur für Verschiebungen, sondern für viele Objekte in der Mathematik und anderen Wissenschaften, man nennt sie *Vektoren*.

2.1 Geometrische Vektoren

In der Geometrie meint man mit dem Begriff Vektor den Spezialfall einer Verschiebung; deshalb ist ein **geometrischer Vektor** die Menge aller zueinander paralleler, gleich langer und gleich gerichteter Pfeile. Eine solche Menge von Pfeilen ist bereits festgelegt, wenn man einen ihrer Pfeile, einen **Repräsentanten**, kennt.

Zu zwei Punkten P und Q in der Ebene oder im Raum gibt es genau eine Verschiebung, die P nach Q bringt (abbildet). Diese Verschiebung wird mit $\overrightarrow{PQ}$ bezeichnet und heißt **Vektor von** P **nach** Q (Das Wort Vektor bedeutet so viel wie „Träger“; der Vektor $\overrightarrow{PQ}$ „trägt“ P nach Q). $\overrightarrow{PQ}$ wird als Pfeil dargestellt, siehe Bild 2.1.

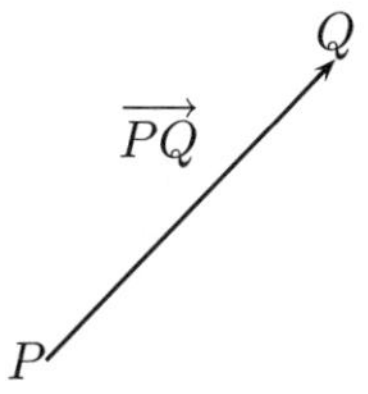

Bild 2.1: Verschiebung

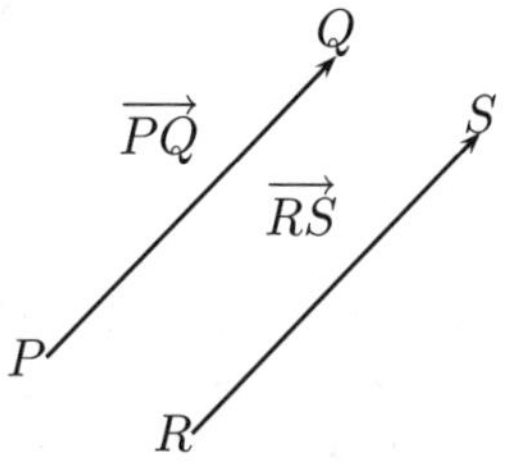

Bild 2.2: Gleiche Wirkung

Unter dem Vektor $\overrightarrow{PQ}$ wird aber auch zum Beispiel der Punkt R nach S verschoben oder anders ausgedrückt: Der Vektor $\overrightarrow{PQ}$ hat auf R dieselbe Wirkung, wie auf P. Bezeichnen wir diesen analog mit $\overrightarrow{RS}$, so gilt $\overrightarrow{PQ} = \overrightarrow{RS}$, siehe Bild 2.2.

Der Vektor, zu dem die Pfeile in dem Bild 2.3 gehören, bildet P auf Q, R auf S, T auf V, usw. ab.

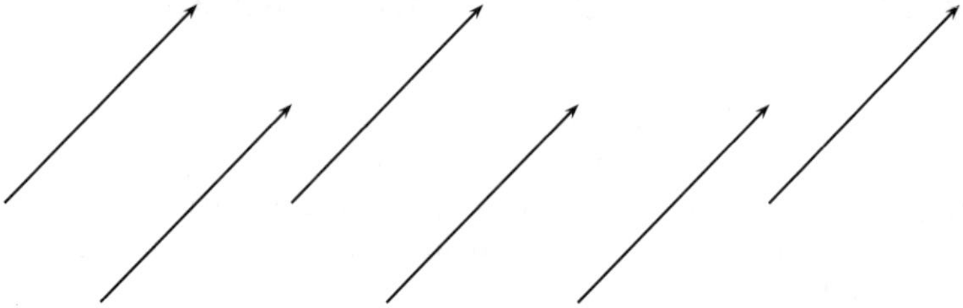

Bild 2.3: Vektor $\boldsymbol{v}$

Man bezeichnet ihn mit $\overrightarrow{PQ}$, $\overrightarrow{RS}$, $\overrightarrow{TV}$, usw. oder mit einem kleinen fett gedruckten, kursiven, lateinischen Buchstaben, zum Beispiel $\boldsymbol{v}$.

Vektoren $\boldsymbol{v}$ und $\boldsymbol{w}$ sind **gleich** ($\boldsymbol{v} = \boldsymbol{w}$), wenn die Pfeile von $\boldsymbol{v}$ und $\boldsymbol{w}$ zu einander parallel, gleich lang und gleichgerichtet sind, siehe Bild 2.4.

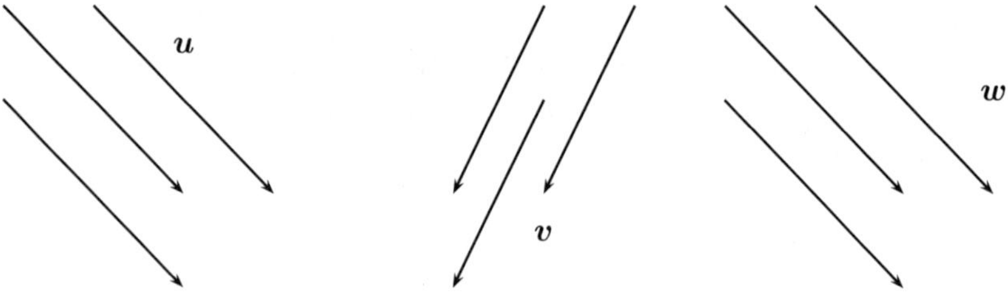

Bild 2.4: Gleiche und unterschiedliche Vektoren: $\boldsymbol{u} = \boldsymbol{w}$, aber $\boldsymbol{v} \neq \boldsymbol{u}$

Ein Vektor kann in der Ebene oder im Raum frei parallel verschoben werden und ist nicht an einen festen Anfangspunkt gebunden.

Derjenige Vektor, der jeden Punkt auf sich selbst abbildet, heißt **Nullvektor**. Der Nullvektor wird mit $\boldsymbol{o}$ bezeichnet, er ist der einzige Vektor ohne Pfeil.

Den zu $\boldsymbol{v}$ parallelen, gleich langen, aber entgegengesetzt gerichteten Vektor bezeichnen wir mit $-\boldsymbol{v}$ und nennen ihn **Gegenvektor**.

Rechenregeln geometrischer Vektoren

Die Hintereinanderausführung zweier Vektoren $\boldsymbol{u}$ und $\boldsymbol{v}$ (das heißt erst Vektor $\boldsymbol{u}$ und dann Vektor $\boldsymbol{v}$) ergibt wieder einen Vektor. Dieser neue Vektor verschiebt nun den Anfangspunkt von $\boldsymbol{u}$ zum Endpunkt von $\boldsymbol{v}$. Statt **Hintereinanderausführung** zweier Vektoren $\boldsymbol{u}$ und $\boldsymbol{v}$ sagt man auch: Die Vektoren $\boldsymbol{u}$ und $\boldsymbol{v}$ werden **addiert** und man schreibt $\boldsymbol{u}+\boldsymbol{v}$. Das Bild 2.5 zeigt, wie man mit Hilfe eines Pfeiles von $\boldsymbol{u}$ und eines Pfeiles von $\boldsymbol{v}$ den neuen Pfeil $\boldsymbol{u}+\boldsymbol{v}$ erhält.

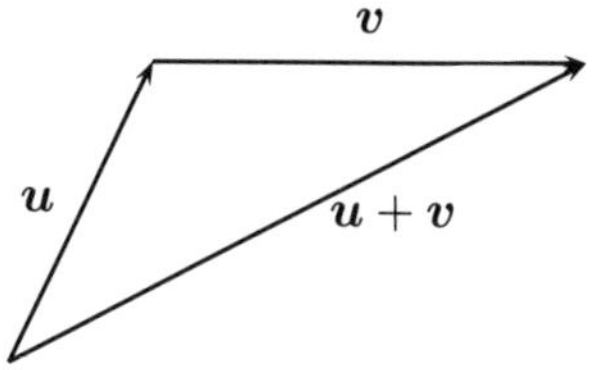

Bild 2.5: Vektoraddition

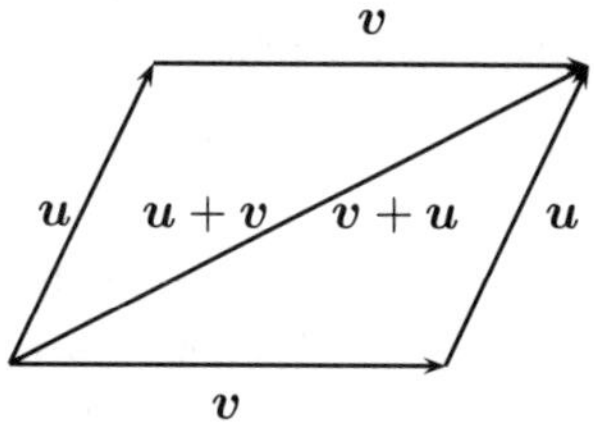

Bild 2.6: Kommutativität

Das Bild 2.6 zeigt die Summen $\boldsymbol{u}+\boldsymbol{v}$ und $\boldsymbol{v}+\boldsymbol{u}$. Offensichtlich gilt

$$\boldsymbol{u}+\boldsymbol{v}=\boldsymbol{v}+\boldsymbol{u}.$$

Auf die Reihenfolge kommt es also nicht an. Ob erst $\boldsymbol{u}$ und dann $\boldsymbol{v}$ oder erst $\boldsymbol{v}$ und dann $\boldsymbol{u}$ ist das Gleiche. Beachten Sie auch die Konstruktion: Haben die Vektoren $\boldsymbol{u}$ und $\boldsymbol{v}$ denselben Anfangspunkt (was man immer erreichen kann), so ist die Summe gerade die Diagonale des dadurch bestimmten *Parallelogramms*. Deshalb heißt die Vektoraddition auch **Parallelogrammregel**. Wir haben soeben bewiesen, dass für geometrische Vektoren das *Kommutativgesetz* gilt. Ähnlich zeigt man die anderen Rechenregeln des folgenden Satzes 2.1.

Satz 2.1 (Rechenregeln für geometrische Vektoren)
Es gelten die folgenden Rechenregeln für geometrische Vektoren.

(a) *Kommutativgesetz:* Für beliebige Vektoren $\boldsymbol{u}$, $\boldsymbol{v}$ gilt

$$\boldsymbol{u}+\boldsymbol{v}=\boldsymbol{v}+\boldsymbol{u}.$$

(b) *Assoziativgesetz:* Für beliebige Vektoren $\boldsymbol{u}$, $\boldsymbol{v}$, $\boldsymbol{w}$ gilt:

$$(\boldsymbol{u}+\boldsymbol{v})+\boldsymbol{w}=\boldsymbol{u}+(\boldsymbol{v}+\boldsymbol{w}),$$

(c) *Existenz des Nullvektors:* Für jeden Vektor $\boldsymbol{v}$ gilt

$$\boldsymbol{v} + \boldsymbol{o} = \boldsymbol{v},$$

(d) *Existenz negativer Vektoren:* Zu jedem Vektor $\boldsymbol{v}$ gibt es einen Vektor $-\boldsymbol{v}$ mit

$$\boldsymbol{v} + (-\boldsymbol{v}) = \boldsymbol{o}.$$

Für einen Vektor $\boldsymbol{v} \neq \boldsymbol{o}$ und eine reelle Zahl $r \neq 0$ bezeichnet man mit $r \cdot \boldsymbol{v}$ den Vektor, dessen Pfeile

1. parallel zu den Pfeilen von $\boldsymbol{v}$ sind,
2. $|r|$-mal so lang wie die Pfeile von $\boldsymbol{v}$ sind,
3. gleich gerichtet zu den Pfeilen von $\boldsymbol{v}$ sind, falls $r > 0$, entgegengesetzt gerichtet zu den Pfeilen von $\boldsymbol{v}$ sind, falls $r < 0$ ist.

Ist $r = 0$, so ist $r \cdot \boldsymbol{v} = \boldsymbol{o}$ für alle Vektoren $\boldsymbol{v}$. Ist $\boldsymbol{v} = \boldsymbol{o}$, so ist $r \cdot \boldsymbol{o} = \boldsymbol{o}$ für alle $r \in \mathbf{R}$. Ein Vektor der Form $r \cdot \boldsymbol{v}$ heißt **skalares Vielfaches** von $\boldsymbol{v}$. Den Punkt zwischen Skalar und Vektor lassen wir gewöhnlich auch weg, statt $r \cdot \boldsymbol{v}$, schreiben wir kurz $r\boldsymbol{v}$. Die Verknüpfung eines Skalars mit einem Vektor nennt man **skalare Multiplikation** oder **Multiplikation mit Skalaren**. Für diese Verknüpfung lassen sich sofort die nachfolgenden Rechenregeln bestätigen.

Satz 2.2 (Rechenregeln für geometrische Vektoren)
Für alle $c, d \in \mathbf{R}$ und für alle geometrischen Vektoren $\boldsymbol{v}, \boldsymbol{w}$ gelten die folgenden Eigenschaften:

(a) *Distributivgesetz:*

$$c \cdot (\boldsymbol{v} + \boldsymbol{w}) = c \cdot \boldsymbol{v} + c \cdot \boldsymbol{w},$$

(b) *Distributivgesetz:*

$$(c + d) \cdot \boldsymbol{v} = c \cdot \boldsymbol{v} + d \cdot \boldsymbol{v},$$

(c) *Assoziativgesetz:*

$$c \cdot (d \cdot \boldsymbol{v}) = (cd) \cdot \boldsymbol{v},$$

(d) $1 \cdot \boldsymbol{v} = \boldsymbol{v}$.

2.2 Vektoren in Koordinatensystemen

Bevor wir Vektoren in einem rechtwinkligen Koordinatensystem betrachten, erinnern wir uns an die Begriffe *Produktmenge* und *geordnete Paare.* Sind A und B zwei Mengen, so heißt die Menge

$$A \times B = \{(a,b) \mid a \in A, b \in B\}$$

die **Produktmenge (kartesisches Produkt) der Mengen** A **und** B. Die Elemente der Menge $A \times B$ heißen **geordnete Paare** (a,b) oder kurz **Paare**; es kommt auf die Reihenfolge an. Zwei Paare (a_1, b_1) und (a_2, b_2) sind genau dann gleich, wenn $a_1 = a_2$ und $b_1 = b_2$ gilt.

Von besonderer Bedeutung ist nun der Fall, wenn A und B gleich der Menge der reellen Zahlen $\mathbf{R}$ sind. In diesem Fall schreibt man für $\mathbf{R} \times \mathbf{R}$ kurz $\mathbf{R}^2$. Somit gilt

$$\mathbf{R}^2 = \{(x,y) \mid x \in \mathbf{R}, y \in \mathbf{R}\}.$$

In der Ebene, die wir uns als Zeichenebene vorstellen, entsteht ein **rechtwinkliges Koordinatensystem (kartesisches System)** durch Vorgabe eines Punktes O und zweier aufeinander senkrecht stehender Zahlengeraden, der x- und der y-Achse, deren Nullpunkt jeweils in O liegt. Dabei muss die y-Achse durch eine positive Drehung (gegen den Uhrzeigersinn) aus der x-Achse hervorgehen. Die beiden Achsen sind wie die reelle Zahlengerade skaliert. Fällt man für einen beliebigen Punkt P in der x,y-Ebene die Lote auf die Achsen, so bestimmen die beiden Fußpunkte die x- bzw. y-Koordinate von Punkt P und man schreibt $P = (x,y)$. Der Punkt $O = (0,0)$ heißt **Ursprung (Nullpunkt)** des Koordinatensystems. Nach Festlegung eines rechtwinkligen Koordinatensystems gibt es zu jedem Zahlenpaar $(x,y) \in \mathbf{R}^2$ genau einen Punkt P der Ebene mit $P = (x,y)$ und umgekehrt. Die Menge aller Punkte der Ebene können wir daher mit der Menge $\mathbf{R}^2$, das heißt mit den geordneten Zahlenpaaren (x,y) identifizieren, siehe Bild 2.7.

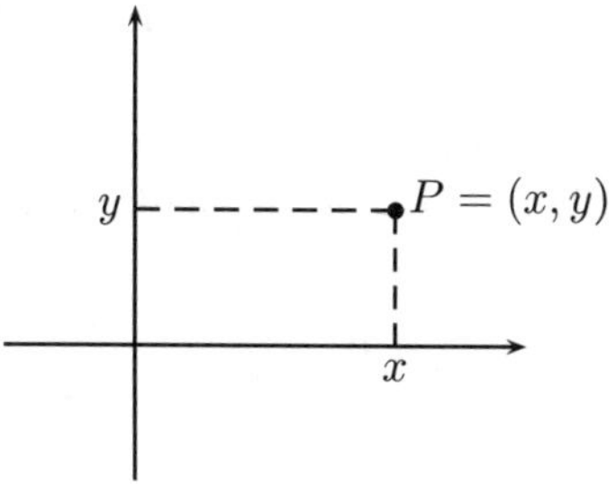

Bild 2.7: Rechtwinkliges Koordinatensystem in der Ebene

Ein **Vektor $\boldsymbol{v}$ in der Ebene $\mathbf{R}^2$** ist ein Zahlenpaar (x, y), also

$$\boldsymbol{v} = (x, y),$$

wobei x und y reelle Zahlen sind, die man die **Koordinaten** von $\boldsymbol{v}$ nennt.

Oft zeichnet man von einem Vektor $\boldsymbol{v}$ in einem Koordinatensystem nur den Pfeil, der im Ursprung seinen Anfangspunkt hat; er heißt **Ortsvektor von $\boldsymbol{v}$**, siehe Bild 2.8. Aus den vorherigen Überlegungen wissen wir, dass sich ein geordnetes Zahlenpaar $(x, y) \in \mathbf{R}^2$ auch als Punkt $P = (x, y)$ mit den Koordinaten x, y auffassen lässt. Folglich sind die Vektoren und Punkte formal gesehen die gleichen Objekte; man verbindet nur jeweils eine andere anschauliche Vorstellung mit ihnen. Die jeweilige Anwendung entscheidet darüber, ob man das Zahlenpaar (x, y) als Punkt oder als Vektor interpretiert.

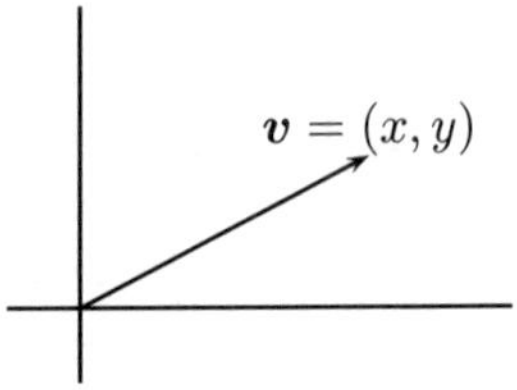

Bild 2.8: Ortsvektor von $\boldsymbol{v}$

Da ein Vektor ein geordnetes Zahlenpaar ist, sind die Vektoren

$$\boldsymbol{u} = (u_1, u_2) \quad \text{und} \quad \boldsymbol{v} = (v_1, v_2)$$

genau dann **gleich**, wenn $u_1 = v_1$ und $u_2 = v_2$ sind. Das heißt, zwei Vektoren sind genau dann gleich, wenn alle Koordinaten entsprechend zueinander gleich sind.

Sind $\boldsymbol{u}$ und $\boldsymbol{v}$ zwei Vektoren aus $\mathbf{R}^2$, so ist die **Summe** von $\boldsymbol{u}$ und $\boldsymbol{v}$, also $\boldsymbol{u}+\boldsymbol{v}$, der Vektor, den man erhält, wenn man die entsprechenden Koordinaten addiert:

$$\boldsymbol{u} + \boldsymbol{v} = (u_1 + v_1, u_2 + v_2).$$

Beispiel 2.1 (Vektoraddition in der Ebene)

Es seien die Vektoren $\boldsymbol{u} = (1, 2)$ und $\boldsymbol{v} = (3, -4)$ gegeben. Berechnen Sie deren Summe.

Lösung: Die Summe ist

$$\boldsymbol{u} + \boldsymbol{v} = (1, 2) + (3, -4) = (1 + 3, 2 + (-4)) = (4, -2). \quad ■$$

Das **Produkt** einer reellen Zahl c mit einem Vektor $\boldsymbol{v} \in \mathbf{R}^2$, also $c \cdot \boldsymbol{v}$, ist der Vektor, der durch Multiplikation jeder Koordinate von $\boldsymbol{v}$ mit c gewonnen wird:

$$c \cdot \boldsymbol{v} = (cv_1, cv_2).$$

Man nennt es **skalares Produkt**. Den Punkt zwischen einem Skalar und einem Vektor schreiben wir meist nicht, also gilt $c \cdot \boldsymbol{v} = c\boldsymbol{v}$.

Beispiel 2.2

Es seien der Vektor $\boldsymbol{v} = (1, 2)$ und die Skalare $c = 2$ und $d = -3$ gegeben. Berechnen Sie $c\boldsymbol{v}$ und $d\boldsymbol{v}$.

Lösung: Es ist

$$c\boldsymbol{v} = 2(1, 2) = (2 \cdot 1, 2 \cdot 2) = (2, 4).$$

und

$$d\boldsymbol{v} = -3(1, 2) = (-3 \cdot 1, -3 \cdot 2) = (-3, -6). \quad \blacksquare$$

Wir übertragen obige Konzepte nun auf „drei- und höherdimensionale Fälle“. Analog zur Produktmenge von zwei Mengen kann man die Produktmenge von drei oder mehr Mengen bilden. Die Elemente sind dann **Tripeln** (a, b, c) bei drei Mengen und **n-Tupeln (Folgen der Länge n)** $(a_1, a_2, \ldots, a_n)$ bei n Mengen. Somit heißt die Menge

$$A_1 \times A_2 \times \cdots \times A_n = \{(a_1, a_2, \ldots, a_n) \mid a_1 \in A_1, a_2 \in A_2, \ldots, a_n \in A_n\}$$

die **Produktmenge (kartesisches Produkt) der Mengen** A_1, A_2,. . . ,A_n. Besonders oft werden wir es mit dem sogenannten $\mathbf{R}^n$ (gesprochen: „er-en“) zu tun haben, das ist die Produktmenge von n Faktoren $\mathbf{R}$:

$$\mathbf{R}^n = \mathbf{R} \times \mathbf{R} \times \cdots \times \mathbf{R}.$$

Für $n = 3$ ist der $\mathbf{R}^3$ die Menge aller Zahlentripel (x, y, z), also

$$\mathbf{R}^3 = \{(x, y, z) \mid x, y, z \in \mathbf{R}\}.$$

Rechtwinklige Koordinatensysteme im Raum bestehen aus drei sich in einem Punkt O (Nullpunkt oder Ursprung) rechtwinklig schneidenden Zahlengeraden gleicher Längeneinheit und jeweils mit dem Nullpunkt im Schnittpunkt O. Man bezeichnet sie als x-, y- und z-Achse, derart, dass diese Achsen ein Rechtssystem bilden; das heißt, die Drehung der positiven x-Achse um 90° in die positive y-Achse, zusammen mit einer Verschiebung in Richtung der positiven z-Achse muss eine Rechtsschraubung darstellen. Die drei durch je zwei Achsen bestimmten Ebenen heißen **Koordinatenebenen** bzw. (x, y)-Ebene, (y, z)-Ebene und (z, x)-Ebene. Die Koordinaten x, y, z eines Punktes P gewinnt man aus den Schnittpunkten der entsprechenden Achsen mit den zu den Koordinatenebenen parallelen Ebenen durch P. Man schreibt $P = (x, y, z)$. Zu jedem Koordinatentripel gibt es genau einen Punkt des Raumes – und umgekehrt, siehe Bild 2.9.

Wie im „zweidimensionalen Fall“ gibt es nun zu jedem Zahlentripel $(x, y, z) \in \mathbf{R}^3$ genau einen Punkt P des Raumes mit $P = (x, y, z)$ – und umgekehrt. Die Menge aller Punkte des Raumes können wir daher mit der Menge $\mathbf{R}^3$, das heißt mit den geordneten Tripeln (x, y, z) identifizieren.

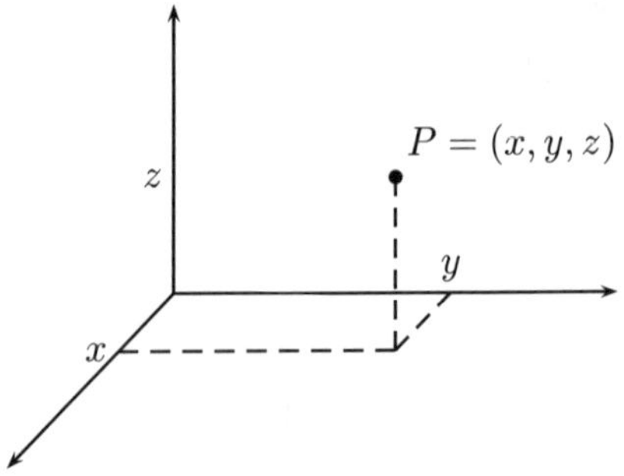

Bild 2.9: Rechtwinkliges Koordinatensystem im Raum

Da ein Vektor ein Tripel ist, sind die Vektoren $\boldsymbol{u} = (u_1, u_2, u_3)$ und $\boldsymbol{v} = (v_1, v_2, v_3)$ **gleich**, wenn $u_1 = v_1$, $u_2 = v_2$ und $u_3 = v_3$ sind. Das heißt zwei Vektoren sind genau dann gleich, wenn alle Koordinaten entsprechend zueinander gleich sind.

Sind $\boldsymbol{u}$ und $\boldsymbol{v}$ zwei Vektoren im Raum $\mathbf{R}^3$ und ist c ein Skalar, dann ist die **Summe** $\boldsymbol{u} + \boldsymbol{v}$ und die **skalare Multiplikation** $c\boldsymbol{v}$ wie folgt definiert

$$\boldsymbol{u} + \boldsymbol{v} = (u_1 + v_1, u_2 + v_2, u_3 + v_3)$$

bzw.

$$c\boldsymbol{v} = (cv_1, cv_2, cv_3).$$

Beispiel 2.3

Es seien die Vektoren $\boldsymbol{u} = (2, 3, -1)$ und $\boldsymbol{v} = (3, -4, 2)$ gegeben. Berechnen Sie $\boldsymbol{u} + \boldsymbol{v}$, $-2\boldsymbol{u}$ und $3\boldsymbol{u} - 2\boldsymbol{v}$.

Lösung:

$$\boldsymbol{u} + \boldsymbol{v} = (2 + 3, 3 + (-4), -1 + 2) = (5, -1, 1).$$

$$-2\boldsymbol{u} = (-2 \cdot 2, -2 \cdot 3, -2 \cdot (-1)) = (-4, -6, 2).$$

$$3\boldsymbol{u} - 2\boldsymbol{v} = (6 - 6, 9 + 8, -3 - 4) = (0, 17, -7). \quad \blacksquare$$

Den Nullvektor in $\mathbf{R}^3$ bezeichnen wir mit $\boldsymbol{o}$, das heißt

$$\boldsymbol{o} = (0, 0, 0).$$

Der Nullvektor $\boldsymbol{o}$ hat die Eigenschaft, dass er bezüglich der Addition wie ein *neutrales Element* wirkt

$$\boldsymbol{v} + \boldsymbol{o} = \boldsymbol{v},$$

wobei $\boldsymbol{v}$ irgendein Vektor in $\mathbf{R}^3$ ist. Der negative Vektor des Vektors $\boldsymbol{v} = (v_1, v_2, v_3)$ ist $-\boldsymbol{v} = (-v_1, -v_2, -v_3)$ und es gilt

$$\boldsymbol{v} + (-\boldsymbol{v}) = \boldsymbol{o}.$$

Ein Vektor $\boldsymbol{v} = (v_1, v_2) \in \mathbf{R}^2$ kann auch als Spaltenmatrix

$$\boldsymbol{v} = \begin{bmatrix} v_1 \\ v_2 \end{bmatrix}$$

geschrieben werden, da die Matrizenoperation

$$\boldsymbol{v} + \boldsymbol{w} = \begin{bmatrix} v_1 \\ v_2 \end{bmatrix} + \begin{bmatrix} w_1 \\ w_2 \end{bmatrix} = \begin{bmatrix} v_1 + w_1 \\ v_2 + w_2 \end{bmatrix}$$

bzw.

$$c\boldsymbol{v} = c \begin{bmatrix} v_1 \\ v_2 \end{bmatrix} = \begin{bmatrix} cv_1 \\ cv_2 \end{bmatrix}$$

zum gleichen Ergebnis (nur in einer anderen Schreibweise) führt wie die Vektoroperation

$$\boldsymbol{v} + \boldsymbol{w} = (v_1, v_2) + (w_1, w_2) = (v_1 + w_1, v_2 + w_2)$$

bzw.

$$c\boldsymbol{v} = c(v_1, v_2) = (cv_1, cv_2).$$

Wir können dies auch so sagen: Wir identifizieren (2,1)-Spaltenmatrizen mit Vektoren (oder Punkten) aus $\mathbf{R}^2$, das heißt die Menge $\mathbf{R}^2$ und $\mathbf{R}^{2\times 1}$ werden miteinander identifiziert. Einen Vektor $\boldsymbol{v}$ aus $\mathbf{R}^2$ dürfen wir daher so

$$\boldsymbol{v} = (v_1, v_2)$$

oder so

$$\boldsymbol{v} = \begin{bmatrix} v_1 \\ v_2 \end{bmatrix}$$

schreiben. Die erste Schreibweise hat den Vorteil, dass sie aus schreibtechnischen Gründen platzsparender ist; die zweite, dass sie besser zur Matrizenrechnung passt, wie wir gleich sehen werden. Damit gilt

$$\mathbf{R}^2 = \{(v_1, v_2) \mid v_1, v_2 \in \mathbf{R})\} = \{\begin{bmatrix} v_1 \\ v_2 \end{bmatrix} \mid v_1, v_2 \in \mathbf{R})\}.$$

Alle Überlegungen gelten analog auch für Vektoren aus $\mathbf{R}^3$. Damit können wir Elemente aus $\mathbf{R}^2$ (bzw. aus $\mathbf{R}^3$) wie folgt interpretieren:

- Als geordnete Zahlenpaare (Tripel).
- Als Punkte der Ebene (des Raumes).
- Als Vektoren in der Ebene (im Raum).
- Als $(2, 1)$-Spaltenmatrix ($(3, 1)$-Spaltenmatrix).

2.3 Rechenregeln für Vektoren in Koordinatendarstellung

Für Vektoren in der Ebene und im Raum mit einem rechtwinkligen Koordinatensystem lassen sich nützliche Rechenregeln aufstellen. Diese Regeln sind die gleichen wie die in den Sätzen 2.1 und 2.2. Geometrische Vektoren sind jetzt Vektoren in Koordinatendarstellung. Zum Beispiel lautet das Kommutativgesetz: *Für beliebige Vektoren* $\boldsymbol{u}, \boldsymbol{v}$ *in* $\mathbf{R}^2$ *oder in* $\mathbf{R}^3$ *gilt* $\boldsymbol{u} + \boldsymbol{v} = \boldsymbol{v} + \boldsymbol{u}$. Die anderen Rechenregeln kann man analog den Sätzen 2.1 und 2.2 entnehmen.

2.4 Die Länge von Vektoren

Es sei $\boldsymbol{v}$ ein Vektor in der Ebene mit einem rechtwinkligen Koordinatensystem. Welche *Länge* hat der Vektor $\boldsymbol{v}$? Wir bezeichnen die Länge von $\boldsymbol{v}$ mit $|\boldsymbol{v}|$ und wollen eine Formel zur Berechnung dieser finden.

Nach dem Satz des PYTHAGORAS gilt $|\boldsymbol{v}|^2 = v_1^2 + v_2^2$, also ist die **Länge von** $\boldsymbol{v}$ durch die Formel $|\boldsymbol{v}| = \sqrt{v_1^2 + v_2^2}$ gegeben, siehe Bild 2.10.

Satz 2.3 (Länge eines Vektors im $\mathbf{R}^2$)
Die Länge $|\boldsymbol{v}|$ eines Vektors $\boldsymbol{v} \in \mathbf{R}^2$ ist

$$|\boldsymbol{v}| = \sqrt{v_1^2 + v_2^2}.$$

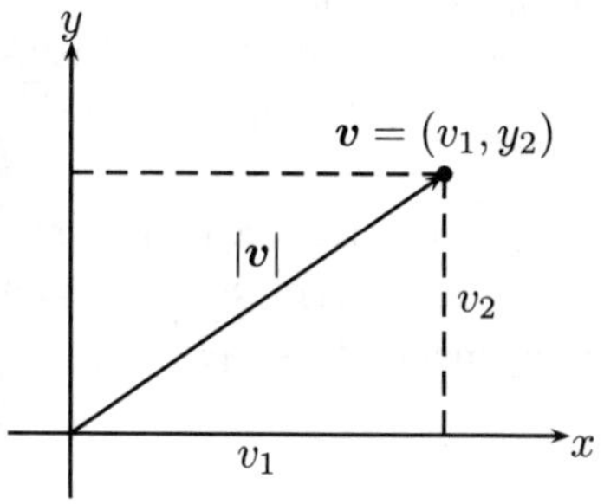

Bild 2.10: Länge in der Ebene

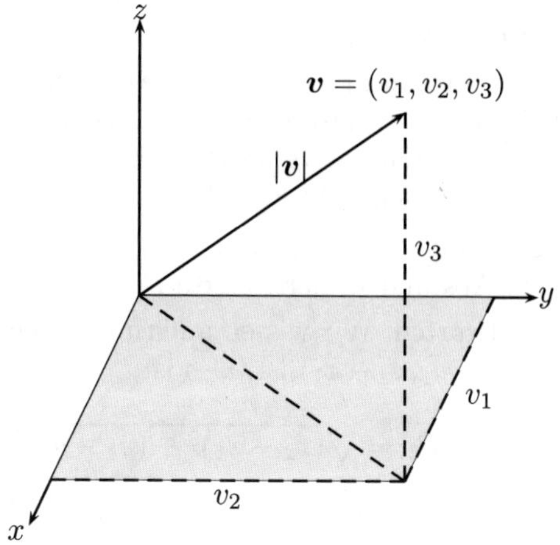

Bild 2.11: Länge im Raum

Beispiel 2.4

Welche Länge hat der Vektor $\boldsymbol{v} = (4, -3)$?

Lösung: Die Länge des Vektors $\boldsymbol{v}$ ist

$$|\boldsymbol{v}| = \sqrt{4^2 + (-3)^2} = \sqrt{16 + 9} = 5. \quad \blacksquare$$

Nun sei $\boldsymbol{v} = (v_1, v_2, v_3)$ ein Vektor aus dem Raum $\mathbf{R}^3$. Durch zweifache Anwendung des Satzes von PYTHAGORAS (siehe Bild 2.11) gilt $|\boldsymbol{v}|^2 = v_1^2 + v_2^2 + v_3^2$ und damit

$$|\boldsymbol{v}| = \sqrt{v_1^2 + v_2^2 + v_3^2}.$$

Satz 2.4 (Länge eines Vektors im $\mathbf{R}^3$)
Die Länge $|\boldsymbol{v}|$ eines Vektors $\boldsymbol{v} \in \mathbf{R}^3$ ist

$$|\boldsymbol{v}| = \sqrt{v_1^2 + v_2^2 + v_3^2}.$$

Beispiel 2.5

Welche Länge hat der Vektor $\boldsymbol{v} = (4, -3, 2) \in \mathbf{R}^3$?

Lösung: Die Länge des Vektors $\boldsymbol{v}$ ist

$$|\boldsymbol{v}| = \sqrt{4^2 + (-3)^2 + 2^2} = \sqrt{16 + 9 + 4} = \sqrt{29} \approx 5.3852. \quad \blacksquare$$

Statt Länge sagt man auch **Betrag** (**Norm**). Ein Vektor der Länge 1 heißt **Einheitsvektor**.

Die Vektoren $\boldsymbol{e}_1 = (1, 0)$ und $\boldsymbol{e}_2 = (0, 1)$ sind Einheitsvektoren in der Ebene $\mathbf{R}^2$ und die Vektoren $\boldsymbol{i} = (1, 0, 0)$, $\boldsymbol{j} = (0, 1, 0)$ und $\boldsymbol{k} = (0, 0, 1)$ sind Einheitsvektoren im Raum $\mathbf{R}^3$. Aber auch der Vektor $\boldsymbol{v} = (1/\sqrt{3}, 1/\sqrt{3}, 1/\sqrt{3})$ ist ein Einheitsvektor im $\mathbf{R}^3$.

Mit Hilfe der Länge eines Vektors lässt sich die geometrische Frage nach dem Abstand zweier Punkte $P_1 = (x_1, y_1, z_1)$ und $P_2 = (x_2, y_2, z_2)$ im Raum beantworten. Wir wissen aufgrund obiger Überlegungen, dass $\overrightarrow{P_1P_2} = (x_2 - x_1, y_2 - y_1, z_2 - z_1)$ ist, also ist

$$|\overrightarrow{P_1P_2}| = \sqrt{(x_2 - x_1)^2 + (y_2 - y_1)^2 + (z_2 - z_1)^2}$$

der Abstand von P_1 zu P_2 im Raum. Analog gilt für zwei Punkte $P_1 = (x_1, y_1)$ und $P_2 = (x_2, y_2)$ in der Ebene $\mathbf{R}^2$

$$|\overrightarrow{P_1P_2}| = \sqrt{(x_2 - x_1)^2 + (y_2 - y_1)^2}.$$

Satz 2.5

Der Abstand zweier Punkte $P_1 = (x_1, y_1, z_1)$ und $P_2 = (x_2, y_2, z_2)$ im Raum ist

$$|\overrightarrow{P_1P_2}| = \sqrt{(x_2 - x_1)^2 + (y_2 - y_1)^2 + (z_2 - z_1)^2}.$$

Analog für zwei Punkte in der Ebene.

Beispiel 2.6

Berechnen Sie den Abstand der beiden Punkte $P_1 = (2, -1, -5)$ und $P_2 = (4, -3, 1)$ im Raum $\mathbf{R}^3$.

Lösung: Es ist

$$\begin{aligned} |\overrightarrow{P_1P_2}| &= \sqrt{(4-2)^2 + (-3-(-1))^2 + (1-(-5))^2} \\ &= \sqrt{4+4+36} = 2\sqrt{11} \approx 6.6. \quad \blacksquare \end{aligned}$$

Nach Definition hat der Vektor $k\boldsymbol{v}$ die $|k|$-fache Länge von $\boldsymbol{v}$. Das liefert die Formel

$$|k\boldsymbol{v}| = |k| \cdot |\boldsymbol{v}|,$$

die sowohl in der Ebene $\mathbf{R}^2$ als auch im Raum $\mathbf{R}^3$ gilt.

Beispiel 2.7

Berechnen Sie die Länge des Vektors $k\boldsymbol{v}$ mit $\boldsymbol{v} = (1, -3, 1)$ und $k = -2$.

Lösung: Es ist

$$\begin{aligned} |k\boldsymbol{v}| &= |(-2) \cdot (1, -3, 1)| \\ &= |-2| \cdot |(1, -3, 1)| \\ &= 2 \cdot \sqrt{1^2 + (-3)^2 + 1^2} \\ &= 2 \cdot \sqrt{11} \approx 6.6. \quad \blacksquare \end{aligned}$$

2.5 Das Skalarprodukt

Es seien $\boldsymbol{u}$ und $\boldsymbol{v}$ vom Nullvektor verschiedene Vektoren in der Ebene oder im Raum, die den gleichen Anfangspunkt haben. Unter dem **Winkel ϕ zwischen den Vektoren $\boldsymbol{u}$ und $\boldsymbol{v}$** versteht man den kleineren der Winkel zwischen den gerichteten Strecken von $\boldsymbol{u}$ und $\boldsymbol{v}$. Das Bild 2.12 zeigt Beispiele.

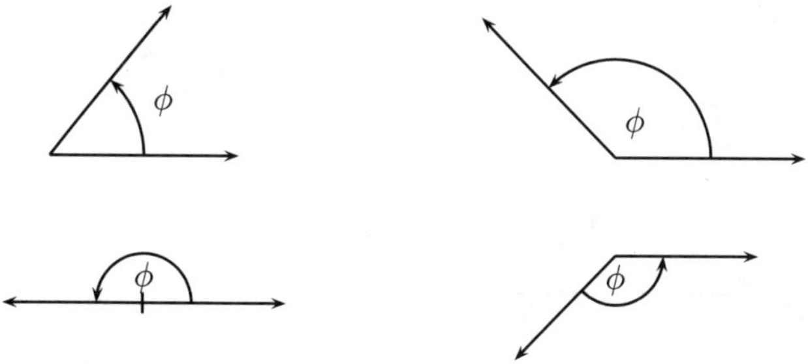

Bild 2.12: Winkel zwischen Vektoren

Es seien $\boldsymbol{u}$ und $\boldsymbol{v}$ zwei- oder dreidimensionale Vektoren, die den Winkel ϕ einschließen. Das **Skalarprodukt** (**skalare Vektorprodukt**) $\boldsymbol{u} \cdot \boldsymbol{v}$ ist definiert als

$$\boldsymbol{u} \cdot \boldsymbol{v} = \begin{cases} |\boldsymbol{u}||\boldsymbol{v}| \cos\phi & \text{für } \boldsymbol{u} \neq \boldsymbol{o} \text{ und } \boldsymbol{v} \neq \boldsymbol{o} \\ 0 & \text{für } \boldsymbol{u} = \boldsymbol{o} \text{ oder } \boldsymbol{v} = \boldsymbol{o}. \end{cases}$$

Direkt aus der Definition können Sie folgende Eigenschaften des Skalarproduktes ablesen:

- Für $0° \leq \phi < 90°$ ist $\boldsymbol{u} \cdot \boldsymbol{v}$ positiv, da $|\boldsymbol{u}|$, $|\boldsymbol{v}|$ und $\cos\phi$ positiv sind.
- Für $90° < \phi < 180°$ ist das Skalarprodukt $\boldsymbol{u} \cdot \boldsymbol{v}$ negativ, da in diesem Bereich $\cos\phi$ negativ ist.
- Für $\phi = 0°$ haben die Vektoren $\boldsymbol{u}$ und $\boldsymbol{v}$ gleiche Richtung; es gilt: $\boldsymbol{u} \cdot \boldsymbol{v} = |\boldsymbol{u}| \cdot |\boldsymbol{v}|$. Speziell ist $\boldsymbol{u} \cdot \boldsymbol{u} = |\boldsymbol{u}|^2$ und somit $|\boldsymbol{u}| = \sqrt{\boldsymbol{u} \cdot \boldsymbol{u}}$. In Worten: Die Länge eines Vektors ist die Quadratwurzel aus dem Skalarprodukt des Vektors mit sich selbst.
- Für $\phi = 180°$ haben die Vektoren $\boldsymbol{u}$ und $\boldsymbol{v}$ entgegengesetzte Richtungen; es gilt: $\boldsymbol{u} \cdot \boldsymbol{v} = -|\boldsymbol{u}| \cdot |\boldsymbol{v}|$.
- Für $\phi = 90°$ ist $\cos 90° = 0$, also ist $\boldsymbol{u} \cdot \boldsymbol{v} = 0$. In Worten: Bilden die Vektoren einen Winkel von $90°$, so ist das Skalarprodukt Null.

Koordinatenform des Skalarproduktes

Sind die Vektoren $\boldsymbol{u}$ und $\boldsymbol{v}$ durch ihre Koordinaten gegeben, so kann man das skalare Vektorprodukt durch die Koordinaten von $\boldsymbol{u} = (u_1, u_2, u_3)$ und $\boldsymbol{v} = (v_1, v_2, v_3)$ ausdrücken, siehe Bild 2.13. Die Seitenlängen des Dreiecks

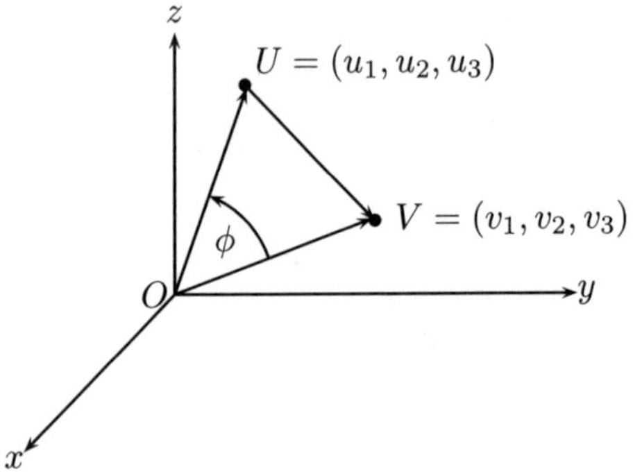

Bild 2.13: Zur Koordinatenform des Skalarproduktes im Raum

OUV betragen $|\boldsymbol{u}|$, $|\boldsymbol{v}|$ und $|\boldsymbol{v} - \boldsymbol{u}|$. Nach dem **Kosinussatz** gilt

$$|\boldsymbol{v} - \boldsymbol{u}|^2 = |\boldsymbol{u}|^2 + |\boldsymbol{v}|^2 - 2|\boldsymbol{u}||\boldsymbol{v}| \cos\phi.$$

Umformen ergibt

$$|\boldsymbol{u}||\boldsymbol{v}| \cos\phi = \frac{1}{2}(|\boldsymbol{u}|^2 + |\boldsymbol{v}|^2 - |\boldsymbol{v} - \boldsymbol{u}|^2)$$

oder

$$\boldsymbol{u} \cdot \boldsymbol{v} = \frac{1}{2}(|\boldsymbol{u}|^2 + |\boldsymbol{v}|^2 - |\boldsymbol{v} - \boldsymbol{u}|^2).$$

Mit $|\boldsymbol{u}|^2 = u_1^2 + u_2^2 + u_3^2$, $|\boldsymbol{v}|^2 = v_1^2 + v_2^2 + v_3^2$ und $|\boldsymbol{v} - \boldsymbol{u}|^2 = (v_1 - u_1)^2 + (v_2 - u_2)^2 + (v_3 - u_3)^2$ erhalten wir

$$\begin{aligned} \boldsymbol{u} \cdot \boldsymbol{v} &= \frac{1}{2}\big(u_1^2 + u_2^2 + u_3^2 + v_1^2 + v_2^2 + v_3^2 \\ &\quad - (v_1 - u_1)^2 - (v_2 - u_2)^2 - (v_3 - u_3)^2\big) \\ &= \frac{1}{2}(2u_1v_1 + 2u_2v_2 + 2u_3v_3) \\ &= u_1v_1 + u_2v_2 + u_3v_3. \end{aligned}$$

Das skalare Vektorprodukt kann also in Koordinatenform durch

$$\boldsymbol{u} \cdot \boldsymbol{v} = u_1v_1 + u_2v_2 + u_3v_3$$

berechnet werden. Analog ergibt sich für Vektoren $\boldsymbol{u} = (u_1, u_2)$ und $\boldsymbol{v} = (v_1, v_2)$ in der Ebene die Formel

$$\boldsymbol{u} \cdot \boldsymbol{v} = u_1v_1 + u_2v_2.$$

Satz 2.6

Das Skalarprodukt der Vektoren $\boldsymbol{u} = (u_1, u_2, u_3)$ und $\boldsymbol{v} = (v_1, v_2, v_3)$ im Raum $\mathbf{R}^3$ ist

$$\boldsymbol{u} \cdot \boldsymbol{v} = u_1v_1 + u_2v_2 + u_3v_3.$$

Für Vektoren $\boldsymbol{u} = (u_1, u_2)$ und $\boldsymbol{v} = (v_1, v_2)$ in der Ebene $\mathbf{R}^2$ gilt

$$\boldsymbol{u} \cdot \boldsymbol{v} = u_1v_1 + u_2v_2.$$

Beispiel 2.8

Berechnen Sie das skalare Vektorprodukt der Vektoren $\boldsymbol{u} = (0, 0, 1)$ und $\boldsymbol{v} = (0, -2, 2)$.

Lösung: $\boldsymbol{u} \cdot \boldsymbol{v} = (0)(0) + (0)(-2) + (1)(2) = 2.$ ■

Werden $\boldsymbol{u}$ und $\boldsymbol{v}$ als Spaltenmatrizen geschrieben, also $\boldsymbol{u} = [u_1, u_2, u_3]^{\mathrm{T}}$ und $\boldsymbol{v} = [v_1, v_2, v_3]^{\mathrm{T}}$, so ist das Skalarprodukt das Matrizenprodukt der Zeilenmatrix $\boldsymbol{u}^{\mathrm{T}}$ mit der Spaltenmatrix $\boldsymbol{v}$

$$\boldsymbol{u}^{\mathrm{T}}\boldsymbol{v} = u_1v_1 + u_2v_2 + u_3v_3.$$

Mit anderen Worten: Zeilenvektor mal Spaltenvektor ergibt $u_1v_1 + u_2v_2 + u_3v_3$, also ist

$$\boldsymbol{u} \cdot \boldsymbol{v} = \boldsymbol{u}^{\mathrm{T}}\boldsymbol{v}.$$

Analog gilt für $\boldsymbol{u}, \boldsymbol{v} \in \mathbf{R}^2$

$$\boldsymbol{u}^{\mathrm{T}}\boldsymbol{v} = u_1v_1 + u_2v_2 = \boldsymbol{u} \cdot \boldsymbol{v}.$$

Winkelbestimmung

Aus $\boldsymbol{u} \cdot \boldsymbol{v} = |\boldsymbol{u}||\boldsymbol{v}| \cos\phi$ folgt

$$\cos\phi = \frac{\boldsymbol{u} \cdot \boldsymbol{v}}{|\boldsymbol{u}||\boldsymbol{v}|}.$$

Mit dieser Formel lässt sich der Winkel ϕ zwischen den Vektoren $\boldsymbol{u}$ und $\boldsymbol{v}$ berechnen, wenn diese in Koordinatenform gegeben sind. Es gilt dann

$$\cos\phi = \frac{u_1v_1 + u_2v_2 + u_3v_3}{\sqrt{u_1^2 + u_2^2 + u_3^2} \cdot \sqrt{v_1^2 + v_2^2 + v_3^2}}$$

bzw. analog für Vektoren in der Ebene.

Beispiel 2.9

Gegeben seien die Vektoren $\boldsymbol{u} = (2, -1, 1)$ und $\boldsymbol{v} = (1, 1, 2)$. Berechnen Sie den Winkel zwischen $\boldsymbol{u}$ und $\boldsymbol{v}$.

Lösung: Mit diesen Daten gilt

$$\cos\phi = \frac{(2)(1) + (-1)(1) + (1)(2)}{\sqrt{4+1+1} \cdot \sqrt{1+1+4}} = \frac{1}{2}$$

Daraus folgt $\phi = 60°$. ■

Beispiel 2.10

Bestimmen Sie den Winkel zwischen der Diagonalen und einer Kante eines Würfels.

Lösung: Es sei k die Kantenlänge des Würfels. Sind $\boldsymbol{u}_1 = (k, 0, 0)$, $\boldsymbol{u}_2 = (0, k, 0)$ und $\boldsymbol{u}_3 = (0, 0, k)$ die drei Kanten, so beschreibt $\boldsymbol{d} = \boldsymbol{u}_1 + \boldsymbol{u}_2 + \boldsymbol{u}_3 = (k, k, k)$ die Diagonale des Würfels. Für den Winkel ϕ zwischen $\boldsymbol{d}$ und der Kante $\boldsymbol{u}_1$ gilt

$$\cos\phi = \frac{\boldsymbol{u}_1 \cdot \boldsymbol{d}}{|\boldsymbol{u}_1||\boldsymbol{d}|} = \frac{k^2}{k\sqrt{3k^2}} = \frac{1}{\sqrt{3}},$$

also ist

$$\phi = \arccos(\frac{1}{\sqrt{3}}) \approx 54°44'.$$

Auf die gleiche Weise findet man, dass der Winkel zwischen $\boldsymbol{d}$ und $\boldsymbol{u}_2$ bzw. $\boldsymbol{u}_3$ ebenfalls ungefähr 55° beträgt. ■

Orthogonale Vektoren

Stehen zwei Vektoren senkrecht aufeinander, so nennt man das auch **orthogonal**. Wenn wir noch vereinbaren, dass der Nullvektor senkrecht zu jedem Vektor ist, so erhalten wir

Satz 2.7 (Orthogonale Vektoren)
Zwei Vektoren $\boldsymbol{u}$ und $\boldsymbol{v}$ sind genau dann orthogonal, wenn $\boldsymbol{u} \cdot \boldsymbol{v} = 0$ ist.

Als Schreibweise für zwei orthogonale Vektoren $\boldsymbol{u}$ und $\boldsymbol{v}$ verwenden wir $\boldsymbol{u} \perp \boldsymbol{v}$.

Beispiel 2.11

Zeigen Sie, dass die drei Einheitsvektoren $\boldsymbol{e}_1 = (1, 0, 0)$, $\boldsymbol{e}_2 = (0, 1, 0)$ und $\boldsymbol{e}_3 = (0, 0, 1)$ paarweise senkrecht aufeinander stehen.

Lösung: Es ist $\boldsymbol{e}_1 \cdot \boldsymbol{e}_2 = 1 \cdot 0 + 0 \cdot 1 + 0 \cdot 0 = 0$ und ebenso sind $\boldsymbol{e}_1 \cdot \boldsymbol{e}_3 = 0$ und $\boldsymbol{e}_2 \cdot \boldsymbol{e}_3 = 0$. ■

Rechenregeln des Skalarproduktes

Für das Skalarprodukt gelten die folgenden Rechenregeln.

Satz 2.8 (Rechenregeln des Skalarproduktes)
Es seien $\boldsymbol{u}$, $\boldsymbol{v}$ und $\boldsymbol{w}$ Vektoren im zwei- oder dreidimensionalen Raum und c ein Skalar. Dann gilt

(a) $\boldsymbol{u} \cdot \boldsymbol{v} = \boldsymbol{v} \cdot \boldsymbol{u}$, (*Kommutativgesetz*)

(b) $\boldsymbol{u} \cdot (\boldsymbol{v} + \boldsymbol{w}) = \boldsymbol{u} \cdot \boldsymbol{v} + \boldsymbol{u} \cdot \boldsymbol{w}$, (*Distributivgesetz*)

(c) $c(\boldsymbol{u} \cdot \boldsymbol{v}) = (c\boldsymbol{u}) \cdot \boldsymbol{v} = \boldsymbol{u} \cdot (c\boldsymbol{v})$,

(d) $\boldsymbol{v} \cdot \boldsymbol{v} > 0$ für $\boldsymbol{v} \neq \boldsymbol{o}$ und $\boldsymbol{v} \cdot \boldsymbol{v} = 0$ für $\boldsymbol{v} = \boldsymbol{o}$.

Beweis: Wir beweisen nur die identische Gleichung $c(\boldsymbol{u} \cdot \boldsymbol{v}) = (c\boldsymbol{u}) \cdot \boldsymbol{v}$ im dreidimensionalen Raum und überlassen dem Leser die Beweise der anderen Identitäten.
Für $\boldsymbol{u} = (u_1, u_2, u_3)$ und $\boldsymbol{v} = (v_1, v_2, v_3)$ ist

$$\begin{aligned} c(\boldsymbol{u} \cdot \boldsymbol{v}) &= c(u_1v_1 + u_2v_2 + u_3v_3) \\ &= cu_1v_1 + cu_2v_2 + cu_3v_3 \\ &= (cu_1)v_1 + (cu_2)v_2 + (cu_3)v_3 \\ &= (c\boldsymbol{u}) \cdot \boldsymbol{v}. \end{aligned}$$

Orthogonale Projektionen

In einer Reihe von Anwendungen interessiert man sich für die „Zerlegung" eines Vektors $\boldsymbol{u}$ in einen zu einem gegebenen Vektor $\boldsymbol{a}$ parallelen und einen dazu senkrechten Summanden (Anteil). Dazu verlegt man $\boldsymbol{u}$ und $\boldsymbol{a}$ in den gemeinsamen Anfangspunkt Q und fällt das Lot vom Endpunkt von $\boldsymbol{u}$ auf die Gerade durch $\boldsymbol{a}$, siehe Bild 2.14

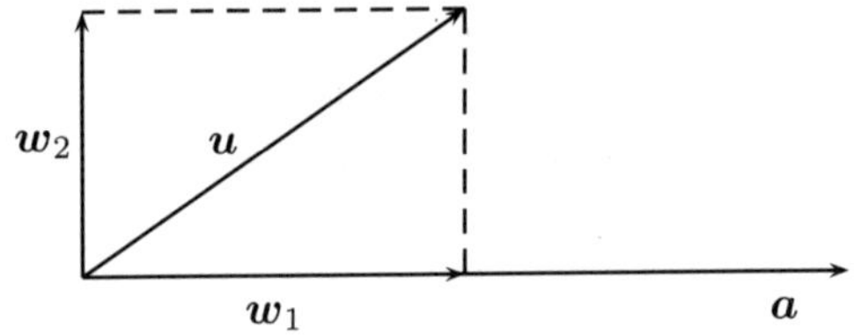

Bild 2.14: Orthogonale Projektionen, $\boldsymbol{u} = \boldsymbol{w}_1 + \boldsymbol{w}_2$

Der Vektor $\boldsymbol{w}_1$ heißt **Orthogonalprojektion (orthogonale Projektion) von $\boldsymbol{u}$ auf $\boldsymbol{a}$** und wird mit $Proj_{\boldsymbol{a}}(\boldsymbol{u})$ bezeichnet. Dementsprechend heißt $\boldsymbol{w}_2$ **Orthogonalprojektion von $\boldsymbol{u}$ senkrecht zu $\boldsymbol{a}$**. Wegen $\boldsymbol{w}_2 = \boldsymbol{u} - \boldsymbol{w}_1$ gilt für diesen Vektor

$$\boldsymbol{w}_2 = \boldsymbol{u} - Proj_{\boldsymbol{a}}(\boldsymbol{u}).$$

Wir geben nun Formeln an, mit denen man die beiden Orthogonalprojektionen berechnen kann.

Satz 2.9 (Orthogonalprojektion)
Für Vektoren $\boldsymbol{u}$ und $\boldsymbol{a}$ in der Ebene oder im Raum mit $\boldsymbol{a} \neq \boldsymbol{o}$ gilt

$$Proj_{\boldsymbol{a}}(\boldsymbol{u}) = \frac{\boldsymbol{u} \cdot \boldsymbol{a}}{|\boldsymbol{a}|^2}\boldsymbol{a}$$

und

$$\boldsymbol{u} - Proj_{\boldsymbol{a}}(\boldsymbol{u}) = \boldsymbol{u} - \frac{\boldsymbol{u} \cdot \boldsymbol{a}}{|\boldsymbol{a}|^2}\boldsymbol{a}$$

Beweis: Es seien $\boldsymbol{w}_1 = Proj_{\boldsymbol{a}}(\boldsymbol{u})$ und $\boldsymbol{w}_2 = \boldsymbol{u} - Proj_{\boldsymbol{a}}(\boldsymbol{u})$. Da $\boldsymbol{w}_1$ zu $\boldsymbol{a}$ parallel ist, gilt: $\boldsymbol{w}_1 = k\boldsymbol{a}$. Damit ist

$$\boldsymbol{u} = \boldsymbol{w}_1 + \boldsymbol{w}_2 = k\boldsymbol{a} + \boldsymbol{w}_2,$$

woraus sich mit den Rechenregeln für das Skalarprodukt

$$\boldsymbol{u} \cdot \boldsymbol{a} = (k\boldsymbol{a} + \boldsymbol{w}_2) \cdot \boldsymbol{a} = k|\boldsymbol{a}|^2 + \boldsymbol{w}_2 \cdot \boldsymbol{a}$$

ergibt. Da $\boldsymbol{w}_2$ senkrecht zu $\boldsymbol{a}$ ist, gilt $\boldsymbol{w}_2 \cdot \boldsymbol{a} = 0$, also

$$k = \frac{\boldsymbol{u} \cdot \boldsymbol{a}}{|\boldsymbol{a}|^2}.$$

Wegen $Proj_{\boldsymbol{a}}(\boldsymbol{u}) = \boldsymbol{w}_1 = k\boldsymbol{a}$ erhalten wir

$$Proj_{\boldsymbol{a}}(\boldsymbol{u}) = \frac{\boldsymbol{u} \cdot \boldsymbol{a}}{|\boldsymbol{a}|^2}\boldsymbol{a}, \qquad \text{q.e.d.}$$

Beispiel 2.12

Es seien $\boldsymbol{u} = (2, -1, 3)$ und $\boldsymbol{a} = (4, -1, 2)$ zwei gegebene Vektoren im Raum. Bestimmen Sie die orthogonale Projektion von $\boldsymbol{u}$ auf den Vektor $\boldsymbol{a}$ und senkrecht zu $\boldsymbol{a}$.

Lösung: Es ist $\boldsymbol{u} \cdot \boldsymbol{a} = (2)(4) + (-1)(-1) + (3)(2) = 15$ und $|\boldsymbol{a}|^2 = 4^2 + (-1)^2 + 2^2 = 21$, also

$$Proj_{\boldsymbol{a}}(\boldsymbol{u}) = \frac{\boldsymbol{u} \cdot \boldsymbol{a}}{|\boldsymbol{a}|^2}\boldsymbol{a} = \frac{15}{21}(4, -1, 2) \approx (2.8, -0.7, 1.4)$$

und

$$\begin{aligned}\boldsymbol{u} - Proj_{\boldsymbol{a}}(\boldsymbol{u}) &= (2, -1, 3) - (20/7, -5/7, 10/7) \\ &= (-6/7, -2/7, 11/7) \approx (-0.8, -0.3, 3.7). \quad \blacksquare\end{aligned}$$

Für die Länge der Orthogonalprojektion von $\boldsymbol{u}$ auf $\boldsymbol{a}$ erhält man

$$|Proj_{\boldsymbol{a}}(\boldsymbol{u})| = \left|\frac{\boldsymbol{u}\cdot\boldsymbol{a}}{|\boldsymbol{a}|^2}\boldsymbol{a}\right| = \left|\frac{\boldsymbol{u}\cdot\boldsymbol{a}}{|\boldsymbol{a}|^2}\right||\boldsymbol{a}| = \frac{|\boldsymbol{u}\cdot\boldsymbol{a}|}{|\boldsymbol{a}|^2}|\boldsymbol{a}|,$$

da $|\boldsymbol{a}|^2 > 0$ ist. Damit ist

$$|Proj_{\boldsymbol{a}}(\boldsymbol{u})| = \frac{|\boldsymbol{u}\cdot\boldsymbol{a}|}{|\boldsymbol{a}|}.$$

Wegen $\boldsymbol{u}\cdot\boldsymbol{a} = |\boldsymbol{u}||\boldsymbol{a}|\cos\phi$ ist somit

$$|Proj_{\boldsymbol{a}}(\boldsymbol{u})| = |\boldsymbol{u}||\cos\phi|.$$

Satz 2.10 (Länge der Orthogonalprojektion)
Die Länge des orthogonalen Projektionsvektors $Proj_{\boldsymbol{a}}(\boldsymbol{u})$ von $\boldsymbol{u}$ auf $\boldsymbol{a}$ ist

$$|Proj_{\boldsymbol{a}}(\boldsymbol{u})| = \frac{|\boldsymbol{u}\cdot\boldsymbol{a}|}{|\boldsymbol{a}|} = |\boldsymbol{u}||\cos\phi|.$$

Die geometrische Interpretation dieser Gleichung lässt sich dem Bild 2.15 entnehmen. Beachten Sie, dass man den Betrag von $\cos\phi$ nehmen muss, falls ϕ größer als 90° ist.

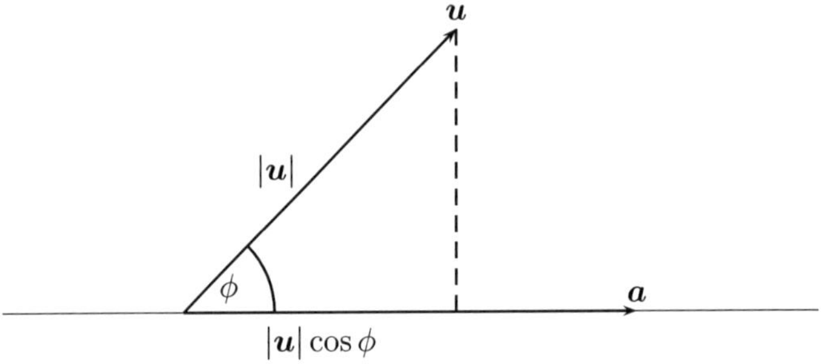

Bild 2.15: Länge der Orthogonalprojektion

2.6 Das Kreuzprodukt

Neben dem skalaren Vektorprodukt (Skalarprodukt) gibt es noch ein weiteres Vektorprodukt, das aber nur im Raum definiert ist. Dieses Vektorprodukt

(„Kreuzprodukt“ oder „äußeres Produkt“ genannt) erzeugt aus zwei gegebenen räumlichen Vektoren $\boldsymbol{u}$ und $\boldsymbol{v}$ nach einer bestimmten Vorschrift einen neuen Vektor im Raum, der auf beiden senkrecht steht und durch das Symbol $\boldsymbol{u} \times \boldsymbol{v}$ (gelesen: $\boldsymbol{u}$ Kreuz $\boldsymbol{v}$) gekennzeichnet wird. Dieses Kreuzprodukt hat viele Anwendungen in der *Physik*, der *Technik* und der Geometrie, so sind beispielsweise die folgenden physikalischen Größen als Kreuzprodukte darstellbar: Drehmoment, Drehimpuls und LORENTZ-Kraft.

Unter dem **Kreuzprodukt** $\boldsymbol{u} \times \boldsymbol{v}$ zweier räumlicher Vektoren $\boldsymbol{u}$ und $\boldsymbol{v}$ versteht man den eindeutig bestimmten Vektor mit folgenden Eigenschaften:

(a) $\boldsymbol{u} \times \boldsymbol{v}$ ist sowohl zu $\boldsymbol{u}$ als auch zu $\boldsymbol{v}$ orthogonal.

(b) Die Länge des Vektors $\boldsymbol{u} \times \boldsymbol{v}$ ist gleich dem Produkt aus den Längen der Vektoren $\boldsymbol{u}$ und $\boldsymbol{v}$ und dem Sinus des von ihnen eingeschlossenen Winkels ϕ:

$$|\boldsymbol{u} \times \boldsymbol{v}| = |\boldsymbol{u}||\boldsymbol{v}| \sin\phi, \qquad (0^\circ \leq \phi \leq 180^\circ).$$

(c) Die Vektoren $\boldsymbol{u}$, $\boldsymbol{v}$ und $\boldsymbol{u} \times \boldsymbol{v}$ bilden in dieser Reihenfolge ein Rechtssystem.

Zur Definition des Kreuzproduktes siehe Bild 2.16.

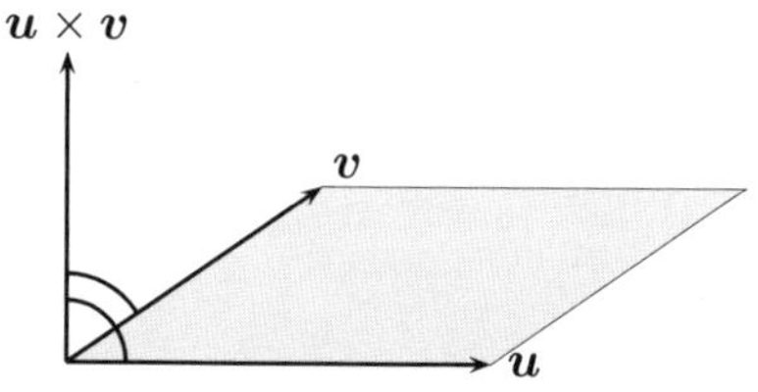

Bild 2.16: Zur Definition des Kreuzproduktes

Sie kennen nun bereits zwei Vektorprodukte: Das Skalarprodukt und das Kreuzprodukt. Beachten Sie, dass das Kreuzprodukt nur im Raum definiert ist und einen Vektor als Ergebnis liefert, im Gegensatz zum Skalarprodukt, dessen Resultat eine reelle Zahl ist.

Für den Flächeninhalt des von den Vektoren $\boldsymbol{u}$ und $\boldsymbol{v}$ aufgespannten Parallelogramms erhalten wir nach Bild 2.17

$$F = (\text{Grundlinie}) \cdot (\text{Höhe}) = |\boldsymbol{u}| \cdot h = |\boldsymbol{u}||\boldsymbol{v}| \sin\phi.$$

Dies aber ist genau die Länge des Vektors $\boldsymbol{u} \times \boldsymbol{v}$. Somit erhalten wir eine geometrische Deutung für die Länge von $\boldsymbol{u} \times \boldsymbol{v}$. Die Länge des Kreuzpro-

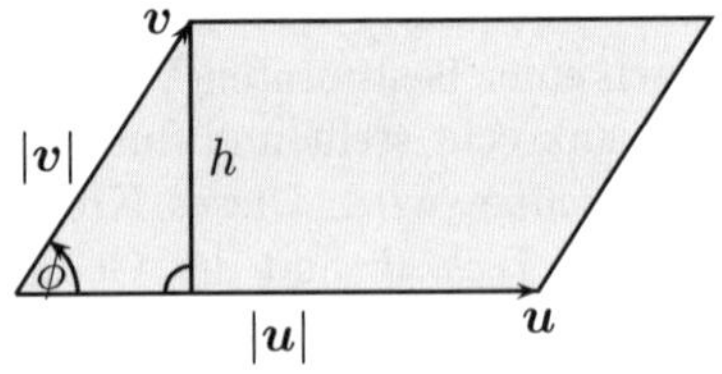

Bild 2.17: Zur geometrischen Deutung des Kreuzproduktes

duktes $\boldsymbol{u} \times \boldsymbol{v}$ entspricht dem Flächeninhalt des von den Vektoren $\boldsymbol{u}$ und $\boldsymbol{v}$ aufgespannten Parallelogramms.

Im Fall $\boldsymbol{v} = c\boldsymbol{u}$, $c \in \mathbf{R}$ und $\boldsymbol{u}, \boldsymbol{v} \neq \boldsymbol{o}$ verkümmert das Parallelogramm zu einer Linie. Der Flächeninhalt ist daher Null. Die Vektoren $\boldsymbol{u}$ und $\boldsymbol{v}$ sind zueinander parallel und haben gleiche oder entgegengesetzte Richtung. Wir können damit das folgende Kriterium für parallele Vektoren formulieren.

Satz 2.11 (Kriterium für parallele Vektoren)
Zwei vom Nullvektor verschiedene Vektoren $\boldsymbol{u}$ und $\boldsymbol{v}$ sind genau dann parallel, wenn ihr Kreuzprodukt der Nullvektor ist:

$$\boldsymbol{u} \times \boldsymbol{v} = \boldsymbol{o} \quad \text{genau dann, wenn} \quad \boldsymbol{u} \text{ und } \boldsymbol{v} \text{ parallel sind.}$$

Für den Sonderfall $\boldsymbol{u} = \boldsymbol{v}$ folgt unmittelbar aus $|\boldsymbol{u} \times \boldsymbol{v}| = |\boldsymbol{u}||\boldsymbol{v}| \sin \phi$

$$|\boldsymbol{u} \times \boldsymbol{v}| = |\boldsymbol{u}||\boldsymbol{v}| \sin 0^\circ = 0$$

und daraus

$$\boldsymbol{u} \times \boldsymbol{u} = \boldsymbol{o}.$$

Wir fassen unsere Ergebnisse zusammen und geben weitere Rechenregeln ohne Beweis an.

Satz 2.12 (Rechenregeln des Kreuzproduktes)
Sind $\boldsymbol{u}$, $\boldsymbol{v}$ und $\boldsymbol{w}$ beliebige Vektoren im Raum und c eine reelle Zahl, so gilt

(a) $\boldsymbol{u} \times \boldsymbol{v} = -\boldsymbol{v} \times \boldsymbol{u}$ (*Anti-Kommutativgesetz*)

(b) $\boldsymbol{u} \times (\boldsymbol{v} + \boldsymbol{w}) = (\boldsymbol{u} \times \boldsymbol{v}) + (\boldsymbol{u} \times \boldsymbol{w})$ (*Distributivgesetz*)

(c) $(\boldsymbol{u} + \boldsymbol{v}) \times \boldsymbol{w} = (\boldsymbol{u} \times \boldsymbol{w}) + (\boldsymbol{v} \times \boldsymbol{w})$ (*Distributivgesetz*)

(d) $c(\boldsymbol{u} \times \boldsymbol{v}) = (c\boldsymbol{u}) \times \boldsymbol{v} = \boldsymbol{u} \times (c\boldsymbol{v})$ (*Assoziativgesetz*)
Wegen dieser Regel lässt man die Klammern auch weg und schreibt einfach $c\boldsymbol{u} \times \boldsymbol{v}$.

(e) $\boldsymbol{u} \times \boldsymbol{o} = \boldsymbol{o} \times \boldsymbol{u} = \boldsymbol{o}$

(f) $\boldsymbol{u} \times \boldsymbol{u} = \boldsymbol{o}$

Koordinatenform des Kreuzproduktes

Da wir unter einem rechtwinkligen Koordinatensystem mit den Einheitsvektoren $\boldsymbol{e}_1$, $\boldsymbol{e}_2$ und $\boldsymbol{e}_3$ stets ein Rechtssystem meinen, gilt

$$\boldsymbol{e}_1 \times \boldsymbol{e}_2 = \boldsymbol{e}_3, \quad \boldsymbol{e}_2 \times \boldsymbol{e}_3 = \boldsymbol{e}_1 \quad \text{und} \quad \boldsymbol{e}_3 \times \boldsymbol{e}_1 = \boldsymbol{e}_2,$$

nach Definition des Kreuzproduktes. Hieraus und mit den Rechenregeln folgt die Koordinatendarstellung für das Kreuzprodukt:

$$\begin{aligned}
\boldsymbol{u} \times \boldsymbol{v} &= (u_1\boldsymbol{e}_1 + u_2\boldsymbol{e}_2 + u_3\boldsymbol{e}_3) \times (v_1\boldsymbol{e}_1 + v_2\boldsymbol{e}_2 + v_3\boldsymbol{e}_3) \\
&= u_1v_1(\boldsymbol{e}_1 \times \boldsymbol{e}_1) + u_1v_2(\boldsymbol{e}_1 \times \boldsymbol{e}_2) + u_1v_3(\boldsymbol{e}_1 \times \boldsymbol{e}_3) + \\
&\quad u_2v_1(\boldsymbol{e}_2 \times \boldsymbol{e}_1) + u_2v_2(\boldsymbol{e}_2 \times \boldsymbol{e}_2) + u_2v_3(\boldsymbol{e}_2 \times \boldsymbol{e}_3) + \\
&\quad u_3v_1(\boldsymbol{e}_3 \times \boldsymbol{e}_1) + u_3v_2(\boldsymbol{e}_3 \times \boldsymbol{e}_2) + u_3v_3(\boldsymbol{e}_3 \times \boldsymbol{e}_3) \\
&= \boldsymbol{o} + u_1v_2\boldsymbol{e}_3 - u_1v_3\boldsymbol{e}_2 - u_2v_1\boldsymbol{e}_3 + \boldsymbol{o} + \\
&\quad u_2v_3\boldsymbol{e}_1 + u_3v_1\boldsymbol{e}_2 - u_3v_2\boldsymbol{e}_1 + \boldsymbol{o} \\
&= (u_2v_3 - u_3v_2)\boldsymbol{e}_1 + (u_3v_1 - u_1v_3)\boldsymbol{e}_2 + (u_1v_2 - u_2v_1)\boldsymbol{e}_3.
\end{aligned}$$

Satz 2.13 (Koordinatendarstellung des Kreuzproduktes)
Sind $\boldsymbol{u} = (u_1, u_2, u_3)$ und $\boldsymbol{v} = (v_1, v_2, v_3)$ zwei Vektoren im Raum, so ist das Kreuzprodukt durch

$$\boldsymbol{u} \times \boldsymbol{v} = (u_2v_3 - u_3v_2, u_3v_1 - u_1v_3, u_1v_2 - u_2v_1)$$

berechenbar.

Beispiel 2.13
Was ist $\boldsymbol{u} \times \boldsymbol{v}$ für $\boldsymbol{u} = (1, 2, -2)$ und $\boldsymbol{v} = (3, 0, 1)$?

Lösung: Es ist

$$\begin{aligned}
\boldsymbol{u} \times \boldsymbol{v} &= (1, 2, -2) \times (3, 0, 1) \\
&= \big((2)(1) - (-2)(0), (-2)(3) - (1)(1), (1)(0) - (2)(3)\big) \\
&= (2, -7, -6). \quad \blacksquare
\end{aligned}$$

Beispiel 2.14 (Flächeninhalt eines Dreiecks)

Berechnen Sie den Flächeninhalt des Dreiecks mit den Eckpunkten $P_1 = (2, 2, 0)$, $P_2 = (-1, 0, 2)$ und $P_3 = (0, 4, 3)$.

Lösung: Der Flächeninhalt des Dreiecks ist die Hälfte des Inhalts des Parallelogramms, das von den Vektoren $\overrightarrow{P_1P_2}$ und $\overrightarrow{P_1P_3}$ aufgespannt wird. Daher können wir den Flächeninhalt des Dreiecks mit Hilfe des Kreuzproduktes berechnen. Zunächst ist

$$\overrightarrow{P_1P_2} = \overrightarrow{OP_2} - \overrightarrow{OP_1} = (-1, 0, 2) - (2, 2, 0) = (-3, -2, 2)$$

und

$$\overrightarrow{P_1P_3} = \overrightarrow{OP_3} - \overrightarrow{OP_1} = (0, 4, 3) - (2, 2, 0) = (-2, 2, 3).$$

Damit gilt

$$\overrightarrow{P_1P_2} \times \overrightarrow{P_1P_3} = (-10, 5, -10).$$

Also ist der Flächeninhalt des Dreiecks

$$\frac{1}{2}|\overrightarrow{P_1P_2} \times \overrightarrow{P_1P_3}| = \frac{1}{2}\sqrt{100 + 25 + 100} = \frac{1}{2}\sqrt{225} = 7.5. \quad \blacksquare$$

Beispiel 2.15

Bewegt sich ein *Massenpunkt* mit dem Ortsvektor $\boldsymbol{r}$ in einem Kraftfeld $\boldsymbol{f}$, dann nennt man die Größe $\boldsymbol{d} = \boldsymbol{r} \times \boldsymbol{f}$ das **Drehmoment** der Kraft $\boldsymbol{f}$ um den Koordinatenursprung. Die Einheit des Drehmomentes ist NEWTON-Meter (Nm). Der Betrag (Länge) von $\boldsymbol{d}$ ist ein Maß für die *Drehbewegung*, die durch die Kraft am Massenpunkt verursacht wird. Berechnen Sie das Drehmoment in Nm für $\boldsymbol{f} = (-1, 0, 4)$ N und $\boldsymbol{r} = (50, 40, 30)$ cm.

Lösung: Für das Drehmoment gilt

$$\boldsymbol{d} = \boldsymbol{r} \times \boldsymbol{f} = \begin{bmatrix} 0.5 \\ 0.4 \\ 0.3 \end{bmatrix} \times \begin{bmatrix} -1 \\ 0 \\ 4 \end{bmatrix} \text{Nm} = \begin{bmatrix} 1.6 \\ -2.3 \\ 0.4 \end{bmatrix} \text{Nm}. \quad \blacksquare$$

2.7 Weitere Bemerkungen und Hinweise

Mit Hilfe der Vektorrechnung im $\mathbf{R}^2$ und $\mathbf{R}^3$ lassen sich auch viele Probleme der Geometrie lösen. Ich verweise Sie auf das Lehrbuch [10], wenn Sie sich für geometrische Fragestellungen interessieren.

Mit dem Skalarprodukt, dem Kreuzprodukt und dem dyadischen Produkt kennen Sie nun drei Vektorprodukte, das heißt Verknüpfungen, bei denen zwei oder mehr Vektoren miteinander multipliziert werden. Das Kreuzprodukt hat in der *Physik* und *Technik* viele Anwendungen; den beiden anderen Vektorprodukten werden wir auf den folgenden Seiten noch oft begegnen.

Aufgaben

2.1 Richtig oder falsch?

- ☐ $\boldsymbol{v}^{\mathrm{T}}\boldsymbol{v}$ nimmt alle Werte aus $\mathbf{R}$ an.
- ☐ $\boldsymbol{v}^{\mathrm{T}}\boldsymbol{v}$ nimmt alle nicht negativen Werte aus $\mathbf{R}$ an.
- ☐ $\boldsymbol{o}^{\mathrm{T}}\boldsymbol{v}$ ist stets gleich dem Nullvektor.
- ☐ $\boldsymbol{o}^{\mathrm{T}}\boldsymbol{v}$ ist Null.

2.2 Berechnen Sie jeweils das Skalarprodukt der angegebenen Vektoren:

(a) $\boldsymbol{a} = (1, 0)$; $\boldsymbol{b} = (0, 1)$
(b) $\boldsymbol{a} = (1, 0, 0)$; $\boldsymbol{b} = (0, 1, 0)$
(c) $\boldsymbol{a} = (1, 1, 1)$; $\boldsymbol{b} = (-2, -2, -2)$
(d) $\boldsymbol{a} = (2, 2, 2)$; $\boldsymbol{b} = (3, 3, 3)$

Überprüfen Sie Ihre Ergebnisse in MATLAB (Syntax: `a'*b` oder `dot(a,b)`).

2.3 Berechnen Sie $\boldsymbol{v} + \boldsymbol{w}$, $\boldsymbol{u} + \boldsymbol{v} + \boldsymbol{w}$ und $2\boldsymbol{u} + 2\boldsymbol{v} + \boldsymbol{w}$ mit

$$\boldsymbol{u} = \begin{bmatrix} 1 \\ 2 \\ 3 \end{bmatrix}, \quad \boldsymbol{v} = \begin{bmatrix} -3 \\ 1 \\ -2 \end{bmatrix} \quad \text{und} \quad \boldsymbol{w} = \begin{bmatrix} 2 \\ -3 \\ -1 \end{bmatrix}.$$

2.4 Welche Gegenkraft $\boldsymbol{f}$ hebt die vier Einzelkräfte $\boldsymbol{f}_1$, $\boldsymbol{f}_2$, $\boldsymbol{f}_3$ und $\boldsymbol{f}_4$ in ihrer Gesamtheit auf (Krafteinheit: 1 NEWTON)?

$$\boldsymbol{f}_1 = \begin{bmatrix} 200 \\ 110 \\ -50 \end{bmatrix}, \ \boldsymbol{f}_2 = \begin{bmatrix} -10 \\ 30 \\ -40 \end{bmatrix}, \ \boldsymbol{f}_3 = \begin{bmatrix} 40 \\ 85 \\ 120 \end{bmatrix}, \ \boldsymbol{f}_4 = -\begin{bmatrix} 30 \\ 50 \\ 40 \end{bmatrix}.$$

2.5 Gegeben sind die Vektoren

$$\boldsymbol{a} = \begin{bmatrix} 5 \\ 4 \\ -3 \end{bmatrix}, \quad \boldsymbol{b} = \begin{bmatrix} 1 \\ 1 \\ 0 \end{bmatrix}, \quad \boldsymbol{c} = \begin{bmatrix} 1 \\ 0 \\ -3 \end{bmatrix}.$$

Bestimmen Sie die Werte für α und β so, dass gilt

$$\boldsymbol{a} + \alpha \boldsymbol{b} + \beta \boldsymbol{c} = \boldsymbol{o} \quad (\boldsymbol{o} \text{ ist der Nullvektor}).$$

2.6 Es seien $\boldsymbol{u} = (3, 2, -1)$ und $\boldsymbol{v} = (0, 2, -3)$ gegeben. Berechnen Sie $\boldsymbol{u} \times \boldsymbol{v}$.

2.7 Bestimmen Sie einen Vektor, der auf $\boldsymbol{u} = (-6, 4, 2)$ und $\boldsymbol{v} = (3, 1, 5)$ senkrecht steht.

2.8 Zeigen Sie, dass gilt

$$\boldsymbol{u} \cdot (\boldsymbol{u} \times \boldsymbol{v}) = 0$$

für $\boldsymbol{u}, \boldsymbol{v} \in \mathbf{R}^3$.

Sie sollten nun mit folgenden Begriffen umgehen können

Vektoren, Rechenregeln für Vektoren, Länge von Vektoren, Skalarprodukt, orthogonale Projektionen, Kreuzprodukt.

3 Analytische Geometrie von Geraden und Ebenen

In diesem Kapitel wollen wir ein paar grundlegende Begirffe aus der analytischen Geometrie behandeln. Im Vordergrund stehen verschiedene Darstellungen von Geraden und Ebenen. Welche Möglichkeiten bestehen, um eine Gerade in der Ebene oder im Raum zu beschreiben? Wie kann man eine Ebene im Raum angeben?

3.1 Darstellungen von Geraden

Die Lösungsmenge einer linearen Gleichung der Form $ax_1 + bx_2 + c = 0$ (a, b, c reelle Parameter) kann man als Gerade der Zeichenebene darstellen. Man nennt solch eine Form **Koordinatendarstellung der Geraden in der Ebene**, denn: Ist P ein Punkt auf dieser Geraden, so erfüllen seine Koordinaten die Gleichung und jede Lösung dieser Gleichung entspricht den Koordinaten eines Punktes der Geraden.

Satz 3.1 (Koordinatengleichung)
Jede Gerade in der x_1, x_2-Ebene lässt sich durch eine Koordinatengleichung

$$ax_1 + bx_2 + c = 0$$

beschreiben, bei der mindestens einer der beiden Koeffizienten a und b ungleich Null ist.

Beispiel 3.1 (Punktprobe)

Prüfen Sie, ob der Punkt $A = (0, 3)$ auf der Geraden liegt, die durch die Gleichung $x_1 + 2x_2 = 6$ beschrieben ist.

Lösung: Der Punkt A hat die Koordinaten $(0, 3)$. Setzt man nun für $x_1 = 0$ und für $x_2 = 3$ ein, so gilt $0 + 6 = 6$, folglich liegt A auf der Geraden. ∎

Mithilfe von Vektoren ist es möglich, sowohl Geraden der Ebene als auch Geraden im Raum algebraisch zu beschreiben.

Sind eine Gerade und zwei Punkte P und Q auf dieser gegeben, so gilt: Ein beliebig gewählter Punkt X der Geraden hat den Ortsvektor $\boldsymbol{x}$ mit $\boldsymbol{x} = \overrightarrow{OP}+$

$t\overrightarrow{PQ}$, $t \in \mathbf{R}$, denn es ist $\boldsymbol{x} = \overrightarrow{OP} + \overrightarrow{PX}$. Da P, Q und X auf einer Geraden liegen, sind $\overrightarrow{PQ}$ und $\overrightarrow{PX}$ Vielfache voneinander, also ist $\boldsymbol{x} = \overrightarrow{OP} + t\overrightarrow{PQ}$. Bezeichnen wir $\overrightarrow{OP}$ mit $\boldsymbol{p}$ und $\overrightarrow{PQ}$ mit $\boldsymbol{u}$, so ist

$$\boldsymbol{x} = \boldsymbol{p} + t\boldsymbol{u}, \qquad t \in \mathbf{R}.$$

Der Vektor $\boldsymbol{p}$ heißt **Stützvektor der Geraden**, weil sein Pfeil von O nach P die Gerade „in dem Punkt P stützt“. Der Vektor $\boldsymbol{u}$ heißt **Richtungsvektor** der Geraden, weil er die „Richtung“ der Geraden festlegt und $t \in \mathbf{R}$ ist ein **Parameter**.

Satz 3.2 (Vektorielle Punkt-Richtungsform)
Jede Gerade lässt sich durch eine Gleichung der Form

$$\boldsymbol{x} = \boldsymbol{p} + t\boldsymbol{u} \qquad (t \in \mathbf{R})$$

beschreiben. Hierbei ist $\boldsymbol{p}$ ein Stützvektor und $\boldsymbol{u}$ ($\boldsymbol{u} \neq \boldsymbol{o}$) ein Richtungsvektor.

Eine Gleichung der Form $\boldsymbol{x} = \boldsymbol{p} + t\boldsymbol{u}$ nennt man **Geradengleichung in Parameterform** (**Parametergleichung**) der jeweiligen Geraden mit dem Parameter $t \in \mathbf{R}$, siehe Bild 3.1.

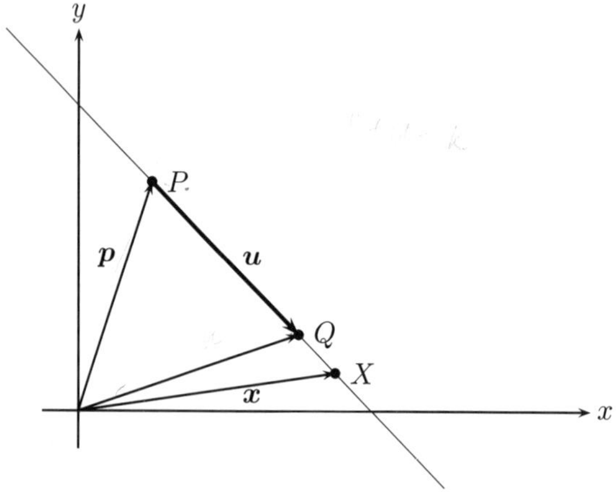

Bild 3.1: Geradengleichung in Parameterform

Beispiel 3.2 (Punktprobe)

Prüfen Sie, ob der Punkt $A = (-7, -5, 8)$ auf der Geraden liegt, die durch die Gleichung $\boldsymbol{x} = (3, -1, 2) + t(5, 2, -3)$ beschrieben ist.

Lösung: Wenn A auf der Geraden liegt, dann muss es eine reelle Zahl geben, die die Vektorgleichung $(3,-1,2)+t(5,2,-3)=(-7,-5,8)$ erfüllt. Aus $3+5t=-7$ folgt $t=-2$ und es gilt sowohl $(-1)+(-2)(2)=-5$ als auch $(2)+(-2)(-3)=8$. Somit liegt der Punkt A auf der Geraden. ■

Beispiel 3.3

Geben Sie zwei Parametergleichungen für die Gerade an, die durch die Punkte $A=(1,-2,5)$ und $B=(4,6,-2)$ geht.

Lösung: Da A auf der Geraden liegt, ist der Vektor $\boldsymbol{a}=(1,-2,5)$ ein möglicher Stützvektor der Geraden. Da A und B auf der Geraden liegen, ist der Vektor $\overrightarrow{AB}=(4,6,-2)-(1,-2,5)=(3,8,-7)$ ein möglicher Richtungsvektor der Geraden. Somit erhält man für die Gerade die Parametergleichung $\boldsymbol{x}=(1,-2,5)+t(3,8,-7)$. Eine weitere Gleichung ist zum Beispiel $\boldsymbol{x}=(4,6,-2)+t(-3,-8,7)$. ■

Beispiel 3.4

Bestimmen Sie eine Koordinatengleichung von der Geraden, die durch die Parametergleichung

$$\boldsymbol{x}=\begin{bmatrix}4\\0\end{bmatrix}+\begin{bmatrix}-2\\1\end{bmatrix}t$$

gegeben ist.

Lösung: Schreibt man die Parametergleichung als zwei Gleichungen, so erhält man

$$x_1=4-2t$$
$$x_2=t.$$

Setzt man $t=x_2$ in die erste Gleichung ein, dann erhält man $x_1=4-2x_2$ bzw.

$$x_1+2x_2-4=0.$$

Vergleichen Sie hierzu das Beispiel 1.9. ■

3.2 Darstellungen von Ebenen

Der Vektor $\boldsymbol{p}$ heißt **Stützvektor der Ebene**, weil sein Pfeil von O nach P die Ebene „in dem Punkt P stützt“. Die Vektoren $\boldsymbol{u}$ und $\boldsymbol{v}$ heißen **Spannvektoren** der Ebene, weil sie die Ebene „aufspannen“.

Satz 3.3 (Vektorielle Punkt-Richtungsform)
Jede Ebene lässt sich durch eine Gleichung der Form

$$\boldsymbol{x} = \boldsymbol{p} + s\boldsymbol{u} + t\boldsymbol{v}, \qquad s, t \in \mathbf{R}$$

beschreiben. Hierbei ist $\boldsymbol{p}$ der Stützvektor und die nicht parallelen Vektoren $\boldsymbol{u}$ und $\boldsymbol{v}$ sind zwei Spannvektoren.

Man nennt die Gleichung $\boldsymbol{x} = \boldsymbol{p} + s\mathbf{u} + \mathbf{t}\boldsymbol{v}$ eine **Ebenengleichung in Parameterform** der entsprechenden Ebene mit den Parametern s und t, siehe Bild 3.2.

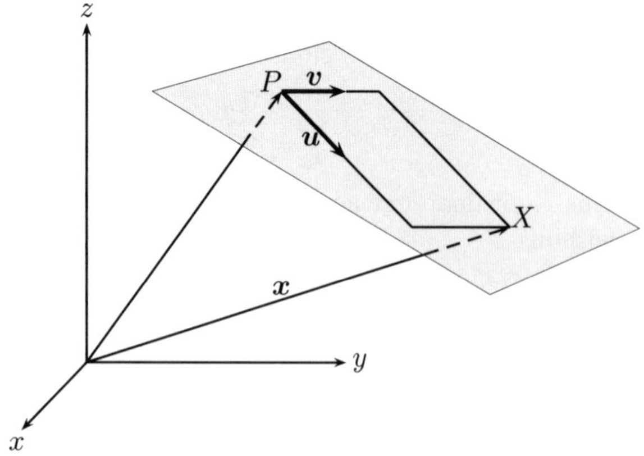

Bild 3.2: Ebenengleichung in Parameterform

Beispiel 3.5

Die drei Punkte $A = (1, -1, 1)$, $B = (1.5, 1, 0)$ und $C = (0, 1, 1)$ legen eine Ebene fest. Geben Sie eine Parameterdarstellung dieser Ebene an.

Lösung: Wählt man als Stützvektor den Ortsvektor von A und als Spannvektoren $\overrightarrow{AB}$ und $\overrightarrow{AC}$, so erhält man

$$\boldsymbol{x} = \begin{bmatrix} 1 \\ -1 \\ 1 \end{bmatrix} + s \begin{bmatrix} 0.5 \\ 2 \\ -1 \end{bmatrix} + t \begin{bmatrix} -1 \\ 2 \\ 0 \end{bmatrix}. \quad \blacksquare$$

Ist eine Parametergleichung einer Ebene gegeben, dann kann man eine Gleichung ohne Parameter bestimmen, indem man die Parametergleichung als drei Gleichungen auffasst.

Beispiel 3.6

Gegeben sei die Parametergleichung

$$\boldsymbol{x} = \begin{bmatrix} 1 \\ 1 \\ 1 \end{bmatrix} + s \begin{bmatrix} 2 \\ 1 \\ 0 \end{bmatrix} + t \begin{bmatrix} 3 \\ 0 \\ 0.5 \end{bmatrix}.$$

Bestimmen Sie eine Gleichung ohne Parameter.

Lösung: Drückt man zum Beispiel mithilfe der zweiten und dritten Gleichung s und t durch x_2 und x_3 aus und setzt in die erste Gleichung ein, so ergibt sich

$$x_1 - 2x_2 - 6x_3 + 7 = 0. \quad ■$$

Man sagt: $x_1 - 2x_2 - 6x_3 + 7 = 0$ ist die **Koordinatendarstellung der Ebene** (**Koordinatengleichung der Ebene**), denn: Ist P ein Punkt der Ebene, so erfüllen seine Koordinaten die Gleichung und jede Lösung dieser Gleichung entspricht den Koordinaten eines Punktes der Ebene.

Satz 3.4 (Koordinatengleichung)
Jede Ebene lässt sich durch eine Koordinatengleichung

$$ax_1 + bx_2 + cx_3 + d = 0$$

beschreiben, bei der mindestens einer der drei Koeffizienten a, b und c ungleich Null ist.

Beispiel 3.7

Bestimmen Sie eine Koordinatendarstellung von der Ebene, die durch die Parametergleichung

$$\boldsymbol{x} = \begin{bmatrix} 2 \\ 2 \\ 1 \end{bmatrix} + s \begin{bmatrix} 1 \\ -2 \\ 3 \end{bmatrix} + t \begin{bmatrix} 2 \\ 5 \\ 7 \end{bmatrix}.$$

gegeben ist.

Lösung: Schreibt man die Parametergleichung als drei Gleichungen, so erhält man

$$\begin{aligned} x_1 &= 2 + s + 2t \\ x_2 &= 2 - 2s + 5t \\ x_3 &= 1 + 3s + 7t. \end{aligned}$$

Man formt so um, dass in einer Gleichung die Parameter wegfallen, zum Beispiel in der dritten Gleichung, dann erhält man

$$29x_1 + x_2 - 9x_3 - 51 = 0. \quad \blacksquare$$

Beispiel 3.8

Bestimmen Sie eine Parametergleichung von der Ebene, die durch die Koordinatengleichung

$$3x_1 - x_2 + 7x_3 - 12 = 0$$

gegeben ist.

Lösung: Man löst zuerst die Koordinatengleichung zum Beispiel nach x_2 auf: $x_2 = -12 + 3x_1 + 7x_3$. Dann kann man schreiben

$$\begin{aligned} x_1 &= \quad\ 0 + 1x_1 + 0x_3 \\ x_2 &= -12 + 3x_1 + 7x_3 \\ x_3 &= \quad\ 0 + 0x_1 + 1x_3. \end{aligned}$$

Hieraus ergibt sich

$$\begin{bmatrix} x_1 \\ x_2 \\ x_3 \end{bmatrix} = \begin{bmatrix} 0 \\ -12 \\ 0 \end{bmatrix} + x_1 \begin{bmatrix} 1 \\ 3 \\ 0 \end{bmatrix} + x_3 \begin{bmatrix} 0 \\ 7 \\ 1 \end{bmatrix}.$$

Eine Parameterdarstellung der Ebene ist also

$$\boldsymbol{x} = \begin{bmatrix} 0 \\ -12 \\ 0 \end{bmatrix} + s \begin{bmatrix} 1 \\ 3 \\ 0 \end{bmatrix} + t \begin{bmatrix} 0 \\ 7 \\ 1 \end{bmatrix}. \quad \blacksquare$$

Beispiel 3.9

Die drei Punkte $A = (1, 1, 0)$, $B = (1, 0, 1)$ und $C = (0, 1, 1)$ legen eine Ebene fest. Bestimmen Sie eine Koordinatengleichung dieser Ebene.

Lösung: Eine Koordinatengleichung einer Ebene hat die Form $ax_1 + bx_2 + cx_3 + d = 0$. Setzt man jeweils die Koordinaten der Punkte A, B und C in die Gleichung ein, dann erhält man das lineare Gleichungssystem

$$\begin{aligned} a + b \quad\ + d &= 0 \\ a + \quad\ c + d &= 0 \\ b + c + d &= 0 \end{aligned}$$

Dieses lineare Gleichungssystem hat drei Gleichungen und vier Variablen. Löst man dieses System etwa mit dem GAUSS-Verfahren, so erhält man $a = -d/2$, $b = -d/2$ und $c = -d/2$. Setzt man zum Beispiel $d = -2$, so erhält man $a = 1$, $b = 1$ und $c = 1$. Eine Koordinatengleichung der Ebene ist daher

$$x_1 + x_2 + x_3 - 2 = 0. \quad \blacksquare$$

Normalenform einer Ebenengleichung

Eine Ebene im Raum kann man vektoriell durch einen Stützvektor und zwei Spannvektoren beschreiben. Eine weitere Möglichkeit erhält man mit Hilfe eines Vektors, der orthogonal zu den Spannvektoren der Ebene ist.

Einen Vektor $\boldsymbol{n}$ nennt man einen **Normalenvektor der Ebene**, wenn er orthogonal zu zwei gegebenen (nicht parallelen) Spannvektoren der Ebene ist.

Ist $\boldsymbol{n}$ ein Normalenvektor der Ebene mit $\boldsymbol{x} = \boldsymbol{p} + s\boldsymbol{u} + t\boldsymbol{v}$, so liegt ein Punkt X genau dann in der Ebene, wenn für den Ortsvektor $\boldsymbol{x} = \overrightarrow{OX}$ gilt: $\boldsymbol{x} - \boldsymbol{p}$ ist orthogonal zu $\boldsymbol{n}$. Daher ist auch $(\boldsymbol{x} - \boldsymbol{p}) \cdot \boldsymbol{n} = 0$ eine Gleichung der Ebene.

Da $\boldsymbol{n}$ ein Normalenvektor ist, spricht man von einer Ebenengleichung in **Normalenform**. Weil die Ebenengleichung durch einen Punkt (Endpunkt des Stützvektors) und eine Normale gegeben ist, spricht man gelegentlich auch von einer **Punkt-Normalenform**, siehe Bild 3.3.

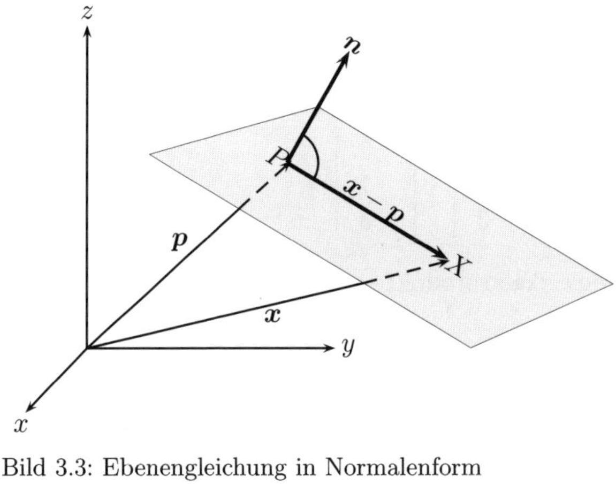

Bild 3.3: Ebenengleichung in Normalenform

Satz 3.5 (Normalenform einer Ebene)
Eine Ebene mit dem Stützvektor $\boldsymbol{p}$ und dem Normalenvektor $\boldsymbol{n}$ wird beschrieben durch die Gleichung

$$(\boldsymbol{x}-\boldsymbol{p})\cdot\boldsymbol{n}=0.$$

Da die Gleichung $(\boldsymbol{x}-\boldsymbol{p})\cdot\boldsymbol{n}=0$ keine Parameter enthält, wird sie auch *parameterfreie Ebenengleichung* genannt.

Die Koordinatengleichung $ax_1+bx_2+cx_3+d=0$ einer Ebene kann auch in der Form $(a,b,c)\cdot(x_1,x_2,x_3)+d=0$ geschrieben werden, das heißt als $\boldsymbol{n}\cdot\boldsymbol{x}+d=0$ mit $\boldsymbol{n}=(a,b,c)$ und $\boldsymbol{x}=(x_1,x_2,x_3)$. Zu gegebenem $\boldsymbol{n}$ und d kann man einen Vektor $\boldsymbol{p}$ finden, sodass $\boldsymbol{p}\cdot\boldsymbol{n}+d=0$ ist, siehe Beispiel 3.11. Aus $\boldsymbol{n}\cdot\boldsymbol{x}+d=0$ und $\boldsymbol{n}\cdot\boldsymbol{p}+d=0$ folgt $(\boldsymbol{x}-\boldsymbol{p})\cdot\boldsymbol{n}=0$, also ist $\boldsymbol{n}$ ein Normalenvektor der Ebene.

Beispiel 3.10

Eine Ebene durch $P=(4,1,3)$ hat den Normalenvektor $\boldsymbol{n}=(2,-1,5)$. Geben Sie eine Gleichung der Ebene in Normalenform an, und bestimmen Sie aus dieser Normalenform eine Koordinatengleichung der Ebene.

Lösung: Einsetzen von $\boldsymbol{p}=\overrightarrow{OP}$ und $\boldsymbol{n}$ in $(\boldsymbol{x}-\boldsymbol{p})\cdot\boldsymbol{n}=0$ ergibt die Gleichung in Normalenform

$$\left(\boldsymbol{x}-\begin{bmatrix}4\\1\\3\end{bmatrix}\right)\cdot\begin{bmatrix}2\\-1\\5\end{bmatrix}=0.$$

Einsetzen von $\boldsymbol{x}=(x_1,x_2,x_3)$ in die Normalenform ergibt

$$\begin{bmatrix}x_1\\x_2\\x_3\end{bmatrix}\cdot\begin{bmatrix}2\\-1\\5\end{bmatrix}=\begin{bmatrix}4\\1\\3\end{bmatrix}\cdot\begin{bmatrix}2\\-1\\5\end{bmatrix}.$$

Ausrechnen der beiden Skalarprodukte ergibt die Koordinatengleichung

$$2x_1-x_2+5x_3-22=0.\ \blacksquare$$

Beispiel 3.11

Bestimmen Sie für die Ebene mit der Koordinatengleichung $2x_1+5x_2+3x_3-12=0$ eine Ebenengleichung in Normalenform.

Lösung: Zur Bestimmung des Stützvektors $\boldsymbol{p}$ ist es geschickt, zwei Koordinaten als Null zu wählen, zum Beispiel x_2 und x_3. Die fehlende Koordinate ergibt sich durch Einsetzen in die Koordinatendarstellung. Aus $x_2 = 0$ und $x_3 = 0$ folgt $2x_1 - 12 = 0$, also $x_1 = 6$. Damit ist $\boldsymbol{p} = (6, 0, 0)$. Die Koeffizienten 2, 5 und 3 der Koordinatengleichung $2x_1 + 5x_2 + 3x_3 - 12 = 0$ sind die Koordinaten des Normalenvektors $\boldsymbol{n} = (2, 5, 3)$. Daraus ergibt sich eine Normalenform der Ebenengleichung

$$\left(\boldsymbol{x} - \begin{bmatrix} 6 \\ 0 \\ 0 \end{bmatrix}\right) \cdot \begin{bmatrix} 2 \\ 5 \\ 3 \end{bmatrix} = 0. \quad \blacksquare$$

Satz 3.6
Ist $ax_1 + bx_2 + cx_3 + d = 0$ eine Koordinatengleichung einer Ebene, so ist der Vektor mit den Koordinaten a, b, c ein Normalenvektor der Ebene.

Insbesondere folgt aus dem Satz 3.6, dass zwei Ebenen zueinander parallel sind, wenn sich die Koordinatengleichungen nur in der Konstanten d unterscheiden.

Beispiel 3.12

Bestimmen Sie für die Ebene in Parameterform

$$\boldsymbol{x} = \begin{bmatrix} 5 \\ 2 \\ 3 \end{bmatrix} + s \begin{bmatrix} 1 \\ 0 \\ 2 \end{bmatrix} + t \begin{bmatrix} 0 \\ -5 \\ 8 \end{bmatrix}$$

eine Gleichung in Normalenform.

Lösung: Jeder Normalenvektor $\boldsymbol{n}$ muss zu den Spannvektoren orthogonal sein, also muss für $\boldsymbol{n} = (n_1, n_2, n_3)$ gelten $(1, 0, 2) \cdot (n_1, n_2, n_3) = 0$ und $(0, -5, 8) \cdot (n_1, n_2, n_3) = 0$. Ausrechnen der beiden Skalarprodukte ergibt das lineare Gleichungssystem

$$\begin{aligned} n_1 \qquad\quad + 2n_3 &= 0 \\ - 5n_2 + 8n_3 &= 0 \end{aligned}$$

mit zwei Gleichungen und drei Variablen, das sich umformen lässt in

$$\begin{aligned} n_1 &= -2n_3 \\ n_2 &= 8/5 n_3. \end{aligned}$$

Setzt man zum Beispiel $n_3 = 5$, so ergibt sich eine ganzzahlige Lösung $n_2 = 8$ und $n_1 = -10$. Damit erhalten wir als Normalenvektor $\boldsymbol{n} = (-10, 8, 5)$ und als eine Normalengleichung der Ebenengleichung (den benötigten Stützvektor kann man direkt der gegebenen Ebenengleichung entnehmen)

$$\left(\boldsymbol{x} - \begin{bmatrix} 5 \\ 2 \\ 3 \end{bmatrix}\right) \cdot \begin{bmatrix} -10 \\ 8 \\ 5 \end{bmatrix} = 0.$$

Eine alternative Lösungsmöglichkeit besteht darin, einen Normalenvektor über das Kreuzprodukt der beiden Spannvektoren auszurechnen. So erhält man beispielsweise aus

$$\begin{bmatrix} 1 \\ 0 \\ 2 \end{bmatrix} \times \begin{bmatrix} 0 \\ -5 \\ 8 \end{bmatrix}$$

den Normalenvektor $(10, -8, -5)$. ■

3.3 Weitere Bemerkungen und Hinweise

Weitere interessante Fragen und Anworten zur Geometrie in der Ebene und im Raum findet man im Lehrbuch [10].

Sie sollten nun mit folgenden Begriffen umgehen können

Koordinatenform, Parameterform, Normalform.

Aufgaben

3.1 Geben Sie zu der Gerade durch die Punkte $A = (0, 5, -4)$ und $B = (6, 3, 1)$ eine Parameterdarstellung an.

3.2 Prüfen Sie, ob der Punkt $X = (2, -1, -1)$ auf der Geraden liegt, die durch die Gleichung $\boldsymbol{x} = (1, 0, 1) + t(1, 3, 3)$ beschrieben ist.

3.3 Geben Sie zwei verschiedene Parametergleichungen der Ebene an, die durch die Punkte $A = (2, 0, 3)$, $B = (1, -1, 5)$ und $C = (3, -2, 0)$ festgelegt ist.

3.4 Bestimmen Sie eine Koordinatendarstellung der Ebene $\boldsymbol{x} = (1, 2, 0) + s(1, 0, 1) + t(1, 2, 3)$, $s, t \in \mathbf{R}$.

3.5 Eine Ebene geht durch den Punkt $P = (2, -5, 7)$ und hat den Normalenvektor $(2, 1, -2)$. Prüfen Sie, ob der Punkt $A = (2, 7, 1)$ in der Ebene liegt.

3.6 Bestimmen Sie eine Gleichung der Ebene $\boldsymbol{x} = (2, 1, 2) + s(1, 3, 0) + t(-2, 1, 3)$, $s, t \in \mathbf{R}$ in Normalenform und daraus eine Gleichung in Koordinatenform.

3.7 Geben Sie für jede der drei Koordinatenebenen eine Gleichung in Normalenform an.

4 Reelle Vektorräume und Unterräume

Nach Zahlen und Vektoren erreichen wir nun eine dritte Verständnisstufe. Statt einzelne Vektoren untersuchen wir nun *Räume* von Vektoren. Allgemein versteht man unter einem *Raum* eine Menge mit einer *Struktur*. Immer wieder trifft man in der Mathematik auf Mengen, deren Elemente man addieren und mit einer Zahl multiplizieren kann; etwa die geometrischen Vektoren, die (m, n)-Matrizen oder die Menge der reellen Funktionen. Man beobachtet, dass für diese Rechenoperationen dieselben grundlegenden Regeln gelten, die auch das Rechnen mit Vektoren im $\mathbf{R}^2$ und $\mathbf{R}^3$ beherrschen. Zur einheitlichen Herleitung der sich daraus ergebenden Konsequenzen wurde der Begriff des (abstrakten) *Vektorraumes* eingeführt.

Die Gesetze für Vektorräume abstrahieren wir aus den Rechenregeln für Vektoren im $\mathbf{R}^2$ und $\mathbf{R}^3$ bzw. für geometrische Vektoren (Sätze 2.1 und 2.2). Somit sind alle bisher betrachteten Vektoren Teil dieses neuen Konzeptes. Darüber hinaus können wir aber auch andere Objekte, etwa Matrizen und diskrete oder kontinuierliche Funktionen mit einbeziehen.

Ohne die Theorie der Vektorräume versteht man lineare Gleichungssysteme nicht vollständig. Unsere Anschauung kann zwar nur den dreidimensionalen Raum erfassen, aber viele der bekannten Konzepte, die wir im Kapitel 2 für den zwei- und dreidimensionalen Raum erarbeitet haben, lassen sich auf höhere Dimensionen übertragen und gewinnbringend anwenden, sofern man die geometrische Anschauung vernachlässigt.

4.1 Die Vektorraum-Definition

Ein **reeller Vektorraum** (**reeller linearer Raum**) besteht aus einer Menge V von Elementen, die wir **Vektoren** nennen, die folgenden Regeln (Vektorraumregeln, Vektorraumgesetze, Vektorraumaxiome) genügen:

1. *Verknüpfung von Vektoren.* Es gibt eine Verknüpfung $\oplus$ auf V, die je zwei Vektoren $\boldsymbol{v}$ und $\boldsymbol{w}$ einen Vektor $\boldsymbol{v} \oplus \boldsymbol{w}$ zuordnet, sodass für alle $\boldsymbol{u}, \boldsymbol{v}, \boldsymbol{w} \in V$ die folgenden Eigenschaften erfüllt sind:

   (a) *Kommutativität:*

   $$\boldsymbol{u} \oplus \boldsymbol{v} = \boldsymbol{v} \oplus \boldsymbol{u}.$$

(b) *Assoziativität:*

$$\boldsymbol{u} \oplus (\boldsymbol{v} \oplus \boldsymbol{w}) = (\boldsymbol{u} \oplus \boldsymbol{v}) \oplus \boldsymbol{w}.$$

(c) *Existenz des Nullvektors:* Es gibt einen Vektor, den wir mit $\boldsymbol{o}$ bezeichnen, mit folgender Eigenschaft

$$\boldsymbol{v} \oplus \boldsymbol{o} = \boldsymbol{v}.$$

(d) *Existenz negativer Vektoren:* Zu jedem Vektor $\boldsymbol{v}$ gibt es einen Vektor, den wir $-\boldsymbol{v}$ nennen, mit

$$\boldsymbol{v} \oplus (-\boldsymbol{v}) = \boldsymbol{o}.$$

2. *Verknüpfung von reellen Zahlen und Vektoren.* Für jeden Vektor $\boldsymbol{v} \in V$ und jede reelle Zahl $c \in \mathbf{R}$ ist ein Vektor $c \odot \boldsymbol{v}$ definiert, also $c \odot \boldsymbol{v} \in V$. Diese Bildung des skalaren Vielfachen ist so, dass für alle $c, d \in \mathbf{R}$ und für alle Vektoren $\boldsymbol{v}, \boldsymbol{w} \in V$ die folgenden Eigenschaften gelten:

(a) *Distributivgesetz:*

$$c \odot (\boldsymbol{v} \oplus \boldsymbol{w}) = (c \odot \boldsymbol{v}) \oplus (c \odot \boldsymbol{w}),$$

(b) *Distributivgesetz:*

$$(c + d) \odot \boldsymbol{v} = (c \odot \boldsymbol{v}) \oplus (d \odot \boldsymbol{v}),$$

(c) *Assoziativgesetz:*

$$c \odot (d \odot \boldsymbol{v}) = (c \cdot d) \odot \boldsymbol{v},$$

(d) $1 \odot \boldsymbol{v} = \boldsymbol{v}$.

Reelle Zahlen nennen wir auch **Skalare**. Die Operation $\oplus$ ist die **Vektoraddition** und die Verknüpfung $\odot$ die **Skalarmultiplikation** (**skalare Multiplikation**). Der Vektor $\boldsymbol{o}$ ist der **Nullvektor** und der Vektor $-\boldsymbol{v}$ ist der **negative Vektor** (**Gegenvektor**) von $\boldsymbol{v}$.

Mit diesen Eigenschaften werden wir im Laufe dieses Kurses über lineare Algebra sehr oft umgehen, daher lohnt es, sich diese Eigenschaften anzueignen.

Erlaubt man in obiger Definition **komplexe Zahlen C** statt reelle, so spricht man von einem **komplexen Vektorraum**.

Im Allgemeinen verwendet man für die Verknüpfungen $\oplus$ und $+$ dasselbe Zeichen, nämlich $+$; ebenso wird in der Schreibweise der Verknüpfungen $\odot$

und $\cdot$ kein Unterschied gemacht, indem man bei beiden Verknüpfungen das Verknüpfungszeichen weglässt. Aus dem Zusammenhang ist immer ersichtlich, welche Verknüpfung gemeint ist. Außerdem vereinbart man noch, dass die Verknüpfung der skalaren Multiplikation stärker binden soll als die Verknüpfung der Vektoraddition. Die Rechengesetze der skalaren Multiplikation lassen sich dann einfacher schreiben:

(a) *Distributivgesetz:*

$$c(\boldsymbol{v} + \boldsymbol{w}) = c\boldsymbol{v} + c\boldsymbol{w},$$

(b) *Distributivgesetz:*

$$(c + d)\boldsymbol{v} = c\boldsymbol{v} + d\boldsymbol{v},$$

(c) *Assoziativgesetz:*

$$c(d\boldsymbol{v}) = (cd)\boldsymbol{v},$$

(d) $1\boldsymbol{v} = \boldsymbol{v}$.

Aus den acht Rechenregeln der Vektorraum-Definition lassen sich die folgenden Eigenschaften beweisen.

Satz 4.1 (Eigenschaften von Vektorräumen)
Ist V ein Vektorraum, dann gilt

(a) $0\boldsymbol{v} = \boldsymbol{o}$ für jeden Vektor $\boldsymbol{v} \in V$.

(b) $c\boldsymbol{o} = \boldsymbol{o}$ für jeden Skalar $c \in \mathbf{R}$.

(c) Falls $c\boldsymbol{v} = \boldsymbol{o}$ ist, dann ist $c = 0$ oder $\boldsymbol{v} = \boldsymbol{o}$.

(d) Für jeden Vektor $\boldsymbol{v} \in V$ ist $(-1)\boldsymbol{v} = -\boldsymbol{v}$.

4.2 Der Vektorraum R^n

Aus Abschnitt 2.3 wissen wir, dass die Mengen $\mathbf{R}^2$ und $\mathbf{R}^3$ reelle Vektorräume sind. Auch die n-fache Produktmenge $\mathbf{R}^n = \mathbf{R} \times \mathbf{R} \times \cdots \times \mathbf{R}$ ist ein reeller Vektorraum.

Beispiel 4.1

Zeigen Sie, dass die n-fache Produktmenge

$$\mathbf{R}^n = \{(x_1, x_2, \ldots, x_n) \mid x_i \in \mathbf{R}\}$$

zusammen mit der koordinatenweisen Addition und der skalaren Multiplikation einen reellen Vektorraum bildet.

Lösung: Auf der Produktmenge

$$\mathbf{R}^n = \{(x_1, x_2, \dots, x_n) \mid x_i \in \mathbf{R}\}$$

lässt sich ebenso wie im $\mathbf{R}^2$ oder $\mathbf{R}^3$ koordinatenweise durch

$$\boldsymbol{x} + \boldsymbol{y} = (x_1, x_2, \dots, x_n) + (y_1, y_2, \dots, y_n) = (x_1 + y_1, x_2 + y_2, \dots, x_n + y_n)$$

eine Addition erklären; die skalare Multiplikation definieren wir ebenfalls koordinatenweise

$$c\boldsymbol{x} = c(x_1, x_2, \dots, x_n) = (cx_1, cx_2, \dots, cx_n).$$

Das Kommutativgesetz gilt, weil

$$\begin{aligned}
\boldsymbol{x} + \boldsymbol{y} &= (x_1 + y_1, x_2 + y_2, \dots, x_n + y_n) \\
&= (y_1 + x_1, y_2 + x_2, \dots, y_n + x_n) \\
&= (y_1, y_2, \dots, y_n) + (x_1, x_2, \dots, x_n) \\
&= \boldsymbol{y} + \boldsymbol{x}
\end{aligned}$$

ist. Der zu $\boldsymbol{x} = (x_1, x_2, \dots, x_n)$ negative Vektor ist $-\boldsymbol{x} = (-x_1, -x_2, \dots, -x_n)$. Somit gilt

$$\begin{aligned}
\boldsymbol{x} + (-\boldsymbol{x}) &= (x_1, x_2, \dots, x_n) + (-x_1, -x_2, \dots, -x_n) \\
&= (x_1 - x_1, x_2 - x_2, \dots, x_n - x_n) \\
&= (0, 0, \dots, 0) \\
&= \boldsymbol{o}.
\end{aligned}$$

Wie Sie sehen, ist der Nachweis der Rechengesetze nicht schwierig; wir überlassen es Ihnen, die anderen Vektorraumregeln nachzurechnen. ■

Die Fälle $n = 2$ und $n = 3$ haben wir bereits in Kapitel 2 ausführlich studiert. Der Raum $\mathbf{R}^n$ ist zwar für $n > 3$ anschaulich nicht erfassbar, mathematisch (analytisch) ist er aber genauso einfach handhabbar wie der $\mathbf{R}^2$ oder der $\mathbf{R}^3$. Der Raum $\mathbf{R}^n$ ist für $n > 3$ aber auch sehr nützlich. Warum? Nun, blicken wir zurück auf das erste Kapitel. Dort haben wir uns mit linearen Gleichungssystemen beschäftigt und insbesondere festgestellt, dass Lösungen n-Tupeln von reellen Zahlen sind, also Elemente der Produktmenge $\mathbf{R}^n$. Da es nun nicht nur Gleichungssysteme mit zwei oder drei Variablen gibt, sondern auch mit vier und mehr, liegen deren Lösungen im Raum $\mathbf{R}^4$ bzw. $\mathbf{R}^n$ für $n > 4$.

Die Menge der reellen Zahlen $\mathbf{R}$ bildet, wenn $+$ die gewöhnliche Addition und $\cdot$ die gewöhnliche Multiplikation von reellen Zahlen ist, einen reellen Vektorraum. Dieser Vektorraum ist ein Spezialfall des Vektorraumes $\mathbf{R}^n$ für $n = 1$. In diesem Fall spielt die Menge der reellen Zahlen $\mathbf{R}$ eine *duale* Rolle, zum einen sind die reellen Zahlen die Vektoren und zum anderen sind sie Skalare.

4.3 Weitere Beispiele von reellen Vektorräumen

Aufgrund der Sätze 2.1 und 2.2 ist die Menge der geometrischen Vektoren (Verschiebungen, Pfeile) ein reeller Vektorraum.

Wir betrachten die Menge $\mathbf{R}^{m \times n}$, als Addition $+$ die elementweise definierte Matrizenaddition und als $\cdot$ die skalare Multiplikation einer Matrix mit einer reellen Zahl. Nach den Rechenregeln aus Abschnitt 1.6, insbesondere den Sätzen 1.2 und 1.4, ist $\mathbf{R}^{m \times n}$ ein reeller Vektorraum. Das Nullelement in diesem Vektorraum ist die Nullmatrix. Für weitere Einzelheiten verweise ich Sie auf Kapitel 1; dort haben wir die Matrizenrechnung kennen gelernt. Bemerken Sie, dass der Vektorraum $\mathbf{R}^{n \times 1}$, den wir mit $\mathbf{R}^n$ identifiziert haben (also die Menge aller Spaltenvektoren), ein Spezialfall von $\mathbf{R}^{m \times n}$ ist.

Viele in der Analysis auftretende Klassen von Funktionen von $\mathbf{R}$ nach $\mathbf{R}$ bilden einen reellen Vektorraum. Etwa

- die Menge aller Funktionen von $\mathbf{R}$ nach $\mathbf{R}$,
- die Menge aller stetigen Funktionen von $\mathbf{R}$ nach $\mathbf{R}$,
- die Menge aller n-mal differenzierbaren Funktionen von $\mathbf{R}$ nach $\mathbf{R}$,
- die Menge aller unendlich oft differenzierbaren Funktionen von $\mathbf{R}$ nach $\mathbf{R}$.

Dabei werden die Summe zweier Funktionen f und g sowie das Produkt einer Funktion f mit einer reellen Zahl r wie folgt definiert:

$$\boldsymbol{f} + \boldsymbol{g} = (f+g)(x) = f(x) + g(x) \quad \text{und} \quad r\boldsymbol{f} = (rf)(x) = rf(x)$$

für alle $x \in \mathbf{R}$. Weitere Informationen über reelle Funktionen finden Sie in der *Analysis*; ich empfehle Ihnen die Bücher [5] und [6].

4.4 Unterverktorräume

Es sei V ein Vektorraum und U eine nichtleere Teilmenge von V. Ist U ein Vektorraum bezüglich der Operationen in V, so ist U ein **Untervektorraum** von V. Statt Untervektorraum sagt man oft kurz **Unterraum**.

Es ist nicht notwendig, alle Vektorraumregeln für U nachzuprüfen, da einige davon aus dem größeren Vekorraum V übernommen werden können. So gilt zum Beispiel das Kommutativgesetz $\boldsymbol{u} + \boldsymbol{v} = \boldsymbol{v} + \boldsymbol{u}$ für alle Vektoren in V, folglich auch für die Elemente in U. Ebenso übertragen sich die anderen Vektorraumregeln. Nach dem folgenden Satz 4.2 kann man sich auf die Überprüfung von zwei Eigenschaften beschränken. Die erste Eigenschaft ist, dass mit $\boldsymbol{u}$, $\boldsymbol{v}$ in U auch die Summe $\boldsymbol{u} + \boldsymbol{v}$ wieder in U liegen muss; man nennt es **die Abgeschlossenheit gegenüber der Addition**. Die zweite Eigenschaft ist **die Abgeschlossenheit gegenüber der skalaren Multiplikation**: Ist $\boldsymbol{u} \in U$, dann muss auch $c\boldsymbol{u} \in U$ sein, für alle $c \in \mathbf{R}$, siehe Bild 4.1.

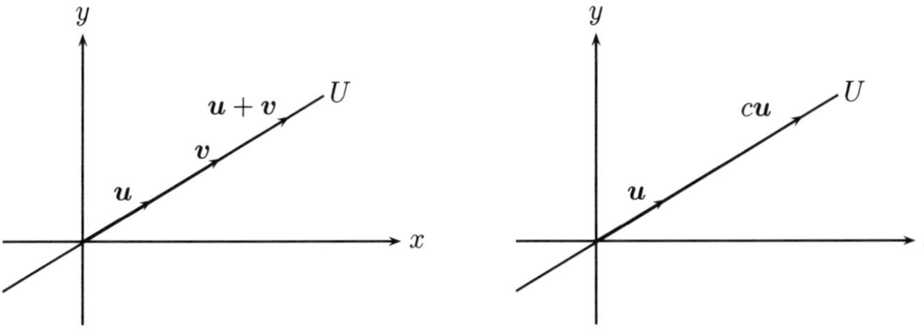

Bild 4.1: U ist abgeschlossen

Satz 4.2 (Unterraumkriterium)
Es sei V ein Vektorraum mit den Operationen $+$ und $\cdot$ und U eine nichtleere Teilmenge von V. U ist genau dann ein Unterraum von V, wenn die beiden folgenden Bedingungen erfüllt sind:

(a) Sind $\boldsymbol{u}$ und $\boldsymbol{v}$ Vektoren in U, dann ist auch die Summe $\boldsymbol{u} + \boldsymbol{v}$ in U.

(b) Ist c eine reelle Zahl und $\boldsymbol{u}$ ein Vektor in U, dann ist auch der Vektor $c\boldsymbol{u}$ in U.

Beachten Sie: *Zu jedem Unterraum gehört der Nullvektor.* Warum?

Beispiel 4.2

Es sei U eine durch den Ursprung verlaufende Gerade im Vektorraum $\mathbf{R}^3$. Begründen Sie, dass U ein Unterraum des $\mathbf{R}^3$ ist.

Lösung: Es ist anschaulich klar, dass Summen und skalare Vielfache von Vektoren aus U wieder auf der Gerade U liegen. ■

Beispiel 4.3

Es sei U eine durch den Ursprung verlaufende Ebene im Vektorraum $\mathbf{R}^3$. Begründen Sie, dass U ein Unterraum des $\mathbf{R}^3$ ist.

Lösung: Es ist anschaulich klar, dass Summen und skalare Vielfache von Vektoren aus U wieder in der Ebene U liegen. ■

Jeder vom Nullvektorraum verschiedene Vektorraum V enthält mindestens zwei *triviale Unterräume*: den ganzen Raum V und den **Nullvektorraum** $\{\boldsymbol{o}\}$, der nur den Nullvektor aus V enthält.

Satz 4.3 (Triviale Unterräume)
Jeder Vektorraum $V \neq \{\boldsymbol{o}\}$ enthält mindenstens zwei triviale Unterräume, nämlich den ganzen Raum V und den Nullvektorraum $\{\boldsymbol{o}\}$.

Mit diesem Satz 4.3 und den Beispielen 4.2 und 4.3 erhalten wir die in der Tabelle 4.1 zusammengestellten Unterräume von $\mathbf{R}^2$ und $\mathbf{R}^3$.

Tabelle 4.1: Unterräume von $\mathbf{R}^2$ und $\mathbf{R}^3$

Unterräume des $\mathbf{R}^2$	*Unterräume des* $\mathbf{R}^3$
$\{\boldsymbol{o}\}$	$\{\boldsymbol{o}\}$
Geraden durch den Ursprung	Geraden durch den Ursprung
	Ebenen durch den Ursprung
$\mathbf{R}^2$	$\mathbf{R}^3$

Beispiel 4.4

Es sei U die folgende Menge

$$U = \{\boldsymbol{x} \in \mathbf{R}^3 \mid \boldsymbol{x} = (a, b, a+b), a, b \in \mathbf{R}\}.$$

Ist U ein Unterraum von $V = \mathbf{R}^3$?

Lösung: Nach dem Unterraumkriterium müssen wir überprüfen, ob $\boldsymbol{u}+\boldsymbol{v}$ und $c\boldsymbol{v}$ in U liegt, wenn $\boldsymbol{u}$ und $\boldsymbol{v}$ aus U sind. Hierzu sei $\boldsymbol{u} = [a_1, b_1, a_1 + b_1]^{\mathrm{T}}$ und $\boldsymbol{v} = [a_2, b_2, a_2 + b_2]^{\mathrm{T}}$, dann gilt

$$\boldsymbol{u}+\boldsymbol{v} = \begin{bmatrix} a_1 + a_2 \\ b_1 + b_2 \\ (a_1 + b_1) + (a_2 + b_2) \end{bmatrix} = \begin{bmatrix} a_1 + a_2 \\ b_1 + b_2 \\ (a_1 + a_2) + (b_1 + b_2) \end{bmatrix},$$

was zeigt, dass der Summenvektor in U liegt. Ähnlich sieht man, dass

$$c\boldsymbol{v} = c\begin{bmatrix} a_2 \\ b_2 \\ (a_2 + b_2) \end{bmatrix} = \begin{bmatrix} ca_2 \\ cb_2 \\ c(a_2 + b_2) \end{bmatrix} = \begin{bmatrix} ca_2 \\ cb_2 \\ ca_2 + cb_2 \end{bmatrix}$$

in U liegt. Damit ist gezeigt, dass U ein Unterraum von $V = \mathbf{R}^3$ ist. ■

4.5 Der Nullraum einer Matrix

Wir besprechen nun einen sehr wichtigen Unterraum des Vektorraumes $\mathbf{R}^n$.

Beispiel 4.5

Ein lineares homogenes Gleichungssystem mit m Gleichungen und n Unbekannten kann man stets in der Form

$$\boldsymbol{Ax} = \boldsymbol{o}$$

schreiben, wobei $\boldsymbol{A} \in \mathbf{R}^{m\times n}$ die Koeffizientenmatrix, $\boldsymbol{x} \in \mathbf{R}^n$ ein unbekannter Vektor und $\boldsymbol{o}$ der Nullvektor in $\mathbf{R}^m$ sind. Die Menge W aller Lösungen des Gleichungssystems $\boldsymbol{Ax} = \boldsymbol{o}$ ist dann eine Teilmenge von $\mathbf{R}^n$. Zeigen Sie, dass W ein Unterraum von $\mathbf{R}^n$ ist. Man nennt W den **Lösungsraum** des homogenen Gleichungssystems oder den **Nullraum (Nullunterraum)** der Matrix $\boldsymbol{A}$. Den Nullraum der Matrix $\boldsymbol{A}$ bezeichnet man mit $N(\boldsymbol{A})$.

Lösung: Zum Nachweis, dass W ein Unterraum von $\mathbf{R}^n$ ist, seien $\boldsymbol{x}$ und $\boldsymbol{y}$ zwei Lösungen des Gleichungssystems, dann ist

$$\boldsymbol{Ax} = \boldsymbol{o} \quad \text{und} \quad \boldsymbol{Ay} = \boldsymbol{o}.$$

Nun gilt mit dem Distributivgesetz aus Satz 1.3

$$\boldsymbol{A}(\boldsymbol{x}+\boldsymbol{y}) = \boldsymbol{Ax} + \boldsymbol{Ay} = \boldsymbol{o} + \boldsymbol{o} = \boldsymbol{o},$$

und damit ist $\boldsymbol{x} + \boldsymbol{y}$ eine Lösung. Ist $c \in \mathbf{R}$ ein Skalar, so ist mit Satz 1.4

$$\boldsymbol{A}(c\boldsymbol{x}) = c(\boldsymbol{A}\boldsymbol{x}) = c\boldsymbol{o} = \boldsymbol{o}$$

und somit ist $c\boldsymbol{x}$ eine Lösung des Systems. Damit ist die Menge W abgeschlossen bezüglich der Addition und Skalarmultiplikation und damit ist W ein Unterraum von $\mathbf{R}^n$. ■

Satz 4.4
Der Nullraum $N(\boldsymbol{A})$ der Matrix $\boldsymbol{A} \in \mathbf{R}^{m \times n}$ ist ein Unterraum des $\mathbf{R}^n$.

Da der Nullraum von $\boldsymbol{A}$ gleich dem Lösungsraum des homogenen Gleichungssystems $\boldsymbol{A}\boldsymbol{x} = \boldsymbol{o}$ ist, gilt

$$N(\boldsymbol{A}) = \{\boldsymbol{x} \in \mathbf{R}^n \mid \boldsymbol{A}\boldsymbol{x} = \boldsymbol{o}\}.$$

Beispiel 4.6

Gegeben ist das homogene Gleichungssystem

$$\begin{aligned} x_1 + 2x_2 &= 0 \\ 3x_1 + 6x_2 &= 0. \end{aligned}$$

Geben Sie die Koeffizientenmatrix $\boldsymbol{A}$ an und beschreiben Sie den Nullraum geometrisch.

Lösung: Die Koeffizientenmatrix $\boldsymbol{A}$ dieses homogenen Gleichungssystems ist

$$\boldsymbol{A} = \begin{bmatrix} 1 & 2 \\ 3 & 6 \end{bmatrix}.$$

Das lineare System $\boldsymbol{A}\boldsymbol{x} = \boldsymbol{o}$ ist äquivalent zur Gleichung $x_1 + 2x_2 = 0$, siehe Beispiel 1.9. Setzen wir $x_2 = t$, $t \in \mathbf{R}$, so ist die allgemeine Lösung $x_1 = -2t$, $x_2 = t$ bzw.

$$\boldsymbol{x} = t \begin{bmatrix} -2 \\ 1 \end{bmatrix}.$$

Geometrisch beschreibt die Gleichung eine Gerade im $\mathbf{R}^2$ durch den Koordinatenursprung. ■

Die Lösungen des inhomogenen Systems $x_1 + 2x_2 = 4$ bilden ebenfalls eine Gerade in $\mathbf{R}^2$, aber keinen Unterraum; der Nullvektor ist keine Lösung, er liegt nicht auf dieser Geraden. Der Nullvektor aber muss immer im Unterraum liegen.

Beispiel 4.7

Beschreiben Sie den Nullraum der Matrix

$$\boldsymbol{A} = \begin{bmatrix} 1 & -2 \\ 3 & 2 \end{bmatrix}.$$

Lösung: Die Gleichung $\boldsymbol{Ax} = \boldsymbol{o}$ hat nur die triviale Lösung $\boldsymbol{x} = \boldsymbol{o}$, siehe Beispiel 1.25 (für $b_1 = b_2 = 0$). Demnach besteht der Nullraum von $\boldsymbol{A}$ nur aus dem Nullvektor $\boldsymbol{o}$. ∎

4.6 Linearkombinationen

Gegeben sind die Vektoren $\boldsymbol{v}_1, \boldsymbol{v}_2, \ldots, \boldsymbol{v}_r$ aus einem Vektorraum V. Ein Vektor $\boldsymbol{v} \in V$ ist eine **Linearkombination** der Vektoren $\boldsymbol{v}_1, \boldsymbol{v}_2, \ldots, \boldsymbol{v}_r$, wenn gilt

$$\boldsymbol{v} = a_1\boldsymbol{v}_1 + a_2\boldsymbol{v}_2 + \cdots + a_r\boldsymbol{v}_r$$

für irgendwelche reelle Zahlen $a_1, a_2, \ldots, a_r$. Diese reellen Zahlen heißen **Koeffizienten**.

Sind $\boldsymbol{v}_1, \boldsymbol{v}_2, \boldsymbol{v}_3$ Vektoren eines reellen Vektorraumes, so sind zum Beispiel die Vektoren $6\boldsymbol{v}_1 + 2\boldsymbol{v}_2 - 9\boldsymbol{v}_3$ oder $3/2\boldsymbol{v}_1 - 2\boldsymbol{v}_2 + 11\boldsymbol{v}_3$ Linearkombinationen dieser Vektoren.

Wie kann man entscheiden, ob zum Beispiel der Vektor $\boldsymbol{v}$ eine Linearkombination von $\boldsymbol{v}_1, \boldsymbol{v}_2$ und $\boldsymbol{v}_3$ ist? Dazu muss man ein *lineares Gleichungssystem* lösen. Das nachfolgende Beispiel 4.8 zeigt, wie das geht.

Beispiel 4.8

Gegeben seien im Vektorraum $\mathbf{R}^3$ die Vektoren $\boldsymbol{v}_1 = (1, 2, 1)$, $\boldsymbol{v}_2 = (1, 0, 2)$ und $\boldsymbol{v}_3 = (1, 1, 0)$. Zeigen Sie, dass der Vektor $\boldsymbol{v} = (2, 1, 5) \in \mathbf{R}^3$ eine Linearkombination von $\boldsymbol{v}_1, \boldsymbol{v}_2$ und $\boldsymbol{v}_3$ ist.

Lösung: Der Vektor $\boldsymbol{v} = (2, 1, 5) \in \mathbf{R}^3$ ist eine Linearkombination von $\boldsymbol{v}_1, \boldsymbol{v}_2$ und $\boldsymbol{v}_3$, falls wir reelle Zahlen a_1, a_2 und a_3 so finden können, dass

$$a_1\boldsymbol{v}_1 + a_2\boldsymbol{v}_2 + a_3\boldsymbol{v}_3 = \boldsymbol{v}$$

ist. Setzen wir die Zahlen für $\boldsymbol{v}_1, \boldsymbol{v}_2, \boldsymbol{v}_3$ und $\boldsymbol{v}$ ein, so erhalten wir

$$a_1 \begin{bmatrix} 1 \\ 2 \\ 1 \end{bmatrix} + a_2 \begin{bmatrix} 1 \\ 0 \\ 2 \end{bmatrix} + a_3 \begin{bmatrix} 1 \\ 1 \\ 0 \end{bmatrix} = \begin{bmatrix} 2 \\ 1 \\ 5 \end{bmatrix}.$$

Schreiben wir diese vektorielle Gleichung ausführlich, so erhalten wir das lineare Gleichungssystem (überprüfen Sie dies!)

$$\begin{aligned} a_1 + \ a_2 + \ a_3 &= 2 \\ 2a_1 \qquad + \ a_3 &= 1 \\ a_1 + 2a_2 \qquad &= 5. \end{aligned}$$

Lösen wir nun dieses System mit einer Methode wie zum Beispiel dem GAUSS-Verfahren, so erhalten wir die eindeutige Lösung $a_1 = 1, a_2 = 2$ und $a_3 = -1$, was uns gleichzeitig sagt, dass $\boldsymbol{v}$ eine Linearkombination von $\boldsymbol{v}_1, \boldsymbol{v_2}$ und $\boldsymbol{v}_3$ ist, nämlich

$$\boldsymbol{v} = 1\boldsymbol{v_1} + 2\boldsymbol{v}_2 + (-1)\boldsymbol{v}_3. \quad \blacksquare$$

Gegeben sei die Menge M, bestehend aus Vektoren $\boldsymbol{v}_1, \boldsymbol{v}_2, \ldots, \boldsymbol{v}_r$ aus einem Vektorraum V, das heißt $M = \{\boldsymbol{v}_1, \boldsymbol{v}_2, \ldots, \boldsymbol{v}_r\}$. Dann heißt die Menge aller Linearkombinationen der Vektoren aus M **lineare Hülle** und wir bezeichnen sie mit $Lin(M)$ oder mit $Lin(\boldsymbol{v}_1, \boldsymbol{v}_2, \ldots, \boldsymbol{v}_r)$. Damit ist

$$Lin(M) = \{\boldsymbol{v} \mid \boldsymbol{v} = a_1\boldsymbol{v}_1 + a_2\boldsymbol{v}_2 + \cdots + a_r\boldsymbol{v}_r \text{ und } a_1, a_2, \ldots, a_r \in \mathbf{R}\}.$$

Wegen $\boldsymbol{v}_1 = 1 \cdot \boldsymbol{v}_1 + 0 \cdot \boldsymbol{v}_2 + \cdots + 0 \cdot \boldsymbol{v}_r$, $\boldsymbol{v}_2 = 0 \cdot \boldsymbol{v}_1 + 1 \cdot \boldsymbol{v}_2 + \cdots + 0 \cdot \boldsymbol{v}_r$ usw. liegen die Vektoren $\boldsymbol{v}_i$ selbst in der von ihnen erzeugten linearen Hülle, das heißt $\boldsymbol{v}_i \in Lin(\boldsymbol{v}_1, \boldsymbol{v}_2, \ldots, \boldsymbol{v}_r)$.

Zur Veranschaulichung des Begriffs der linearen Hülle machen Sie sich klar, dass im $\mathbf{R}^2$ jeder vom Nullvektor verschiedene Vektor einen Unterraum erzeugt, der einer Geraden durch den Koordinatenursprung entspricht. Zwei zueinander parallel liegende Vektoren, die beide nicht gleich dem Nullvektor sind, spannen ebenfalls nur eine *Ursprungsgerade* auf, während zwei nicht parallele Vektoren schon den gesamten Raum $\mathbf{R}^2$ erzeugen, siehe Bild 4.2.

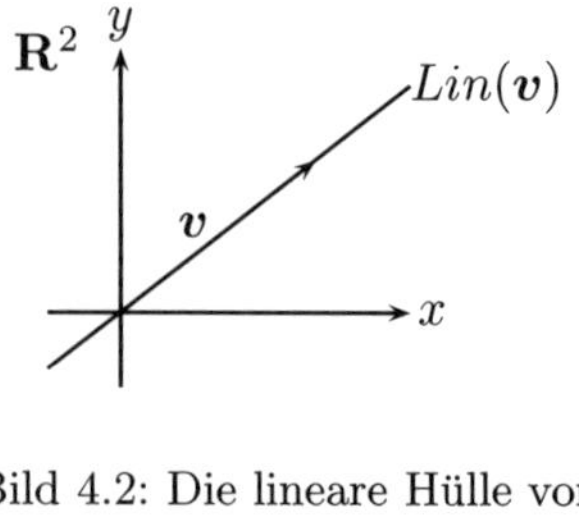

Bild 4.2: Die lineare Hülle von $\boldsymbol{v}$

Auch im $\mathbf{R}^3$ erzeugt ein Vektor, der nicht gleich dem Nullvektor ist, eine Gerade durch den Ursprung des Koordinatensystems, zwei nicht parallele Vektoren eine Ebene durch den Ursprung und drei Vektoren (nicht alle in einer Ebene liegend) bereits den ganzen Raum $\mathbf{R}^3$.

Beispiel 4.9 (Lineare Hülle, Unterraum)

Gegeben seien Vektoren $\boldsymbol{v}_1$, $\boldsymbol{v}_2$, ...,$\boldsymbol{v}_r$ aus einem Vektorraum V. Zeigen Sie, dass die lineare Hülle von den Vektoren $\boldsymbol{v}_1$, $\boldsymbol{v}_2$, ...,$\boldsymbol{v}_r$ einen Unterraum von V bildet.

Lösung: Wir haben nachzuweisen, dass $Lin(\boldsymbol{v}_1, \boldsymbol{v}_2, \ldots, \boldsymbol{v}_r)$ unter der Addition und Skalarmultiplikation abgeschlossen ist. Zunächst enthält $Lin(\boldsymbol{v}_1, \boldsymbol{v}_2, \ldots, \boldsymbol{v}_r)$ wegen $\boldsymbol{o} = 0\boldsymbol{v}_1 + 0\boldsymbol{v}_2 + \cdots + 0\boldsymbol{v}_r$ mindestens den Nullvektor, das heißt die Menge ist nicht leer. Zwei Elemente $\boldsymbol{u}$ und $\boldsymbol{w}$ aus $Lin(\boldsymbol{v}_1, \boldsymbol{v}_2, \ldots, \boldsymbol{v}_r)$ lassen sich darstellen als $\boldsymbol{u} = c_1\boldsymbol{v}_1 + c_2\boldsymbol{v}_2 + \cdots + c_r\boldsymbol{v}_r$ und $\boldsymbol{w} = d_1\boldsymbol{v}_1 + d_2\boldsymbol{v}_2 + \cdots + d_r\boldsymbol{v}_r$ mit reellen Zahlen $c_1, c_2, \ldots, c_r$ und $d_1, d_2, \ldots, d_r$. Damit gilt

$$\boldsymbol{u} + \boldsymbol{w} = (c_1 + d_1)\boldsymbol{v}_1 + (c_2 + d_2)\boldsymbol{v}_2 + \cdots + (c_r + d_r)\boldsymbol{v}_r$$

und

$$k\boldsymbol{u} = (kc_1)\boldsymbol{v}_1 + (kc_2)\boldsymbol{v}_2 + \cdots + (kc_r)\boldsymbol{v}_r$$

für $k \in \mathbf{R}$. Folglich sind $\boldsymbol{u} + \boldsymbol{w}$ und $k\boldsymbol{u}$ wieder Linearkombinationen von $\boldsymbol{v}_1$, $\boldsymbol{v}_2$, ...,$\boldsymbol{v}_r$, liegen also in $Lin(\boldsymbol{v}_1, \boldsymbol{v}_2, \ldots, \boldsymbol{v}_r)$. Daher ist die Menge $Lin(\boldsymbol{v}_1, \boldsymbol{v}_2, \ldots, \boldsymbol{v}_r)$ ein Unterraum von V. ■

Satz 4.5

Es sei $M = \{\boldsymbol{v}_1, \boldsymbol{v}_2, \ldots, \boldsymbol{v}_r\}$ eine Menge von Vektoren aus einem Vektorraum V. Dann ist die lineare Hülle $Lin(M)$ ein Untervektorraum von V.

Dieser Satz zeigt, wie man Unterräume konstruieren kann; man bildet einfach die lineare Hülle von gegebenen Vektoren.

Zwei außerordentlich wichtige Beispiele von Unterräumen, die lineare Hüllen von gegebenen Vektoren sind und uns im Weiteren immer wieder begegnen werden, sind der *Spalten-* und *Zeilenraum einer Matrix*. Gegeben sei die Matrix $\boldsymbol{A} \in \mathbf{R}^{m\times n}$, dann bildet die lineare Hülle aller Spaltenvektoren von $\boldsymbol{A}$ einen Unterraum von $\mathbf{R}^m$. Diesen nennen wir den **Spaltenraum** von $\boldsymbol{A}$. Betrachten wir die Zeilen von $\boldsymbol{A}$ als Vektoren des $\mathbf{R}^n$, so bildet die lineare Hülle der Zeilen von $\boldsymbol{A}$ einen Unterraum von $\mathbf{R}^n$; dieser heißt **Zeilenraum**.

Satz 4.6
Der Spaltenraum der Matrix $\boldsymbol{A} \in \mathbf{R}^{m \times n}$ ist ein Unterraum des $\mathbf{R}^m$. Der Zeilenraum von $\boldsymbol{A}$ ist ein Unterraum des $\mathbf{R}^n$.

Man bezeichnet den Spaltenraum von $\boldsymbol{A}$ mit $S(\boldsymbol{A})$ und den Zeilenraum von $\boldsymbol{A}$ mit $Z(\boldsymbol{A})$. Es gilt

$$\begin{aligned}\text{Spaltenraum von } \boldsymbol{A} &= S(\boldsymbol{A}) \\ &= Lin(\boldsymbol{a}_1, \boldsymbol{a}_2, \ldots, \boldsymbol{a}_n) \\ &= \{\boldsymbol{A}\boldsymbol{x} \in \mathbf{R}^m \mid \boldsymbol{x} \in \mathbf{R}^n\},\end{aligned}$$

wobei $\boldsymbol{a}_i$ die Spaltenvektoren der Matrix $\boldsymbol{A}$ sind. Ferner ist

$$\begin{aligned}\text{Zeilenraum von } \boldsymbol{A} &= Z(\boldsymbol{A}) \\ &= Lin(\boldsymbol{z}_1, \boldsymbol{z}_2, \ldots, \boldsymbol{z}_m) \\ &= \{\boldsymbol{A}^{\mathrm{T}}\boldsymbol{y} \in \mathbf{R}^n \mid \boldsymbol{y} \in \mathbf{R}^m\},\end{aligned}$$

wobei $\boldsymbol{z}_j^{\mathrm{T}}$ die Zeilenvektoren der Matrix $\boldsymbol{A}$ sind.

Beispiel 4.10

Beschreiben Sie den Spalten- und Zeilenraum der Matrix

$$\boldsymbol{A} = \begin{bmatrix} 1 & -1 \\ 2 & 3 \\ 4 & 5 \end{bmatrix}.$$

Lösung: Der Spaltenraum wird von den beiden Spalten in $\boldsymbol{A}$ aufgespannt; er liegt im Vektorraum $\mathbf{R}^3$ und beschreibt eine Ebene durch den Ursprung. Der Zeilenraum liegt im Raum $\mathbf{R}^2$ und wird von den drei Zeilenvektoren erzeugt; es ist der ganze Raum $\mathbf{R}^2$. ■

Man sagt, ein Unterraum U von V wird von den Vektoren $\boldsymbol{v}_1$, $\boldsymbol{v}_2$, …, $\boldsymbol{v}_r$ **erzeugt** (**aufgespannt**) oder $\{\boldsymbol{v}_1, \boldsymbol{v}_2, \ldots, \boldsymbol{v}_r\}$ ist ein **Erzeugendensystem** von U, wenn

$$U = Lin(\boldsymbol{v}_1, \boldsymbol{v}_2, \ldots, \boldsymbol{v}_r).$$

gilt.

Beispiel 4.11

Zeigen Sie, dass die drei Vektoren $(1, 0, 0)$, $(0, 1, 0)$ und $(0, 0, 1)$ den Vektorraum $\mathbf{R}^3$ aufspannen.

Lösung: Jeder Vektor $\boldsymbol{x} = (x_1, x_2, x_3) \in \mathbf{R}^3$ kann wie folgt dargestellt werden

$$\begin{bmatrix} x_1 \\ x_2 \\ x_3 \end{bmatrix} = x_1 \begin{bmatrix} 1 \\ 0 \\ 0 \end{bmatrix} + x_2 \begin{bmatrix} 0 \\ 1 \\ 0 \end{bmatrix} + x_3 \begin{bmatrix} 0 \\ 0 \\ 1 \end{bmatrix}.$$

Die Koeffizienten der Linearkombination sind die Koordinaten des Vektors $\boldsymbol{x}$. ■

Beispiel 4.12

Die Vektoren $\boldsymbol{e}_1 = (1, 0, 0)$, $\boldsymbol{e}_2 = (0, 1, 0)$ und $\boldsymbol{e}_3 = (0, 0, 1)$ erzeugen den Vektorraum $\mathbf{R}^3$. Sind das die einzigen Vektoren, die $\mathbf{R}^3$ erzeugen?

Lösung: Nein. Derselbe Vektorraum wird auch von den Vektoren $\boldsymbol{e}_1 + \boldsymbol{e}_2$, $\boldsymbol{e}_1 - \boldsymbol{e}_2$ und $\boldsymbol{e}_2 + \boldsymbol{e}_3$, aber auch von zahllosen anderen Systemen erzeugt. ■

4.7 Die vier Fundamentalräume einer Matrix

Im Zusammenhang mit einer Matrix $\boldsymbol{A} \in \mathbf{R}^{m \times n}$ haben wir bisher drei wichtige Unterräume von $\mathbf{R}^m$ bzw. $\mathbf{R}^n$ kennen gelernt:

- Den Spaltenraum von $\boldsymbol{A}$ als Unterraum von $\mathbf{R}^m$.
- Den Nullraum von $\boldsymbol{A}$ als Unterraum von $\mathbf{R}^n$.
- Den Zeilenraum von $\boldsymbol{A}$ ebenfalls ein Unterraum von $\mathbf{R}^n$.

Betrachten wir auch noch die transponierte Matrix $\boldsymbol{A}^{\mathrm{T}} \in \mathbf{R}^{n \times m}$, so gibt es noch die folgenden drei Räume:

- Den Spaltenraum von $\boldsymbol{A}^{\mathrm{T}}$ als Unterraum von $\mathbf{R}^n$.
- Den Nullraum von $\boldsymbol{A}^{\mathrm{T}}$ als Unterraum von $\mathbf{R}^m$.
- Den Zeilenraum von $\boldsymbol{A}^{\mathrm{T}}$ als Unterraum von $\mathbf{R}^m$.

Der Spaltenraum von $\boldsymbol{A}$ stimmt mit dem Zeilenraum von $\boldsymbol{A}^{\mathrm{T}}$ sowie der Zeilenraum von $\boldsymbol{A}$ mit dem Spaltenraum von $\boldsymbol{A}^{\mathrm{T}}$ überein. Es verbleiben dann die folgenden vier Räume, die als **Fundamentalräume von $\boldsymbol{A}$** bezeichnet werden.

Die vier Fundamentalräume der Matrix $\boldsymbol{A}$:

- Der Spaltenraum von $\boldsymbol{A}$ als Unterraum von $\mathbf{R}^m$.
- Der Nullraum von $\boldsymbol{A}$ als Unterraum von $\mathbf{R}^n$.
- Der Zeilenraum von $\boldsymbol{A}$ ebenfalls ein Unterraum von $\mathbf{R}^n$.
- Der Nullraum von $\boldsymbol{A}^{\mathrm{T}}$ als Unterraum von $\mathbf{R}^m$.

4.8 Der Spaltenraum und lineare Systeme

Hierzu betrachten wir das lineare System $\boldsymbol{Ax} = \boldsymbol{b}$ von m Gleichungen mit n Variablen. Mit

$$\boldsymbol{A} = \begin{bmatrix} | & | & & | \\ \boldsymbol{a}_1 & \boldsymbol{a}_2 & \cdots & \boldsymbol{a}_n \\ | & | & & | \end{bmatrix} \quad \text{und} \quad \boldsymbol{x} = \begin{bmatrix} x_1 \\ x_2 \\ \vdots \\ x_n \end{bmatrix}$$

ist das Matrix-Vektor-Produkt $\boldsymbol{Ax}$ eine Linearkombination der Spaltenvektoren $\boldsymbol{a}_1$, $\boldsymbol{a}_2$, ..., $\boldsymbol{a}_n$ (Abschnitt 1.6), deren Koeffizienten die Variablen x_1, x_2, ..., x_n sind

$$\boldsymbol{Ax} = x_1\boldsymbol{a}_1 + x_2\boldsymbol{a}_2 + \cdots + x_n\boldsymbol{a}_n.$$

Damit liest sich das Gleichungssystem $\boldsymbol{Ax} = \boldsymbol{b}$ als

$$x_1\boldsymbol{a}_1 + x_2\boldsymbol{a}_2 + \cdots + x_n\boldsymbol{a}_n = \boldsymbol{b},$$

also ist das System genau dann lösbar (konsistent), wenn $\boldsymbol{b}$ eine Linearkombination der Spaltenvektoren von $\boldsymbol{A}$ ist. Wir erhalten damit folgenden Satz.

Satz 4.7
Ein lineares Gleichungssystem $\boldsymbol{Ax} = \boldsymbol{b}$ ist genau dann lösbar, wenn $\boldsymbol{b}$ im Spaltenraum von $\boldsymbol{A}$ liegt.

Beispiel 4.13

Es sei das lineare System

$$\underbrace{\begin{bmatrix} 1 & 1 & 2 \\ 2 & 4 & -3 \\ 3 & 6 & -5 \end{bmatrix}}_{\boldsymbol{A}} \underbrace{\begin{bmatrix} x_1 \\ x_2 \\ x_3 \end{bmatrix}}_{\boldsymbol{x}} = \underbrace{\begin{bmatrix} 9 \\ 1 \\ 0 \end{bmatrix}}_{\boldsymbol{b}}$$

gegeben. Zeigen Sie, dass $\boldsymbol{b}$ im Spaltenraum von $\boldsymbol{A}$ liegt, und stellen Sie den Vektor $\boldsymbol{b}$ als Linearkombination der Spaltenvektoren von $\boldsymbol{A}$ dar.

Lösung: Das lineare System ist zum Beispiel durch das GAUSS-Verfahren lösbar und die Lösung ist durch $x_1 = 1$, $x_2 = 2$ und $x_3 = 3$ gegeben, siehe Beispiel 1.6. Daher liegt nach Satz 4.7 der Vektor $\boldsymbol{b}$ im Spaltenraum der Matrix $\boldsymbol{A}$ und hat die Darstellung

$$1\begin{bmatrix}1\\2\\3\end{bmatrix}+2\begin{bmatrix}1\\4\\6\end{bmatrix}+3\begin{bmatrix}2\\-3\\-5\end{bmatrix}=\begin{bmatrix}9\\1\\0\end{bmatrix}. \quad \blacksquare$$

Beispiel 4.14

Beschreiben Sie jeweils den Spaltenraum der drei Matrizen

$$\boldsymbol{E}=\begin{bmatrix}1&0\\0&1\end{bmatrix},\ \boldsymbol{A}=\begin{bmatrix}1&2\\2&4\end{bmatrix}\quad \text{und}\quad \boldsymbol{B}=\begin{bmatrix}1&2&3\\0&0&4\end{bmatrix}.$$

Was bedeutet das für das Lösen linearer Gleichungssysteme mit diesen Matrizen als Koeffizientenmatrizen?

Lösung: Der Spaltenraum aller drei Matrizen liegt im Vektorraum $\mathbf{R}^2$, da alle Spaltenvektoren zweidimensional sind bzw. alle drei Matrizen zwei Zeilen haben.

Der Spaltenraum der Einheitsmatrix $\boldsymbol{E}$ ist der gesamte Vektorraum $\mathbf{R}^2$. Jeder Vektor aus $\mathbf{R}^2$ ist eine Linearkombination der Spalten von $\boldsymbol{E}$. Ein lineares Gleichungssystem der Form $\boldsymbol{Ex} = \boldsymbol{b}$ ist für jede rechte Seite $\boldsymbol{b}$ lösbar.

Der Spaltenraum der Matrix $\boldsymbol{A}$ ist eine Gerade in der Ebene $\mathbf{R}^2$, denn die zweite Spalte $(2, 4)$ ist das Doppelte der ersten Spalte $(1, 2)$. Alle Vektoren der Gestalt $(c, 2c)$ liegen auf dieser Geraden. Das lineare System $\boldsymbol{Ax} = \boldsymbol{b}$ ist nur dann lösbar, wenn der Vektor $\boldsymbol{b}$ auf dieser Geraden liegt.

Für jede rechte Seite $\boldsymbol{b}$ ist das lineare System $\boldsymbol{Bx} = \boldsymbol{b}$ lösbar, denn der Spaltenraum von $\boldsymbol{B}$ ist der ganze Vektorraum $\mathbf{R}^2$. In anderen Worten: Jede rechte Seite $\boldsymbol{b}$ kann als Linearkombination $\boldsymbol{Bx}$ mit geeignetem Vektor $\boldsymbol{x}$ geschrieben werden. Ist zum Beispiel $\boldsymbol{b} = (5, 4)$, so ist die Summe aus Spalte zwei und drei gleich $\boldsymbol{b}$, das heißt, $\boldsymbol{x}$ kann als $(0, 1, 1)$ gewählt werden. Die rechte Seite $\boldsymbol{b} = (5, 4)$ ist aber auch die Summe aus zweimal der ersten und einmal der dritten Spalte, das heißt, $\boldsymbol{x} = (2, 0, 1)$ ist eine weitere Lösung mit rechter Seite $\boldsymbol{b}$ und Koeffizientenmatrix $\boldsymbol{B}$. Die Matrix $\boldsymbol{B}$ hat den gleichen Spaltenraum wie $\boldsymbol{E}$, dennoch hat $\boldsymbol{x}$ beim Lösen von $\boldsymbol{Bx} = \boldsymbol{b}$ mehr Koordinaten und die Lösung ist nicht eindeutig. $\blacksquare$

4.9 Lineare Unabhängigkeit

Gegeben seien r Vektoren $\boldsymbol{v}_1$, $\boldsymbol{v}_2$, ..., $\boldsymbol{v}_r$ aus $\mathbf{R}^n$. Die Vektorgleichung

$$c_1\boldsymbol{v}_1 + c_2\boldsymbol{v}_2 + \cdots c_r\boldsymbol{v}_r = \boldsymbol{o}$$

hat mindestens die (triviale) Lösung

$$c_1 = 0,\ c_2 = 0,\ \ldots, c_r = 0.$$

Ist dies die einzige Lösung, so nennen wir die r Vektoren $\boldsymbol{v}_i$ **linear unabhängig**, sonst **linear abhängig**.

Die lineare Unabhängigkeit hat im $\mathbf{R}^2$ und $\mathbf{R}^3$ eine nützliche geometrische Interpretation. Zwei Vektoren im $\mathbf{R}^2$ oder $\mathbf{R}^3$ sind genau dann linear unabhängig, wenn sie nicht auf einer Geraden liegen, siehe Bilder 4.3 und 4.4. Drei Vektoren im $\mathbf{R}^3$ sind genau dann linear unabhängig, wenn sie nicht in einer Ebene liegen.

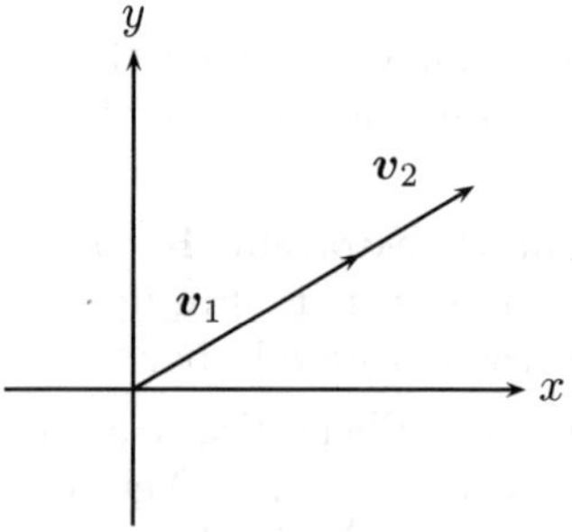

Bild 4.3: $\boldsymbol{v}_1$, $\boldsymbol{v}_2$ linear abhängig

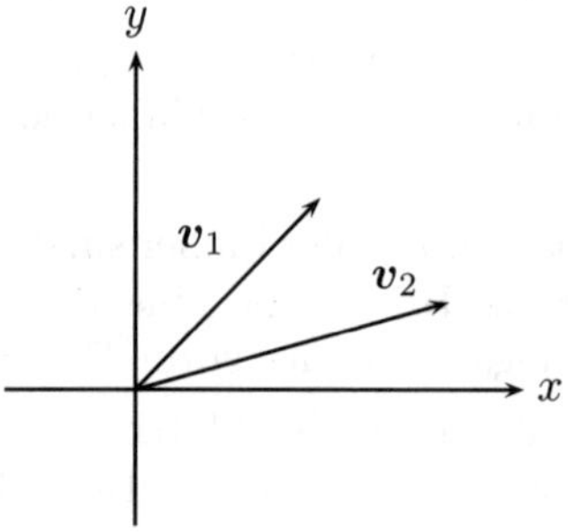

Bild 4.4: $\boldsymbol{v}_1$, $\boldsymbol{v}_2$ linear unabhängig

Beispiel 4.15

Die Menge der Vektoren $M = \{\boldsymbol{v}_1, \boldsymbol{v}_2, \boldsymbol{v}_3\}$ mit $\boldsymbol{v}_1 = (2, -1, 0, 3)$, $\boldsymbol{v}_2 = (1, 2, 5, -1)$ und $\boldsymbol{v}_3 = (7, -1, 5, 8)$ ist linear abhängig. Zeigen Sie dies.

Lösung: Da $3\boldsymbol{v}_1 + \boldsymbol{v}_2 - \boldsymbol{v}_3 = \boldsymbol{o}$ ist, folgt die lineare Abhängigkeit. ■

Beispiel 4.16

Untersuchen Sie die Vektoren $\boldsymbol{v}_1 = (1, -2, 3)$, $\boldsymbol{v}_2 = (5, 6, -1)$ und $\boldsymbol{v}_3 = (3, 2, 1)$ auf lineare Unabhängigkeit.

Lösung: Die Vektorgleichung

$$c_1\boldsymbol{v}_1 + c_2\boldsymbol{v}_2 + c_3\boldsymbol{v}_3 = \boldsymbol{o}$$

liefert das homogene lineare Gleichungssystem

$$\begin{aligned} c_1 + 5c_2 + 3c_3 &= 0 \\ -2c_1 + 6c_2 + 2c_3 &= 0 \\ 3c_1 - c_2 + c_3 &= 0. \end{aligned}$$

Durch Auflösen erhalten wir

$$c_1 = -1/2t, \quad c_2 = -1/2t, \quad c_3 = t$$

wobei t ein reeller Parameter ist. Also hat das homogene System auch nicht triviale Lösungen und damit sind die drei Vektoren $\boldsymbol{v}_1$, $\boldsymbol{v}_2$ und $\boldsymbol{v}_3$ linear abhängig. ∎

Zur Untersuchung der linearen Abhängigkeit oder Unabhängigkeit von r Vektoren geht man von dem homogenen linearen Gleichungssystem (Vektorgleichung)

$$c_1\boldsymbol{v}_1 + c_2\boldsymbol{v}_2 + \cdots + c_r\boldsymbol{v}_r = \boldsymbol{o}$$

aus. Lineare Abhängigkeit oder Unabhängigkeit äußert sich dann in der Lösbarkeit des linearen Systems:

- Die Vektoren sind linear unabhängig genau dann, wenn das homogene System nur trivial lösbar ist.
- Die Vektoren sind linear abhängig genau dann, wenn das homogene System nicht triviale Lösungen besitzt.

Satz 4.8
Eine Menge von Vektoren, die den Nullvektor enthält, ist linear abhängig. Ein einzelner Vektor ist genau dann linear unabhängig, wenn er nicht der Nullvektor ist. Zwei Vektoren sind genau dann linear unabhängig, wenn keiner der beiden Vektoren ein skalares Vielfaches des anderen ist.

4.10 Basis und Dimension

Die Vektoren $\boldsymbol{v}_1, \boldsymbol{v}_2, \ldots, \boldsymbol{v}_r$ eines Vektorraumes V bilden eine **Basis** von V, wenn sie den Vektorraum V aufspannen und linear unabhängig sind. Das

Bild 4.5 zeigt drei Vektoren $\boldsymbol{v}_1$, $\boldsymbol{v}_2$ und $\boldsymbol{v}_3$ im Raum. Diese drei Vektoren spannen den ganzen Raum auf und da sie linear unbhängig sind, bilden sie eine Basis des Raumes.

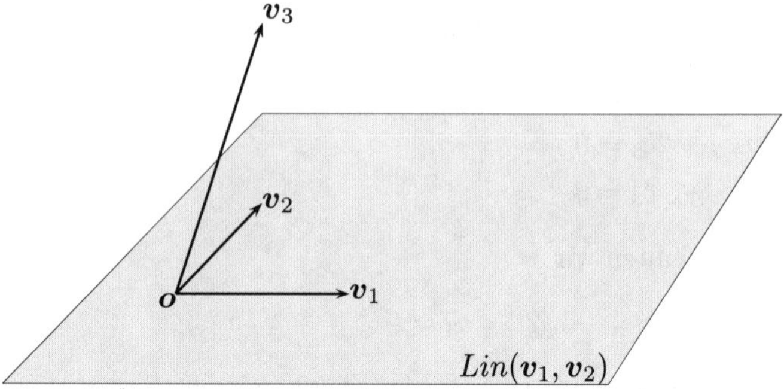

Bild 4.5: Zum Begriff Basis

Was ist das Besondere an einer Basis? Liegt ein Vektor $\boldsymbol{v} \in V$ in der linearen Hülle $Lin(\boldsymbol{v}_1, \boldsymbol{v}_2, \ldots, \boldsymbol{v}_n)$, so ist er eine Linearkombination der Vektoren $\boldsymbol{v}_1$, $\boldsymbol{v}_2$, ..., $\boldsymbol{v}_n$. Sind die Vektoren auch noch linear unabhängig, so bilden sie eine Basis des Vektorraumes V. Der Vektor $\boldsymbol{v}$ ist dann nicht nur einfach eine Linearkombination, sondern diese ist eindeutig. Dies sieht man folgendermaßen. Nehmen wir an, es sei $\boldsymbol{v} = a_1\boldsymbol{v}_1 + \cdots + a_n\boldsymbol{v}_n$ und $\boldsymbol{v} = b_1\boldsymbol{v}_1 + \cdots + b_n\boldsymbol{v}_n$. Subtrahieren wir die beiden Vektoren, so ist $(a_1 - b_1)\boldsymbol{v}_1 + \cdots + (a_n - b_n)\boldsymbol{v}_n = \boldsymbol{o}$. Da die Vektoren $\boldsymbol{v}_j$ linear unabhängig sind, folgt $a_j = b_j$ für alle $j = 1, 2, \ldots, n$.

Beispiel 4.17

Zeigen Sie, dass die beiden Vektoren $(1, 0)$ und $(0, 1)$ eine Basis des Vektorraumes $\mathbf{R}^2$ bilden. Wir nennen diese Basis die **natürliche Basis** (**Standardbasis**) für den Raum $\mathbf{R}^2$.

Lösung: Wegen

$$\begin{bmatrix} x_1 \\ x_2 \end{bmatrix} = x_1 \begin{bmatrix} 1 \\ 0 \end{bmatrix} + x_2 \begin{bmatrix} 0 \\ 1 \end{bmatrix}$$

spannen die beiden Vektoren den $\mathbf{R}^2$ auf. Aus

$$c_1 \begin{bmatrix} 1 \\ 0 \end{bmatrix} + c_2 \begin{bmatrix} 0 \\ 1 \end{bmatrix} = \begin{bmatrix} 0 \\ 0 \end{bmatrix}$$

folgt $c_1 = c_2 = 0$, also sind sie auch linear unabhängig. ∎

Wie im Beispiel 4.17 sieht man, dass die drei Vektoren $(1,0,0)$, $(0,1,0)$ und $(0,0,1)$ eine Basis des Vektorraumes $\mathbf{R}^3$ bilden. Allgemein bilden die Vektoren $\{\boldsymbol{e}_1, \boldsymbol{e}_2, \ldots, \boldsymbol{e}_n\}$ mit

$$\boldsymbol{e}_i = \begin{bmatrix} 0 \\ \vdots \\ 0 \\ 1 \\ 0 \\ \vdots \\ 0 \end{bmatrix} \begin{matrix} \\ \\ \\ \leftarrow i\text{-te Zeile} \\ \\ \\ \\ \end{matrix}$$

eine Basis des Vektorraumes $\mathbf{R}^n$. Wir nennen diese Basis die **natürliche Basis** (**Standardbasis**) für den Raum $\mathbf{R}^n$, siehe Bild 4.6.

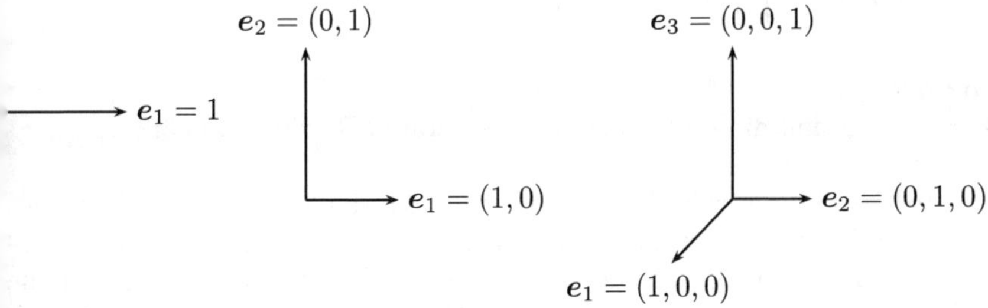

Bild 4.6: Natürliche Basis im $\mathbf{R}^1$, $\mathbf{R}^2$ und $\mathbf{R}^3$

Beispiel 4.18

Zeigen Sie, dass die beiden Vektoren $(1,3)$ und $(-2,2)$ eine Basis des $\mathbf{R}^2$ bilden.

Lösung: Es sei $(x_1, x_2) \in \mathbf{R}^2$. Wir suchen reelle Zahlen c_1 und c_2 mit der Eigenschaft

$$c_1 \begin{bmatrix} 1 \\ 3 \end{bmatrix} + c_2 \begin{bmatrix} -2 \\ 2 \end{bmatrix} = \begin{bmatrix} x_1 \\ x_2 \end{bmatrix}.$$

Dazu ist das lineare Gleichungssystem

$$\begin{aligned} c_1 - 2c_2 &= x_1 \\ 3c_1 + 2c_2 &= x_2 \end{aligned}$$

zu lösen. Dieses System hat die eindeutige Lösung

$$c_1 = 1/4x_1 + 1/4x_2 \quad \text{und} \quad c_2 = -3/8x_1 + 1/8x_2,$$

was wir bereits aus Beispiel 1.25 wissen. Aus

$$c_1 \begin{bmatrix} 1 \\ 3 \end{bmatrix} + c_2 \begin{bmatrix} -2 \\ 2 \end{bmatrix} = \begin{bmatrix} 0 \\ 0 \end{bmatrix}$$

folgt $c_1 = c_2 = 0$, also sind die Vektoren auch linear unabhängig. ∎

Beispiel 4.19

Warum bilden die drei Vektoren $(1, 0)$, $(0, 1)$ und $(1, 1)$ keine Basis des $\mathbf{R}^2$?

Lösung: Die Vektoren spannen zwar den Raum $\mathbf{R}^2$ auf, aber sie sind linear abhängig, denn es gilt

$$1 \begin{bmatrix} 1 \\ 0 \end{bmatrix} + 1 \begin{bmatrix} 0 \\ 1 \end{bmatrix} + (-1) \begin{bmatrix} 1 \\ 1 \end{bmatrix} = \begin{bmatrix} 0 \\ 0 \end{bmatrix}.$$ ∎

Satz 4.9

Ist $r > n$, so sind die r Vektoren im Vektorraum $\mathbf{R}^n$ linear abhängig.

Die Spaltenvektoren jeder invertierbaren (n, n)-Matrix bilden eine Basis des Raumes $\mathbf{R}^n$. Ist nämlich die Matrix $\boldsymbol{A}$ invertierbar, so sind die Spaltenvektoren linear unabhängig, denn das homogene System $\boldsymbol{Ax} = \boldsymbol{o}$ hat nur die triviale Lösung $\boldsymbol{x} = \boldsymbol{o}$, siehe Satz 1.11. Die Spaltenvektoren spannen auch den gesamten Raum $\mathbf{R}^n$ auf, da jeder Vektor $\boldsymbol{b} \in \mathbf{R}^n$ im Spaltenraum von $\boldsymbol{A}$ liegt; $\boldsymbol{Ax} = \boldsymbol{b}$ hat die eindeutige Lösung $\boldsymbol{x} = \boldsymbol{A}^{-1}\boldsymbol{b}$, siehe Satz 1.8.

Satz 4.10

Die Vektoren $\boldsymbol{v}_1$, $\boldsymbol{v}_2$, …, $\boldsymbol{v}_n$ bilden genau dann eine Basis des Vektorraumes $\mathbf{R}^n$, wenn sie die Spalten einer invertierbaren Matrix sind.

Die **Dimension** eines Vektorraumes V ist gleich der Anzahl der Vektoren einer Basis für V. Hierfür schreiben wir $\text{Dim}(V)$. Der triviale Vektorraum $\{\boldsymbol{o}\}$, der nur aus dem Nullvektor besteht, hat die Dimension Null.

Beispiel 4.20

Welche Dimension hat der Vektorraum $\mathbf{R}^n$?

Lösung: Die natürlichen Basisvektoren $\boldsymbol{e}_1$, $\boldsymbol{e}_2$, …, $\boldsymbol{e}_n$ bilden eine Basis von $\mathbf{R}^n$. Daher gilt $\text{Dim}(\mathbf{R}^n) = n$. Insbesondere ist $\text{Dim}(\mathbf{R}) = 1$, $\text{Dim}(\mathbf{R}^2) = 2$ und $\text{Dim}(\mathbf{R}^3) = 3$. ∎

Ein Vektorraum V ist **endlich dimensional**, wenn eine Basis für V aus nur endlich vielen Vektoren besteht. Dagegen ist V **unendlich dimensional**, wenn eine Basis von V unendlich viele Vektoren hat.

4.11 Die Struktur der Lösungsmenge von $\boldsymbol{Ax} = \boldsymbol{b}$

Der nächste Satz liefert einen Zusammenhang zwischen der Lösungsmenge eines inhomogenen Gleichungssystems $\boldsymbol{Ax} = \boldsymbol{b}$ und dem Lösungsraum des zugehörigen homogenen Systems $\boldsymbol{Ax} = \boldsymbol{o}$.

Satz 4.11 (Allgemeine Lösung)
Es sei $\bar{\boldsymbol{x}}$ eine Lösung des inhomogenen Gleichungssystems $\boldsymbol{Ax} = \boldsymbol{b}$ und $\{\boldsymbol{v}_1, \boldsymbol{v}_2, \ldots, \boldsymbol{v}_r\}$ eine Basis des Nullraumes von $\boldsymbol{A}$. Ein Vektor $\boldsymbol{x}$ ist genau dann eine Lösung von $\boldsymbol{Ax} = \boldsymbol{b}$, wenn er die Darstellung

$$\boldsymbol{x} = \bar{\boldsymbol{x}} + c_1\boldsymbol{v}_1 + c_2\boldsymbol{v}_2 + \cdots + c_r\boldsymbol{v}_r$$

mit reellen Zahlen $c_1, c_2, \ldots, c_r$ besitzt.

Beweis: Wir müssen zwei Richtungen zeigen. Erste Richtung: Ist $\boldsymbol{x}$ eine Lösung von $\boldsymbol{Ax} = \boldsymbol{b}$, dann hat sie die Darstellung $\boldsymbol{x} = \bar{\boldsymbol{x}} + c_1\boldsymbol{v}_1 + c_2\boldsymbol{v}_2 + \cdots + c_r\boldsymbol{v}_r$. Zweite Richtung: Hat $\boldsymbol{x}$ die Form $\boldsymbol{x} = \bar{\boldsymbol{x}} + c_1\boldsymbol{v}_1 + c_2\boldsymbol{v}_2 + \cdots + c_r\boldsymbol{v}_r$, dann ist $\boldsymbol{x}$ eine Lösung von $\boldsymbol{Ax} = \boldsymbol{b}$.
Erstens: Ist $\boldsymbol{x}$ Lösung des Systems, so gilt $\boldsymbol{A}\bar{\boldsymbol{x}} = \boldsymbol{b}$ und $\boldsymbol{Ax} = \boldsymbol{b}$, woraus durch Subtraktion $\boldsymbol{Ax} - \boldsymbol{A}\bar{\boldsymbol{x}} = \boldsymbol{o}$ oder $\boldsymbol{A}(\boldsymbol{x} - \bar{\boldsymbol{x}}) = \boldsymbol{o}$ folgt. Damit ist der Vektor $\boldsymbol{x} - \bar{\boldsymbol{x}}$ eine Lösung des homogenen Systems $\boldsymbol{Ax} = \boldsymbol{o}$. Da die Vektoren $\{\boldsymbol{v}_1, \boldsymbol{v}_2, \ldots, \boldsymbol{v}_r\}$ eine Basis des Nullraumes von $\boldsymbol{A}$ bilden, gibt es Skalare c_1, c_2, …, c_k mit

$$\boldsymbol{x} - \bar{\boldsymbol{x}} = c_1\boldsymbol{v}_1 + c_2\boldsymbol{v}_2 + \cdots + c_r\boldsymbol{v}_r,$$

woraus die Darstellung

$$\boldsymbol{x} = \bar{\boldsymbol{x}} + c_1\boldsymbol{v}_1 + c_2\boldsymbol{v}_2 + \cdots + c_r\boldsymbol{v}_r$$

folgt.
Zweitens: Es sei nun $\boldsymbol{x}$ ein Vektor der Form $\boldsymbol{x} = \bar{\boldsymbol{x}} + c_1\boldsymbol{v}_1 + c_2\boldsymbol{v}_2 + \cdots + c_r\boldsymbol{v}_r$. Dann gilt $\boldsymbol{Ax} = \boldsymbol{A}(\bar{\boldsymbol{x}} + c_1\boldsymbol{v}_1 + c_2\boldsymbol{v}_2 + \cdots + c_r\boldsymbol{v}_r) = \boldsymbol{A}\bar{\boldsymbol{x}} + c_1(\boldsymbol{Av}_1) + c_2(\boldsymbol{Av}_2) + \cdots + c_r(\boldsymbol{Av}_r) = \boldsymbol{A}\bar{\boldsymbol{x}}$, da alle $\boldsymbol{v}_i$ im Nullraum von $\boldsymbol{A}$ liegen. Damit gilt $\boldsymbol{Ax} = \boldsymbol{b}$, also ist $\boldsymbol{x}$ eine Lösung des inhomogenen Systems, was zu beweisen war.

Der Vektor $\bar{\boldsymbol{x}}$ ist eine **Lösung** (**Teillösung**, **spezielle Lösung**) und die Summe ist die **allgemeine Lösung** des Systems $\boldsymbol{Ax} = \boldsymbol{b}$. Der Ausdruck $c_1\boldsymbol{v}_1 + c_2\boldsymbol{v}_2 + \cdots + c_r\boldsymbol{v}_r$ wird **allgemeine Lösung** von $\boldsymbol{Ax} = \boldsymbol{o}$ genannt. Vergleichen Sie hierzu Kapitel 1. Somit gilt: *Die allgemeine Lösung von* $\boldsymbol{Ax} = \boldsymbol{b}$ *ist die Summe einer Lösung (Teillösung, spezielle Lösung) und der allgemeinen Lösung des dazugehörigen homogenen Systems* $\boldsymbol{Ax} = \boldsymbol{o}$.

Wir wollen es auf keinen Fall versäumen, diesen Satz für Gleichungssysteme mit zwei oder drei Variablen im $\mathbf{R}^2$ und $\mathbf{R}^3$ geometrisch zu interpretieren. Der Lösungsraum eines homogenen Systems $\boldsymbol{Ax} = \boldsymbol{o}$ mit zwei Variablen ist ein Unterraum des $\mathbf{R}^2$, also entweder eine Gerade durch den Koordinatenursprung, der Nullvektorraum $\{\boldsymbol{o}\}$ oder der ganze Raum $\mathbf{R}^2$. Damit ergibt sich die allgemeine Lösung von $\boldsymbol{Ax} = \boldsymbol{b}$ durch Addition einer Teillösung $\bar{\boldsymbol{x}}$ zu den Lösungen von $\boldsymbol{Ax} = \boldsymbol{o}$. Geometrisch entspricht das einer Verschiebung des Lösungsraumes von $\boldsymbol{Ax} = \boldsymbol{o}$ um $\bar{\boldsymbol{x}}$, sodass wir als Lösungsmenge den Punkt $\bar{\boldsymbol{x}}$, eine Gerade durch $\bar{\boldsymbol{x}}$, eine Ebene durch $\bar{\boldsymbol{x}}$ oder den ganzen Raum $\mathbf{R}^2$ erhalten. Das Bild 4.7 zeigt diese Situation für den Fall, dass wir eine Gerade als Lösungsmenge von $\boldsymbol{Ax} = \boldsymbol{b}$ haben. Hierbei ist $\boldsymbol{x}_N$ eine Lösung des homogenen Systems und $\bar{\boldsymbol{x}}$ eine spezielle Lösung des inhomogenen Systems.

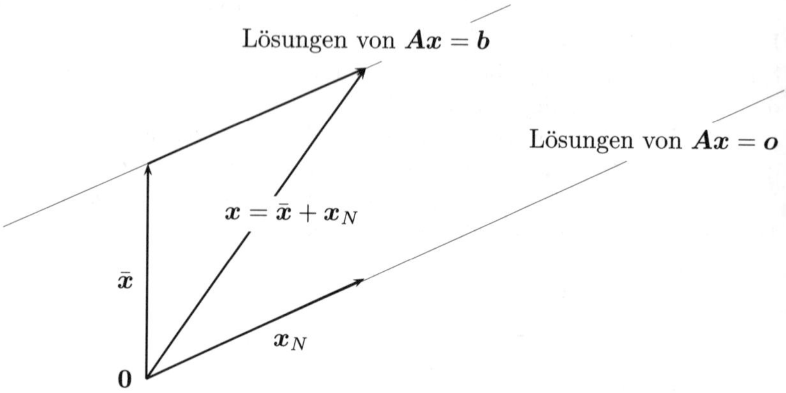

Bild 4.7: Alle Lösungen von $\boldsymbol{Ax} = \boldsymbol{b}$ in der Ebene

Analog ergibt sich die Lösungsmenge eines Systems mit drei Variablen durch Verschiebung eines Unterraumes von $\mathbf{R}^3$ um eine Teillösung $\bar{\boldsymbol{x}}$; man erhält also den Punkt $\bar{\boldsymbol{x}}$, eine Gerade durch $\bar{\boldsymbol{x}}$, eine Ebene durch $\bar{\boldsymbol{x}}$ oder den ganzen Raum $\mathbf{R}^3$.

Beispiel 4.21

Wir betrachten das inhomogene Gleichungssystem

$$\begin{aligned} x_1 + 2x_2 &= 4 \\ 3x_1 + 6x_2 &= 12 \end{aligned}$$

aus Beispiel 1.9. Dort haben wir bereits festgestellt, dass das System unendlich viele Lösungen hat. Schreiben Sie nun die allgemeine Lösung als Summe einer speziellen Lösung des inhomogenen und der allgemeinen Lösung des homogenen Systems.

Lösung: Die allgemeine Lösung des homogenen Gleichungssystems kennen wir bereits aus Beispiel 4.6; sie hat die Form $t(-2, 1)$, $t \in \mathbf{R}$. Eine spezielle Lösung des inhomogenen Systems ist $(2, 1)$. Daher ist die allgemeine Lösung durch

$$\boldsymbol{x} = \begin{bmatrix} 2 \\ 1 \end{bmatrix} + t \begin{bmatrix} -2 \\ 1 \end{bmatrix}$$

gegeben. ∎

Direkt aus Satz 4.11 kann man ablesen, dass ein lösbares inhomogenes Gleichungssystem genau dann eindeutig lösbar ist, wenn das dazugehörige homogene System nur die triviale Lösung besitzt. In diesem Fall besteht der Nullraum der Koeffizientenmatrix nur aus dem Nullvektor.

Beispiel 4.22

Begründen Sie mit der eben gemachten Aussage, dass das lineare Gleichungssystem

$$\begin{bmatrix} 1 & -2 \\ 3 & 2 \end{bmatrix} \begin{bmatrix} x_1 \\ x_2 \end{bmatrix} = \begin{bmatrix} b_1 \\ b_2 \end{bmatrix}$$

für jede rechte Seite $\boldsymbol{b}$ genau eine Lösung hat.

Lösung: Jedes inhomogene lineare System mit dieser Koeffizientenmatrix ist lösbar, siehe Beispiel 1.25. Da der Nullraum der Koeffizientenmatrix nur aus dem Nullvektor besteht, muss die Lösung eindeutig sein. ∎

4.12 Basen des Zeilen-, Spalten- und Nullraumes einer Matrix

Elementare Zeilenumformungen ändern nicht die Lösungsmenge eines linearen Gleichungssystems. Folglich lassen sie den Nullraum und auch den Zeilenraum einer Matrix $\boldsymbol{A}$ unverändert.

Satz 4.12
Elementare Zeilenumformungen ändern den Nullraum und den Zeilenraum einer Matrix nicht.

Der Satz 4.12 kann auch wie folgt ausgedrückt werden. Entsteht die Matrix $\boldsymbol{Z}$ aus der Matrix $\boldsymbol{A}$ durch elementare Zeilenvertauschungen, so gilt: $Z(\boldsymbol{A}) = Z(\boldsymbol{Z})$ und $N(\boldsymbol{A}) = N(\boldsymbol{Z})$.

Beispiel 4.23

Bestimmen Sie eine Basis des Nullraumes der Matrix

$$\boldsymbol{A} = \begin{bmatrix} 1 & 2 \\ 3 & 6 \end{bmatrix}.$$

Lösung: Nach Definition ist der Nullraum von $\boldsymbol{A}$ der Lösungsraum des homogenen Systems

$$\begin{aligned} x_1 + 2x_2 &= 0 \\ 3x_1 + 6x_2 &= 0. \end{aligned}$$

Dieses System ist äquivalent zur Gleichung $x_1 + 2x_2 = 0$. Vergleichen Sie hierzu Beispiel 4.6. Die allgemeine Lösung ist durch

$$\boldsymbol{x} = t \begin{bmatrix} -2 \\ 1 \end{bmatrix}$$

$t \in \mathbf{R}$ gegeben. Damit kann der Vektor $(-2, 1)$ als Basisvektor des Nullraumes von $\boldsymbol{A}$ gewählt werden. ∎

Man könnte nun vermuten, dass eine analoge Aussage auch für Spaltenräume gilt. Dies ist falsch. Die Spalten der Matrix

$$\boldsymbol{A} = \begin{bmatrix} 1 & 2 \\ 3 & 6 \end{bmatrix}$$

sind offensichtlich linear abhängig. Der Spaltenraum $S(\boldsymbol{A})$ wird zum Beispiel von der ersten Spalte $(1, 3)$ aufgespannt. Die Matrix

$$\boldsymbol{Z} = \begin{bmatrix} 1 & 2 \\ 0 & 0 \end{bmatrix}$$

ist die reduzierte Zeilenstufenmatrix von $\boldsymbol{A}$, deren Spalten ebenfalls linear abhängig sind. Auch $S(\boldsymbol{Z})$ wird zum Beispiel vom ersten Spaltenvektor $(1, 0)$ aufgespannt, aber $S(\boldsymbol{A}) \neq S(\boldsymbol{Z})$. Elementare Zeilenumformungen können also den Spaltenraum sehr wohl ändern. Was jedoch erhalten bleibt, sind die linearen Abhängigkeitsbeziehungen.

Satz 4.13
Es sei

$$\boldsymbol{Z} = \begin{bmatrix} | & | & & | \\ \boldsymbol{z}_1 & \boldsymbol{z}_2 & \cdots & \boldsymbol{z}_n \\ | & | & & | \end{bmatrix}$$

die Matrix, die aus

$$\boldsymbol{A} = \begin{bmatrix} | & | & & | \\ \boldsymbol{a}_1 & \boldsymbol{a}_2 & \cdots & \boldsymbol{a}_n \\ | & | & & | \end{bmatrix}$$

durch elementare Zeilenumformungen hervorgeht. Die Spaltenvektoren von $\boldsymbol{A}$ sind genau dann linear unabhängig, wenn die Spaltenvektoren von $\boldsymbol{Z}$ linear unabhängig sind. Die Vektoren $\boldsymbol{a}_1, \boldsymbol{a}_2, \ldots, \boldsymbol{a}_n$ bilden genau dann eine Basis von $S(\boldsymbol{A})$, wenn die Vektoren $\boldsymbol{z}_1, \boldsymbol{z}_2, \ldots, \boldsymbol{z}_n$ eine Basis von $S(\boldsymbol{Z})$ sind.

Beweis: Die Matrizen $\boldsymbol{A}$ und $\boldsymbol{Z}$ haben den gleichen Nullraum, das wissen wir aus Satz 4.12. Also sind die Lösungsräume der homogenen Systeme $\boldsymbol{Ax} = \boldsymbol{o}$ und $\boldsymbol{Zx} = \boldsymbol{o}$ gleich. Diese können wir spaltenweise wie folgt schreiben

$$c_1\boldsymbol{a}_1 + c_2\boldsymbol{a}_2 + \cdots + c_n\boldsymbol{a}_n = \boldsymbol{o}$$

bzw.

$$d_1\boldsymbol{z}_1 + d_2\boldsymbol{z}_2 + \cdots + d_n\boldsymbol{z}_n = \boldsymbol{o}.$$

Die erste Gleichung besitzt genau dann eine nicht triviale Lösung, wenn die zweite Gleichung eine besitzt.

Der folgende Satz 4.14 zeigt, wie man Basen des Zeilen- und des Spaltenraumes einer Zeilenstufenmatrix einfach bestimmen kann.

Satz 4.14
Es sei $\boldsymbol{Z}$ eine Matrix in Zeilenstufenform. Die vom Nullvektor verschiedenen Zeilenvektoren von $\boldsymbol{Z}$ bilden eine Basis des Zeilenraumes von $\boldsymbol{Z}$. Die Spaltenvektoren, die eine führende Eins enthalten, sind eine Basis des Spaltenraumes von $\boldsymbol{Z}$.

Beispiel 4.24

Bestimmen Sie eine Basis des Zeilen- und Spaltenraumes der Matrix

$$\boldsymbol{Z} = \begin{bmatrix} 1 & 2 & 4 & 0 & 1 \\ 0 & 1 & 2 & 0 & 0 \\ 0 & 0 & 0 & 1 & 0 \\ 0 & 0 & 0 & 0 & 0 \end{bmatrix}.$$

Lösung: Die Matrix $\boldsymbol{Z}$ hat Zeilenstufenform. Die drei Vektoren $(1, 2, 4, 0, 1)$, $(0, 1, 2, 0, 0)$ und $(0, 0, 0, 1, 0)$ bilden eine Basis des Zeilenraumes von $\boldsymbol{Z}$ im $\mathbf{R}^5$. Die Vektoren $(1, 0, 0, 0)$, $(2, 1, 0, 0)$ und $(0, 0, 1, 0)$ bilden eine Basis des Spaltenraumes der Matrix $\boldsymbol{Z}$ im $\mathbf{R}^4$. ■

Der Satz 4.14 ermöglicht es uns, zu einer Menge von gegebenen Vektoren eine Basis zu konstruieren. Angenommen, die Menge habe m Vektoren aus $\mathbf{R}^n$, dann schreiben wir diese in eine (m, n)-Matrix, transformieren die Matrix mit Hilfe von elementaren Zeilenumformungen in Zeilenstufenform und lesen die Basisvektoren des Zeilenraumes ab.

Beispiel 4.25

Bestimmen Sie eine Basis der drei Vektoren $\boldsymbol{v}_1 = (1, 0)$, $\boldsymbol{v}_2 = (1, 1)$ und $\boldsymbol{v}_3 = (1, 2)$.

Lösung: Klar ist, dass die Basis höchstens aus zwei Vektoren besteht. Die Vektoren $\boldsymbol{v}_1$, $\boldsymbol{v}_2$ und $\boldsymbol{v}_3$ spannen den Zeilenraum der Matrix

$$\begin{bmatrix} 1 & 0 \\ 1 & 1 \\ 1 & 2 \end{bmatrix}$$

auf. Die Matrix hat die reduzierte Zeilenstufenform

$$\begin{bmatrix} 1 & 0 \\ 0 & 1 \\ 0 & 0 \end{bmatrix}.$$

Die vom Nullvektor verschiedenen Zeilenvektoren sind $(1,0)$ und $(0,1)$. Diese Vektoren bilden eine Basis des Zeilenraumes und damit eine Basis der linearen Hülle $Lin(\boldsymbol{v}_1, \boldsymbol{v}_2, \boldsymbol{v}_3)$ der drei gegebenen Vektoren. ■

4.13 Die Dimensionen der vier Fundamentalräume

Es sei $\boldsymbol{A}$ eine reelle (m,n)-Matrix. Ist $\boldsymbol{Z}$ eine Zeilenstufenmatrix der Matrix $\boldsymbol{A}$, so haben nach Satz 4.12 die Zeilenräume und nach 4.13 die Spaltenräume von $\boldsymbol{A}$ und $\boldsymbol{Z}$ die gleiche Dimension, das heißt

$$\mathrm{Dim}(Z(\boldsymbol{A})) = \mathrm{Dim}(Z(\boldsymbol{Z})) \quad \text{und} \quad \mathrm{Dim}(S(\boldsymbol{A})) = \mathrm{Dim}(S(\boldsymbol{Z})).$$

Nach Satz 4.14 sind die Dimensionen von $Z(\boldsymbol{A})$ und $S(\boldsymbol{A})$ gleich der Anzahl der führenden Einsen, also gleich: $\mathrm{Dim}(Z(\boldsymbol{A})) = \mathrm{Dim}(S(\boldsymbol{A})) = r$. Der Zeilenraum- und der Spaltenraum einer Matrix $\boldsymbol{A}$ haben die gleiche Dimension r.

Für die Matrix $\boldsymbol{A} \in \mathbf{R}^{m \times n}$ ist $\boldsymbol{Ax} = \boldsymbol{o}$ ein homogenes System mit n Variablen. Hierfür gilt: Die Anzahl der führenden Variablen (führenden Einsen) plus die Anzahl der freien Variablen ist gleich n, also ist

$$\mathrm{Dim}(S(\boldsymbol{A})) + \mathrm{Dim}(N(\boldsymbol{A})) = n.$$

Mit den gleichen Überlegungen gilt dann für die transponierte Matrix $\boldsymbol{A}^{\mathrm{T}} \in \mathbf{R}^{n \times m}$

$$\mathrm{Dim}(S(\boldsymbol{A}^{\mathrm{T}})) + \mathrm{Dim}(N(\boldsymbol{A}^{\mathrm{T}})) = m$$

bzw.

$$\mathrm{Dim}(Z(\boldsymbol{A})) + \mathrm{Dim}(N(\boldsymbol{A}^{\mathrm{T}})) = m$$

oder

$$\mathrm{Dim}(S(\boldsymbol{A})) + \mathrm{Dim}(N(\boldsymbol{A}^{\mathrm{T}})) = m.$$

Dies alles fassen wir im folgenden Hauptsatz zusammen.

Hauptsatz 1 (Dimensionen der Fundamentalräume)
Der Zeilenraum und der Spaltenraum einer Matrix haben dieselbe Dimension r. Die Nullräume haben die Dimensionen $n - r$ und $m - r$.

Tabelle 4.2: Dimensionen der vier Fundamentalräume

Fundamentalraum	*Dimension*
Zeilenraum von $\boldsymbol{A}$	r
Spaltenraum von $\boldsymbol{A}$	r
Nullraum von $\boldsymbol{A}$	$n - r$
Nullraum von $\boldsymbol{A}^{\mathrm{T}}$	$m - r$

Die Tabelle 4.2 fasst die Dimensionen der vier Fundamentalräume zusammen, hierbei ist $r = \mathrm{Rang}(\boldsymbol{A})$.

Da der Zeilenraum und Spaltenraum einer Matrix $\boldsymbol{A}$ die gleiche Dimension haben, trifft man folgende Vereinbarung. Die Dimension des Zeilenraumes (oder Spaltenraumes) einer Matrix $\boldsymbol{A} \in \mathbf{R}^{m \times n}$ heißt **Rang von $\boldsymbol{A}$**; wir schreiben $\mathrm{Rang}(\boldsymbol{A})$.

Da der Spaltenraum einer Matrix $\boldsymbol{A}$ gleich dem Zeilenraum der transponierten Matrix $\boldsymbol{A}^{\mathrm{T}}$ ist, gilt

Satz 4.15
Für jede Matrix $\boldsymbol{A} \in \mathbf{R}^{m \times n}$ gilt $\mathrm{Rang}(\boldsymbol{A}) = \mathrm{Rang}(\boldsymbol{A}^{\mathrm{T}})$.

Beispiel 4.26

Verifizieren Sie den Hauptsatz 1 für die Matrix

$$\boldsymbol{A} = \begin{bmatrix} 1 & 2 & 4 & 0 & 1 \\ 0 & 1 & 2 & 0 & 0 \\ 0 & 0 & 0 & 1 & 0 \\ 0 & 0 & 0 & 0 & 0 \end{bmatrix}.$$

Lösung: Die Matrix $\boldsymbol{A}$ hat 4 Zeilen und 5 Spalten, also ist $\boldsymbol{A} \in \mathbf{R}^{4 \times 5}$. Nach Beispiel 4.24 hat der Zeilen- und Spaltenraum die Dimension 3:

$$\mathrm{Dim}(S(\boldsymbol{A})) = \mathrm{Dim}(Z(\boldsymbol{A})) = r = 3.$$

Folglich besitzt der Nullraum von $\boldsymbol{A}$ die Dimension

$$\mathrm{Dim}(N(\boldsymbol{A})) = \mathrm{Dim}(\mathbf{R}^5) - \mathrm{Dim}(S(\boldsymbol{A})) = 5 - 3 = 2.$$

Dieses Ergebnis stimmt mit Beispiel 1.5 überein. Die Anzahl der führenden Einsen ist 3 und die der freien Variablen ist 2. Wegen

$$\mathrm{Dim}(N(\boldsymbol{A})^{\mathrm{T}}) = \mathrm{Dim}(\mathbf{R}^4) - \mathrm{Dim}(S(\boldsymbol{A})) = 4 - 3 = 1$$

Tabelle 4.3: Dimensionen der vier Fundamentalräume von $\boldsymbol{A}$

Fundamentalraum	*Dimension*
Zeilenraum von $\boldsymbol{A}$	$r = 3$
Spaltenraum von $\boldsymbol{A}$	$r = 3$
Nullraum von $\boldsymbol{A}$	$n - r = 5 - 3 = 2$
Nullraum von $\boldsymbol{A}^{\mathrm{T}}$	$m - r = 4 - 3 = 1$

hat der Nullraum von $\boldsymbol{A}^{\mathrm{T}}$ die Dimension 1. Zusammenfassend gilt: Die Matrix $\boldsymbol{A}$ hat demnach den Rang 3. ■

Beispiel 4.27

Diskutieren Sie den Hauptsatz 1 für die Matrix

$$\boldsymbol{A} = \begin{bmatrix} 1 & 2 & 3 \end{bmatrix}.$$

Lösung: Hier ist $m = 1$, $n = 3$ und $\operatorname{Rang}(\boldsymbol{A}) = 1$. Der Zeilenraum ist eine Gerade im $\mathbf{R}^3$. Der Nullraum ist die Ebene, die durch die Koordinatenform $x_1 + 2x_2 + 3x_3 = 0$ beschrieben wird. Die Ebene hat die Dimension 2 (gleich $3 - 1$). Die Spaltenvektoren dieser Matrix sind Elemente aus $\mathbf{R}^1$! Der Spaltenraum ist $\mathbf{R}^1$. Der Nullraum von $\boldsymbol{A}^{\mathrm{T}}$ besteht nur aus dem Nullvektor; die einzige Lösung von $\boldsymbol{A}^{\mathrm{T}} y = \boldsymbol{o}$ ist $y = 0$. ■

Beispiel 4.28

Diskutieren Sie den Hauptsatz 1 für die Matrix

$$\boldsymbol{A} = \begin{bmatrix} 1 & 2 \\ 3 & 6 \end{bmatrix}.$$

Lösung: Hier gilt $m = 2$, $n = 2$ und $\operatorname{Rang}(\boldsymbol{A}) = 1$. Der Zeilenraum ist eindimensional und wird zum Beispiel durch den Vektor $(1, 2)$ aufgespannt. Der Nullraum kann in Koordinatenform durch $x_1 + 2x_2 = 0$ beschrieben werden; er ist eine Gerade im $\mathbf{R}^2$. Der Vektor $(-2, 1)$ ist ein möglicher Basisvektor. Die Spaltenvektoren sind linear abhängig; der Vektor $(1, 3)$ spannt zum Beispiel den Spaltenraum auf. Folglich muss der Nullraum von $\boldsymbol{A}^{\mathrm{T}}$ die Dimension 1 haben. $(3, -1)$ ist zum Beispiel eine Lösung von $\boldsymbol{A}^{\mathrm{T}} \boldsymbol{y} = \boldsymbol{o}$; alle Lösungen sind durch $t(3, -1)$ für $t \in \mathbf{R}$ gegeben. ■

4.14 Der Euklidische Vektorraum R^n

Ein **Euklidischer Vektorraum** ist ein reeller Vektorraum, auf dem ein Skalarprodukt definiert ist. Es gibt viele EUKLIDische Vektorräume, der $\mathbf{R}^n$ mit dem gewöhnlichen Skalarprodukt (siehe unten) ist der wichtigste. Auch wenn sich die Vektoren für $n > 4$ nicht mehr zeichnen lassen, so können wir dann dennoch von Länge und Orthogonalität sprechen, nachdem wir die entsprechenden Konzepte von $n = 2, 3$ auf beliebiges $n \in \mathbf{N}$ übertragen haben.

Es seien $\boldsymbol{u} = (u_1, u_2, \ldots, u_n)$ und $\boldsymbol{v} = (v_1, v_2, \ldots, v_n)$ Vektoren im $\mathbf{R}^n$. Das (natürliche) **Skalarprodukt im $\mathbf{R}^n$** $\boldsymbol{u} \cdot \boldsymbol{v}$ ist definiert durch

$$\boldsymbol{u} \cdot \boldsymbol{v} = u_1 v_1 + u_2 v_2 + \cdots + u_n v_n.$$

Für $n = 2$ und $n = 3$ kennen wir dies schon aus Kapitel 2.

Beispiel 4.29

Berechnen Sie das Skalarprodukt der Vektoren $\boldsymbol{u} = (-1, 2, 3, 7)$ und $\boldsymbol{v} = (5, 4, -7, 0)$ im EUKLIDischen Vektorraum $\mathbf{R}^4$.

Lösung: Nach Definition ist

$$\boldsymbol{u} \cdot \boldsymbol{v} = (-1)(5) + (2)(4) + (3)(-7) + (7)(0) = -18. \quad \blacksquare$$

Im folgenden Satz sind die vier wichtigsten Rechenregeln des Skalarproduktes zusammengefasst, vergleichen Sie hierzu Satz 2.8.

Satz 4.16 (Rechenregeln des Skalarproduktes im R^n)
Es seien $\boldsymbol{u}$, $\boldsymbol{v}$ und $\boldsymbol{w}$ Vektoren im $\mathbf{R}^n$ und c ein Skalar. Dann gilt

(a) $\boldsymbol{u} \cdot \boldsymbol{v} = \boldsymbol{v} \cdot \boldsymbol{u}$, (*Kommutativgesetz*)
(b) $\boldsymbol{u} \cdot (\boldsymbol{v} + \boldsymbol{w}) = \boldsymbol{u} \cdot \boldsymbol{v} + \boldsymbol{u} \cdot \boldsymbol{w}$, (*Distributivgesetz*)
(c) $c(\boldsymbol{u} \cdot \boldsymbol{v}) = (c\boldsymbol{u}) \cdot \boldsymbol{v} = \boldsymbol{u} \cdot (c\boldsymbol{v})$,
(d) $\boldsymbol{v} \cdot \boldsymbol{v} > 0$ für $\boldsymbol{v} \neq \boldsymbol{o}$ und $\boldsymbol{v} \cdot \boldsymbol{v} = 0$ für $\boldsymbol{v} = \boldsymbol{o}$.

Schreiben wir die Vektoren $\boldsymbol{u}$ und $\boldsymbol{v}$ aus $\mathbf{R}^n$ als Spaltenmatrizen und lassen (wie üblich) die Klammern der $(1,1)$-Matrizen (Skalare) weg, so ist nach der Definition der Matrizenmultiplikation

$$\boldsymbol{u}^{\mathrm{T}} \boldsymbol{v} = \begin{bmatrix} u_1 & u_2 & \cdots & u_n \end{bmatrix} \begin{bmatrix} v_1 \\ v_2 \\ \vdots \\ v_n \end{bmatrix} = u_1 v_1 + u_2 v_2 + \cdots + u_n v_n = \boldsymbol{u} \cdot \boldsymbol{v},$$

womit wir bewiesen haben, dass für das Skalarprodukt zweier Vektoren $\boldsymbol{u}$ und $\boldsymbol{v}$ im $\mathbf{R}^n$ gilt

$$\boldsymbol{u}^{\mathrm{T}}\boldsymbol{v} = \boldsymbol{u} \cdot \boldsymbol{v}.$$

In Worten: Das Skalarprodukt kann als Matrizenmultiplikation aufgefasst werden; Zeilenmatrix mal Spaltenmatrix bzw. Zeilenvektor mal Spaltenvektor.

Wir definieren die **Euklidische Länge** (**Euklidische Norm**) eines Vektors $\boldsymbol{v}$ im $\mathbf{R}^n$ durch

$$|\boldsymbol{v}| = \sqrt{\boldsymbol{v} \cdot \boldsymbol{v}} = \sqrt{v_1^2 + v_2^2 + \cdots + v_n^2}.$$

Zwei Vektoren $\boldsymbol{u}$ und $\boldsymbol{v}$ im Vektorraum $\mathbf{R}^n$ heißen **orthogonal** (**senkrecht**), wenn $\boldsymbol{u} \cdot \boldsymbol{v} = 0$ ist.

Beispiel 4.30

Zeigen Sie, dass die Vektoren $\boldsymbol{u} = (-2, 3, 1, 4)$ und $\boldsymbol{v} = (1, 2, 0, -1)$ im Raum $\mathbf{R}^4$ senkrecht aufeinander stehen.

Lösung: Es ist

$$\boldsymbol{u} \cdot \boldsymbol{v} = (-2, 3, 1, 4) \cdot (1, 2, 0, -1) = (-2)(1) + (3)(2) + (1)(0) + (4)(-1) = 0,$$

also sind die beiden Vektoren orthogonal. ∎

Sind $\boldsymbol{u}$ und $\boldsymbol{v}$ zwei zueinander orthogonale Vektoren im $\mathbf{R}^n$, so gilt wegen

$$|\boldsymbol{u} + \boldsymbol{v}|^2 = (\boldsymbol{u} + \boldsymbol{v}) \cdot (\boldsymbol{u} + \boldsymbol{v}) = |\boldsymbol{u}|^2 + 2\boldsymbol{u} \cdot \boldsymbol{v} + |\boldsymbol{v}|^2 = |\boldsymbol{u}|^2 + |\boldsymbol{v}|^2$$

der Satz des PYTHAGORAS auch im $\mathbf{R}^n$.

Satz 4.17 (Satz des Pythagoras im $\mathbf{R}^n$)

Sind $\boldsymbol{u}$ und $\boldsymbol{v}$ zwei zueinander senkrechte Vektoren im Vektorraum $\mathbf{R}^n$, so gilt

$$|\boldsymbol{u} + \boldsymbol{v}|^2 = |\boldsymbol{u}|^2 + |\boldsymbol{v}|^2.$$

Zwei orthogonale Vektoren $\boldsymbol{u}$ und $\boldsymbol{v}$ im Raum $\mathbf{R}^n$ heißen **orthonormal**, wenn sie beide die Länge 1 haben (Einheitsvektoren). Die natürlichen Basisvektoren $\boldsymbol{e}_1$, $\boldsymbol{e}_2$, …, $\boldsymbol{e}_n$ im Raum $\mathbf{R}^n$ sind orthonormale Vektoren.

4.15 Die Orthogonalität der vier Fundamentalräume

Zwei Unterräume U und W eines EUKLIDischen Vektorraumes V sind **orthogonal**, wenn jeder Vektor $\boldsymbol{u}$ aus U senkrecht zu jedem Vektor $\boldsymbol{w}$ aus W ist:

$$\boldsymbol{u} \cdot \boldsymbol{w} = 0 \quad \text{oder} \quad \boldsymbol{u}^{\mathrm{T}}\boldsymbol{w} = 0,$$

für alle $\boldsymbol{u} \in U$ und alle $\boldsymbol{w} \in W$.

Ist W eine Teilmenge des EUKLIDischen Vektorraumes V, so heißt $W^{\perp} = \{\boldsymbol{v} \in V \mid \boldsymbol{v} \perp \boldsymbol{w} \text{ für alle } \boldsymbol{w} \in W\}$ das **orthogonale Komplement** zu W (lies: „W senkrecht"). Zum Begriff des orthogonalen Komplements siehe Bild 4.8.

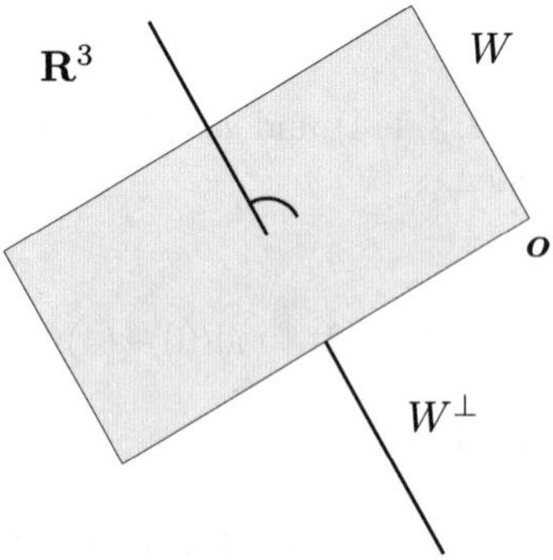

Bild 4.8: Zum Begriff des orthogonalen Komplements

Orthogonale Komplemente sind stets auch Unterräume. Damit können wir den folgenden Hauptsatz formulieren.

Hauptsatz 2 (Orientierung der Fundamentalräume)
Es sei $\boldsymbol{A} \in \mathbf{R}^{m \times n}$ gegeben.

(a) Der Nullraum und der Zeilenraum von $\boldsymbol{A}$ sind orthogonale Komplemente im Raum $\mathbf{R}^n$.

(b) Der Nullraum von $\boldsymbol{A}^{\mathrm{T}}$ und der Spaltenraum von $\boldsymbol{A}$ sind orthogonale Komplemente im Raum $\mathbf{R}^m$.

Das Bild 4.9 zeigt den Hauptsatz 2 symbolisch: $Z(\boldsymbol{A}) = N(\boldsymbol{A})^\perp$ oder $N(\boldsymbol{A}) = Z(\boldsymbol{A})^\perp$ und $S(\boldsymbol{A}) = N(\boldsymbol{A}^\mathrm{T})^\perp$ oder $N(\boldsymbol{A}^\mathrm{T}) = S(\boldsymbol{A})^\perp$.

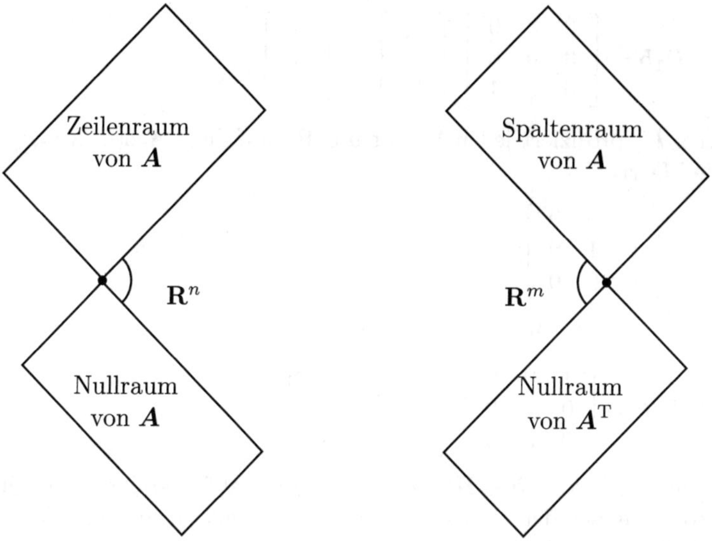

Bild 4.9: Zum Hauptsatz 2 der Linearen Algebra

4.16 Orthogonale Projektionen

In Abschnitt 2.5 haben wir orthogonale Projektionen eines Vektors auf eine Gerade in der Ebene und im Raum behandelt und zur Berechnung des orthogonalen Projektionsvektors und dessen Länge eine Formel hergeleitet, siehe Satz 2.9 und Satz 2.10. Nun wollen wir für orthogonale Projektionen Gleichungen herleiten, die im $\mathbf{R}^m$ auch für $m > 3$ gelten, wobei der Raum, auf den wir projizieren, ein beliebiger Unterraum des $\mathbf{R}^m$ sein darf. Außerdem wollen wir *orthogonale Projektionsmatrizen* einführen, das sind Matrizen, die gegebene Vektoren auf einen Unterraum abbilden, also den Vorgang einer orthogonalen Projektion beschreiben. Bevor wir diese orthogonalen Projektionsmatrizen allgemein definieren, hier zunächst zwei Beispiele. Ist $\boldsymbol{P}_1$ die Matrix

$$\boldsymbol{P}_1 = \begin{bmatrix} 0 & 0 & 0 \\ 0 & 0 & 0 \\ 0 & 0 & 1 \end{bmatrix},$$

so wird jedem Vektor $\boldsymbol{b} \in \mathbf{R}^3$ durch $\boldsymbol{P}_1\boldsymbol{b}$ ein Vektor $\boldsymbol{p}$ zugeordnet, der in den ersten beiden Koordinaten eine Null und in der dritten die dritte Koordinate von $\boldsymbol{b}$ aufweist

$$\boldsymbol{p} = \boldsymbol{P}_1\boldsymbol{b} = \begin{bmatrix} 0 & 0 & 0 \\ 0 & 0 & 0 \\ 0 & 0 & 1 \end{bmatrix} \begin{bmatrix} b_1 \\ b_2 \\ b_3 \end{bmatrix} = \begin{bmatrix} 0 \\ 0 \\ b_3 \end{bmatrix}.$$

Die Matrix $\boldsymbol{P}_1$ projiziert jeden Vektor $\boldsymbol{b} \in \mathbf{R}^3$ auf die z-Achse. Analog projiziert die Matrix

$$\boldsymbol{P}_2 = \begin{bmatrix} 1 & 0 & 0 \\ 0 & 1 & 0 \\ 0 & 0 & 0 \end{bmatrix}$$

jeden Vektor $\boldsymbol{b} \in \mathbf{R}^3$ auf die x, y-Ebene

$$\boldsymbol{p} = \boldsymbol{P}_2\boldsymbol{b} = \begin{bmatrix} 1 & 0 & 0 \\ 0 & 1 & 0 \\ 0 & 0 & 0 \end{bmatrix} \begin{bmatrix} b_1 \\ b_2 \\ b_3 \end{bmatrix} = \begin{bmatrix} b_1 \\ b_2 \\ 0 \end{bmatrix}.$$

Gegeben sei ein Vektor $\boldsymbol{b} \in \mathbf{R}^m$, der orthogonal auf eine Gerade projiziert werden soll, auf der der Vektor $\boldsymbol{a} = (a_1, a_2, \ldots, a_m)$ liegt, vergleichen Sie hierzu Abschnitt 2.5. Anders ausgedrückt: Wir wollen $\boldsymbol{b}$ auf den Spaltenraum der Matrix $\boldsymbol{A}$ projizieren, die nur aus dem Spaltenvektor $\boldsymbol{a}$ besteht. Wir suchen nach dem Vektor $\boldsymbol{p} = Proj_{\boldsymbol{a}}(\boldsymbol{b})$, dessen Endpunkt im Spaltenraum von $\boldsymbol{A}$ liegt und zum Endpunkt von $\boldsymbol{b}$ den kleinsten Abstand hat.

Der gesuchte Vektor $\boldsymbol{p}$ muss ein Vielfaches von $\boldsymbol{a}$ sein, wir nennen dieses Vielfache $\bar{x}$. Es ist also $\boldsymbol{p} = \bar{x}\boldsymbol{a}$. Nun sind die beiden Vektoren $\boldsymbol{b} - \boldsymbol{p} = \boldsymbol{b} - \bar{x}\boldsymbol{a}$ und $\boldsymbol{a}$ orthogonal, also gilt

$$\boldsymbol{a}^{\mathrm{T}}(\boldsymbol{b} - \bar{x}\boldsymbol{a}) = 0 \quad \text{bzw.} \quad \boldsymbol{a}^{\mathrm{T}}\boldsymbol{b} - \bar{x}\boldsymbol{a}^{\mathrm{T}}\boldsymbol{a} = 0$$

oder

$$\bar{x} = \frac{\boldsymbol{a}^{\mathrm{T}}\boldsymbol{b}}{\boldsymbol{a}^{\mathrm{T}}\boldsymbol{a}}.$$

Somit gilt

Satz 4.18 (Projektion auf eine Gerade im $\mathbf{R}^m$)
Der orthogonale Projektionsvektor $\boldsymbol{p} \in \mathbf{R}^m$ von $\boldsymbol{b} \in \mathbf{R}^m$ auf die Gerade, die durch $\boldsymbol{a} \in \mathbf{R}^m$ verläuft, ist

$$\boldsymbol{p} = \bar{x}\boldsymbol{a} = \frac{\boldsymbol{a}^{\mathrm{T}}\boldsymbol{b}}{\boldsymbol{a}^{\mathrm{T}}\boldsymbol{a}}\boldsymbol{a}.$$

Welche Projektionsmatrix $\boldsymbol{P}$ muss man mit $\boldsymbol{b}$ multiplizieren, um $\boldsymbol{p}$ zu erhalten? Man sieht es leichter, wenn man in der Formel $\boldsymbol{p} = \bar{x}\boldsymbol{a}$ die beiden Faktoren auf der rechten Seite vertauscht. Man erhält

$$\boldsymbol{p} = \bar{x}\boldsymbol{a} = \boldsymbol{a}\bar{x} = \boldsymbol{a}\frac{\boldsymbol{a}^{\mathrm{T}}\boldsymbol{b}}{\boldsymbol{a}^{\mathrm{T}}\boldsymbol{a}} = \boldsymbol{P}\boldsymbol{b}.$$

Falls wir also

$$\boldsymbol{P} = \frac{\boldsymbol{a}\boldsymbol{a}^{\mathrm{T}}}{\boldsymbol{a}^{\mathrm{T}}\boldsymbol{a}}$$

definieren, so ist der orthogonale Projektionsvektor $\boldsymbol{p}$ durch das Matrix-Vektor-Produkt $\boldsymbol{P}\boldsymbol{b}$ gegeben. Ist $\boldsymbol{a} \in \mathbf{R}^m$ gegeben, so ist

$$\boldsymbol{P} = \frac{\boldsymbol{a}\boldsymbol{a}^{\mathrm{T}}}{\boldsymbol{a}^{\mathrm{T}}\boldsymbol{a}}$$

die **orthogonale Projektionsmatrix auf den eindimensionalen Unterraum, der von $\boldsymbol{a}$ aufgespannt wird**. Um anzudeuten, dass $\boldsymbol{P}$ auf den Spaltenraum von $\boldsymbol{A}$ (hier die lineare Hülle von $\boldsymbol{a}$) projiziert, schreiben wir $\boldsymbol{P}_{S(\boldsymbol{A})}$ oder auch $\boldsymbol{P}_{Lin(\boldsymbol{a})}$. Eine Projektionsmatrix muss keine *orthogonale Matrix* sein; orthogonale Matrizen behandeln wir in Abschnitt 6.3. Der Begriff orthogonal bezieht sich bei orthogonalen Projektionsmatrizen nicht auf die Matrixstruktur, sondern auf die Geometrie, die sich dahinter verbirgt.

$\boldsymbol{P}$ ist eine (m, m)-Matrix und hat den Rang$(\boldsymbol{P}) = 1$, da sie bis auf Multiplikation mit der Zahl $\boldsymbol{a}^{\mathrm{T}}\boldsymbol{a}$ die Form $\boldsymbol{a}\boldsymbol{a}^{\mathrm{T}}$ hat (Matrizen der Form $\boldsymbol{v}\boldsymbol{w}^{\mathrm{T}}$ sind aber gerade Matrizen vom Rang 1). Der Spaltenraum von $\boldsymbol{P}_{S(\boldsymbol{A})}$ hat zum Beispiel $\boldsymbol{a}$ als Basisvektor.

Beispiel 4.31

Berechnen Sie die Projektionsmatrix $\boldsymbol{P}_{Lin(\boldsymbol{a})}$ auf die Gerade durch $\boldsymbol{a} = (1, 2, 2, 1)$.

Lösung: Es ist $\boldsymbol{a}^{\mathrm{T}}\boldsymbol{a} = 1 + 4 + 4 + 1 = 10$ und

$$\boldsymbol{a}\boldsymbol{a}^{\mathrm{T}} = \begin{bmatrix} 1 \\ 2 \\ 2 \\ 1 \end{bmatrix} \begin{bmatrix} 1 & 2 & 2 & 1 \end{bmatrix} = \begin{bmatrix} 1 & 2 & 2 & 1 \\ 2 & 4 & 4 & 2 \\ 2 & 4 & 4 & 2 \\ 1 & 2 & 2 & 1 \end{bmatrix}$$

und somit

$$\boldsymbol{P}_{S(\boldsymbol{A})} = \frac{1}{10}\begin{bmatrix} 1 & 2 & 2 & 1 \\ 2 & 4 & 4 & 2 \\ 2 & 4 & 4 & 2 \\ 1 & 2 & 2 & 1 \end{bmatrix} = \begin{bmatrix} 1/10 & 1/5 & 1/5 & 1/10 \\ 1/5 & 2/5 & 2/5 & 1/5 \\ 1/5 & 2/5 & 2/5 & 1/5 \\ 1/10 & 1/5 & 1/5 & 1/10 \end{bmatrix}. \blacksquare$$

Betrachten wir die Matrix $\boldsymbol{P}$ aus dem vorhergehenden Beispiel 4.31, so erkennt man zwei für Projektionsmatrizen typische Eigenschaften. Die Matrix ist symmetrisch und $\boldsymbol{P}^2 = \boldsymbol{P}$. Überprüfen Sie dies! Was bedeutet die Eigenschaft $\boldsymbol{P}^2 = \boldsymbol{P}$? Eine zweite Anwendung von $\boldsymbol{P}$ bewirkt keine Änderung. Genau dies erwartet man von einer Projektion. Aus diesen Gründen heraus trifft man allgemein folgende Definition.

Es sei U ein Unterraum von $\mathbf{R}^m$. Eine (m, m)-Matrix $\boldsymbol{P}$ mit den Eigenschaften $S(\boldsymbol{P}) = U$, $\boldsymbol{P}^T = \boldsymbol{P}$ und $\boldsymbol{P}^2 = \boldsymbol{P}$ heißt **orthogonale Projektionsmatrix auf den Unterraum** U des $\mathbf{R}^m$.

Wir beschreiben nun orthogonale Projektionen auf einen beliebigen Unterraum. Hierzu seien n Vektoren $\boldsymbol{a}_1$, $\boldsymbol{a}_2$, ..., $\boldsymbol{a}_n$ aus $\mathbf{R}^m$ gegeben, die linear unabhängig sind. Die Aufgabe besteht nun darin, eine Linearkombination $\bar{x}_1\boldsymbol{a}_1 + \bar{x}_2\boldsymbol{a}_2 + \cdots + \bar{x}_n\boldsymbol{a}_n$ so zu finden, dass diese dem Vektor $\boldsymbol{b}$ „am nächsten“ liegt. Geometrisch gesprochen: Wir suchen denjenigen Punkt auf dem Unterraum von $S(\boldsymbol{A})$, der zum Endpunkt von $\boldsymbol{b}$ den kleinsten Abstand hat. Wie wir dieses Problem lösen können, wissen wir bereits aus dem vorhergehenden Abschnitt; statt auf einen eindimensionalen Unterrraum projizieren wir nun auf einen n-dimensionalen Unterraum $S(\boldsymbol{A})$ im $\mathbf{R}^m$.

Bevor wir an die Lösung gehen, betrachten wir diese Aufgabenstellung aus der Sicht linearer Gleichungen. Es kommt vor, dass ein lineares Gleichungssystem $\boldsymbol{Ax} = \boldsymbol{b}$ keine Lösung hat, siehe zum Beispiel 1.8. Gewöhnlich liegt die Ursache darin, dass mehr Gleichungen als Variablen vorhanden sind. Die Matrix hat mehr Zeilen als Spalten: $m > n$. Die Spalten spannen einen „kleinen“ Unterraum des m-dimensionalen Raumes $\mathbf{R}^m$ auf. Der Vektor $\boldsymbol{b}$ liegt dann außerhalb des Spaltenraumes von $\boldsymbol{A}$. Das Bild 4.10 zeigt die Situation im Fall $m = 3$ und $n = 2$.

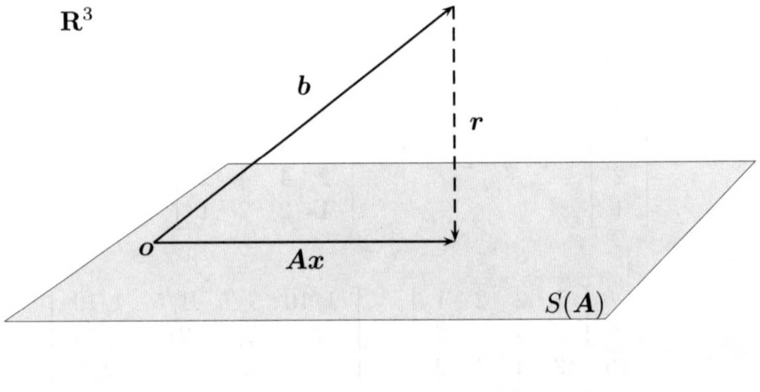

Bild 4.10: $\boldsymbol{Ax} = \boldsymbol{b}$ ist unlösbar; $\boldsymbol{b}$ liegt nicht im Spaltenraum von $\boldsymbol{A}$

Das GAUSS-Verfahren ist nicht bis zum Ende durchführbar und das Verfahren stoppt vorzeitig, siehe Beispiel 1.8. Gleichungssysteme mit mehr Gleichungen als Variablen treten aber bei vielen praktischen Problemen auf, das heißt, dies sind reale Probleme, die gelöst werden müssen. Daher muss man eine Lösung dieser Aufgabenstellung finden.

Eine Lösungsmöglichkeit besteht darin, den Vektor $\boldsymbol{b}$ (rechte Seite der Gleichung) auf den Spaltenraum von $\boldsymbol{A}$ zu projizieren und den Vektor $\bar{\boldsymbol{x}} = (\bar{x}_1, \bar{x}_2, \ldots, \bar{x}_n)$, der die Koeffizienten der Linearkombination $\bar{x}_1\boldsymbol{a}_1 + \bar{x}_2\boldsymbol{a}_2 + \cdots + \bar{x}_n\boldsymbol{a}_n$ darstellt, als **Näherungslösung des linearen Systems $\boldsymbol{Ax} = \boldsymbol{b}$** zu berechnen. Wir suchen also nach dem Vektor $\bar{\boldsymbol{x}}$ mit $\boldsymbol{p} = \boldsymbol{A}\bar{\boldsymbol{x}}$, der orthogonalen Projektion von $\bar{\boldsymbol{x}}$ auf $S(\boldsymbol{A}) = Lin(\boldsymbol{a}_1, \boldsymbol{a}_2, \ldots, \boldsymbol{a}_n)$. Das Problem lösen wir (wie oben im eindimensionalen Fall) in drei Schritten: Wir berechnen $\bar{\boldsymbol{x}}$, hieraus $\boldsymbol{p} = \boldsymbol{A}\bar{\boldsymbol{x}}$ und schließlich die Projektionsmatrix $\boldsymbol{P}_{S(\boldsymbol{A})}$.

Wir betrachten Bild 4.10. Der **Fehlervektor (Residuenvektor)** $\boldsymbol{r} = \boldsymbol{b} - \boldsymbol{A}\bar{\boldsymbol{x}}$ ist also nicht der Nullvektor, denn sonst wäre $\boldsymbol{b} - \boldsymbol{A}\bar{\boldsymbol{x}} = \boldsymbol{o}$, also $\bar{\boldsymbol{x}}$ eine exakte Lösung des Systems $\boldsymbol{Ax} = \boldsymbol{b}$. Der Fehlervektor $\boldsymbol{r}$ steht senkrecht auf dem Unterraum $S(\boldsymbol{A})$; $\boldsymbol{r}$ bildet mit allen Spalten $\boldsymbol{a}_j$ von $\boldsymbol{A}$ einen rechten Winkel. $\boldsymbol{r} = \boldsymbol{b} - \boldsymbol{A}\bar{\boldsymbol{x}}$ ist orthogonal auf dem Spaltenraum von $\boldsymbol{A}$ oder äquivalent (Hauptsatz 2) im Nullraum von $\boldsymbol{A}^{\mathrm{T}}$. Somit gilt

$$\boldsymbol{o} = \boldsymbol{A}^{\mathrm{T}}\boldsymbol{r} = \boldsymbol{A}^{\mathrm{T}}(\boldsymbol{b} - \boldsymbol{A}\bar{\boldsymbol{x}})$$

oder gleichbedeutend

$$\boldsymbol{A}^{\mathrm{T}}\boldsymbol{A}\bar{\boldsymbol{x}} = \boldsymbol{A}^{\mathrm{T}}\boldsymbol{b}.$$

Hieraus können wir nun $\bar{\boldsymbol{x}}$ berechnen, dann $\boldsymbol{p}$ und schließlich die orthogonale Projektionsmatrix $\boldsymbol{P}_{S(\boldsymbol{A})}$ angeben, die jeden Vektor aus $\mathbf{R}^m$ auf den Spaltenraum von $\boldsymbol{A}$ projiziert.

Satz 4.19 (Projektion auf einen Unterraum im $\mathbf{R}^m$)
Das lineare Gleichungssystem $\boldsymbol{Ax} = \boldsymbol{b}$ hat $\bar{\boldsymbol{x}}$ als Näherungslösung, wenn $\bar{\boldsymbol{x}}$ dem linearen System

$$\boldsymbol{A}^{\mathrm{T}}\boldsymbol{A}\boldsymbol{x} = \boldsymbol{A}^{\mathrm{T}}\boldsymbol{b}$$

genügt. Dieses quadratische lineare Gleichungssystem heißt **Normalgleichungssystem** oder kurz **Normalsystem**. Die (n, n)-Matrix $\boldsymbol{A}^{\mathrm{T}}\boldsymbol{A}$ ist genau dann invertierbar, wenn die Spaltenvektoren $\boldsymbol{a}_j$ von $\boldsymbol{A}$ linear unabhängig sind. Dann ist $\bar{\boldsymbol{x}} = (\boldsymbol{A}^{\mathrm{T}}\boldsymbol{A})^{-1}\boldsymbol{A}^{\mathrm{T}}\boldsymbol{b}$ sogar die eindeutige Lösung. Der orthogonale Projektionsvektor $\boldsymbol{p}$ von $\boldsymbol{b}$ auf den Spaltenraum von $\boldsymbol{A}$ ist der Vektor

$$\boldsymbol{p} = \boldsymbol{A}\bar{\boldsymbol{x}} = \boldsymbol{A}(\boldsymbol{A}^{\mathrm{T}}\boldsymbol{A})^{-1}\boldsymbol{A}^{\mathrm{T}}\boldsymbol{b}.$$

Diese Formel bestimmt die (m, m)-Projektionsmatrix $\boldsymbol{P}_{S(\boldsymbol{A})}$, die $\boldsymbol{p}$ durch $\boldsymbol{p} = \boldsymbol{P}_{S(\boldsymbol{A})}\boldsymbol{b}$ berechnet:

$$\boldsymbol{P}_{S(\boldsymbol{A})} = \boldsymbol{A}(\boldsymbol{A}^{\mathrm{T}}\boldsymbol{A})^{-1}\boldsymbol{A}^{\mathrm{T}}.$$

Die quadratische Matrix $\boldsymbol{P}_{S(\boldsymbol{A})} = \boldsymbol{A}(\boldsymbol{A}^{\mathrm{T}}\boldsymbol{A})^{-1}\boldsymbol{A}^{\mathrm{T}}$ heißt **orthogonale Projektionsmatrix auf** $S(\boldsymbol{A})$; sie projiziert jeden Vektor aus $\mathbf{R}^m$ in den Spaltenraum von $\boldsymbol{A}$.

Beispiel 4.32

Bestimmen Sie zu

$$\underbrace{\begin{bmatrix} 1 & 0 \\ 1 & 1 \\ 1 & 2 \end{bmatrix}}_{\boldsymbol{A}} \underbrace{\begin{bmatrix} x_1 \\ x_2 \end{bmatrix}}_{\boldsymbol{x}} = \underbrace{\begin{bmatrix} 6 \\ 0 \\ 0 \end{bmatrix}}_{\boldsymbol{b}}$$

das zugehörige Normalgleichungssystem, den orthogonalen Projektionsvektor $\boldsymbol{p}$, der $\boldsymbol{b}$ auf $S(\boldsymbol{A})$ projiziert und die orthogonale Projektionsmatrix $\boldsymbol{P}_{S(\boldsymbol{A})}$.

Lösung: Es gilt

$$\boldsymbol{A}^{\mathrm{T}}\boldsymbol{A} = \begin{bmatrix} 1 & 1 & 1 \\ 0 & 1 & 2 \end{bmatrix} \begin{bmatrix} 1 & 0 \\ 1 & 1 \\ 1 & 2 \end{bmatrix} = \begin{bmatrix} 3 & 3 \\ 3 & 5 \end{bmatrix}$$

und

$$\boldsymbol{A}^{\mathrm{T}}\boldsymbol{b} = \begin{bmatrix} 1 & 1 & 1 \\ 0 & 1 & 2 \end{bmatrix} \begin{bmatrix} 6 \\ 0 \\ 0 \end{bmatrix} = \begin{bmatrix} 6 \\ 0 \end{bmatrix}.$$

Somit ist

$$\begin{bmatrix} 3 & 3 \\ 3 & 5 \end{bmatrix} \begin{bmatrix} x_1 \\ x_2 \end{bmatrix} = \begin{bmatrix} 6 \\ 0 \end{bmatrix}$$

das Normalsystem zu $\boldsymbol{Ax} = \boldsymbol{b}$. Damit ergibt sich der orthogonale Projektionsvektor $\boldsymbol{p}$ zu

$$\boldsymbol{p} = \boldsymbol{A}(\boldsymbol{A}^{\mathrm{T}}\boldsymbol{A})^{-1}\boldsymbol{A}^{\mathrm{T}}\boldsymbol{b} = \begin{bmatrix} 1 & 0 \\ 1 & 1 \\ 1 & 2 \end{bmatrix} \begin{bmatrix} 5/6 & -1/2 \\ -1/2 & 1/2 \end{bmatrix} \begin{bmatrix} 1 & 0 \\ 1 & 1 \\ 1 & 2 \end{bmatrix} \begin{bmatrix} 6 \\ 0 \\ 0 \end{bmatrix}$$

$$= \begin{bmatrix} 5 \\ 2 \\ -1 \end{bmatrix}$$

und die Projektionsmatrix ist

$$\boldsymbol{P}_{S(\boldsymbol{A})} = \boldsymbol{A}(\boldsymbol{A}^{\mathrm{T}}\boldsymbol{A})^{-1}\boldsymbol{A}^{\mathrm{T}} = \frac{1}{6}\begin{bmatrix} 5 & 2 & -1 \\ 2 & 2 & 2 \\ -1 & 2 & 5 \end{bmatrix}. \quad \blacksquare$$

4.17 Lineare Ausgleichsrechnung

Die Länge des Fehlervektors von $\boldsymbol{r}$ so klein wie möglich zu wählen, bedeutet das **lineare Ausgleichsproblem**

$$\underset{\boldsymbol{x} \in \mathbf{R}^n}{\text{Minimiere}} \quad |\boldsymbol{b} - \boldsymbol{Ax}|$$

zu lösen. Man berechnet $\boldsymbol{x} \in \mathbf{R}^n$ so, dass die Summe der Fehlerquadrate $\sum_{j=1}^{m} r_j^2 = |\boldsymbol{r}|^2 = |\boldsymbol{b} - \boldsymbol{Ax}|^2$ minimiert wird.

Das lineare Ausgleichsproblem stellt eine der einfachsten Aufgaben der *Optimierungstheorie* dar und bildet so die Schnittstelle zwischen *Linearer Algebra* und *Optimierung*, einem mathematischen Gebiet mit sehr vielen praktischen Anwendungen. Die Forderung $|\boldsymbol{r}| = |\boldsymbol{b} - \boldsymbol{Ax}|$ so klein wie möglich zu machen, wird durch die orthogonale Projektion von $\boldsymbol{b}$ auf den Spaltenraum von $\boldsymbol{A}$ gelöst, siehe Bild 4.11.

Die Lösungen der linearen Ausgleichsaufgabe sind somit die Lösungen des Normalsystems $\boldsymbol{A}^{\mathrm{T}}\boldsymbol{Ax} = \boldsymbol{A}^{\mathrm{T}}\boldsymbol{b}$. Dieses quadratische Gleichungssystem ist immer lösbar, denn der Vektor $\boldsymbol{A}^{\mathrm{T}}\boldsymbol{b}$ liegt stets im Spaltenraum von $\boldsymbol{A}^{\mathrm{T}}\boldsymbol{A}$. Folglich hat die lineare Ausgleichsaufgabe immer eine Lösung.

Wann gibt es eine eindeutige Lösung? Dies ist genau dann der Fall, wenn die Spalten von $\boldsymbol{A}$ linear unabhängig sind, siehe Satz 4.19. In diesem Fall ist $\boldsymbol{A}^{\mathrm{T}}\boldsymbol{Ax} = \boldsymbol{A}^{\mathrm{T}}\boldsymbol{b}$ eindeutig lösbar und durch

$$\bar{\boldsymbol{x}} = (\boldsymbol{A}^{\mathrm{T}}\boldsymbol{A})^{-1}\boldsymbol{A}^{\mathrm{T}}\boldsymbol{b} = \boldsymbol{A}^{+}\boldsymbol{b}$$

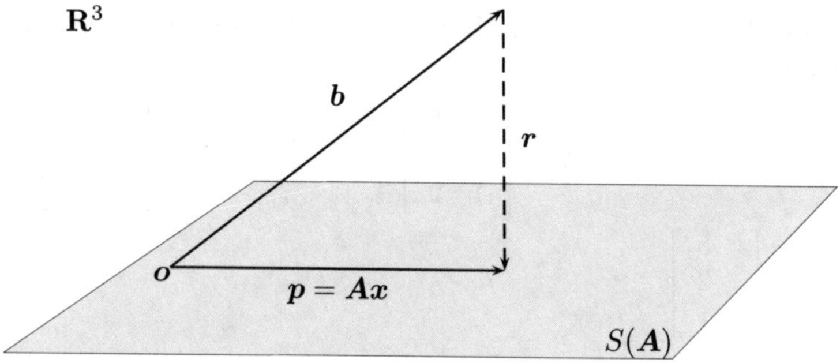

Bild 4.11: Orthogonale Projektion von $\boldsymbol{b}$ auf den Spaltenraum von $\boldsymbol{A}$

gegeben, wobei $\boldsymbol{A}^+ = (\boldsymbol{A}^{\mathrm{T}}\boldsymbol{A})^{-1}\boldsymbol{A}^{\mathrm{T}}$ die **Pseudoinverse** (**verallgemeinerte Inverse**, **Moore-Penrose-Inverse**) von $\boldsymbol{A}$ genannt wird.

Satz 4.20 (Lösung der linearen Ausgleichsaufgabe)
Es sei $\boldsymbol{A} \in \mathbf{R}^{m \times n}$ mit $\operatorname{Rang}(\boldsymbol{A}) = n$ gegeben. Dann ist das Normalsystem $\boldsymbol{A}^{\mathrm{T}}\boldsymbol{A}\boldsymbol{x} = \boldsymbol{A}^{\mathrm{T}}\boldsymbol{b}$ für jede rechte Seite $\boldsymbol{b} \in \mathbf{R}^m$ eindeutig lösbar und die Lösung ist durch

$$\bar{\boldsymbol{x}} = (\boldsymbol{A}^{\mathrm{T}}\boldsymbol{A})^{-1}\boldsymbol{A}^{\mathrm{T}}\boldsymbol{b} = \boldsymbol{A}^+\boldsymbol{b}$$

gegeben. $\bar{\boldsymbol{x}}$ ist somit die eindeutige Lösung der linearen Ausgleichsaufgabe.

Beispiel 4.33

Berechnen Sie die Näherungslösung $\bar{\boldsymbol{x}}$ von

$$\underbrace{\begin{bmatrix} 1 & 0 \\ 1 & 1 \\ 1 & 2 \end{bmatrix}}_{\boldsymbol{A}} \underbrace{\begin{bmatrix} x_1 \\ x_2 \end{bmatrix}}_{\boldsymbol{x}} = \underbrace{\begin{bmatrix} 6 \\ 0 \\ 0 \end{bmatrix}}_{\boldsymbol{b}}.$$

Lösung: Zunächst gilt (siehe Beispiel 4.32)

$$\boldsymbol{A}^{\mathrm{T}}\boldsymbol{A} = \begin{bmatrix} 3 & 3 \\ 3 & 5 \end{bmatrix}, \qquad (\boldsymbol{A}^{\mathrm{T}}\boldsymbol{A})^{-1} = \begin{bmatrix} 5/6 & -1/2 \\ -1/2 & 1/2 \end{bmatrix}$$

und

$$(\boldsymbol{A}^{\mathrm{T}}\boldsymbol{A})^{-1}\boldsymbol{A}^{\mathrm{T}} = \begin{bmatrix} 5/6 & 1/3 & -1/6 \\ -1/2 & 0 & 1/2 \end{bmatrix}.$$

Damit erhalten wir die Lösung der linearen Ausgleichsaufgabe (Näherungslösung)

$$\bar{\boldsymbol{x}} = \boldsymbol{A}^{+}\boldsymbol{b} = \begin{bmatrix} 5/6 & 1/3 & -1/6 \\ -1/2 & 0 & 1/2 \end{bmatrix} \begin{bmatrix} 6 \\ 0 \\ 0 \end{bmatrix} = \begin{bmatrix} 5 \\ -3 \end{bmatrix}. \quad \blacksquare$$

Weitere Beispiele zur linearen Ausgleichsrechnung

Beispiel 4.34

Finden Sie die Gerade in der Ebene, die „am nächsten" bei allen drei Punkten $(0,6)$, $(1,0)$ und $(2,0)$ liegt, das heißt die Summe der Fehlerquadrate minimiert.

Lösung: Es gibt keine Gerade, die durch diese drei Punkte verläuft, somit führt diese Aufgabe auf eine lineare Ausgleichsaufgabe. Eine Gerade hat die Form $b = x_1 + x_2 t$, wobei x_1 und x_2 die gesuchten Zahlen sind. Die Bedingungen sind

$$\begin{aligned} x_1 + x_2 \cdot 0 &= 6 \\ x_1 + x_2 \cdot 1 &= 0 \\ x_1 + x_2 \cdot 2 &= 0. \end{aligned}$$

Dieses lineare System hat keine Lösung $\boldsymbol{x} = (x_1, x_2)$; $\boldsymbol{b} = (6,0,0)$ ist keine Linearkombination der Spalten von

$$\boldsymbol{A} = \begin{bmatrix} 1 & 0 \\ 1 & 1 \\ 1 & 2 \end{bmatrix}.$$

Das System $\boldsymbol{Ax} = \boldsymbol{b}$ ist unlösbar. Minimieren wir die Summe der Fehlerquadrate $|\boldsymbol{r}|^2 = r_1^2 + r_2^2 + r_3^2 = (6 - x_1)^2 + (0 - (x_1 + x_2))^2 + (0 - (x_1 + 2x_2))^2$, das heißt, lösen wir das dazugehörige lineare Ausgleichsproblem

$$\underset{\boldsymbol{x} \in \mathbf{R}^2}{\text{Minimiere}} \left\| \begin{bmatrix} 6 \\ 0 \\ 0 \end{bmatrix} - \begin{bmatrix} 1 & 0 \\ 1 & 1 \\ 1 & 2 \end{bmatrix} \begin{bmatrix} x_1 \\ x_2 \end{bmatrix} \right\|$$

so erhalten wir das Normalsystem

$$\begin{bmatrix} 3 & 3 \\ 3 & 5 \end{bmatrix} \begin{bmatrix} x_1 \\ x_2 \end{bmatrix} = \begin{bmatrix} 6 \\ 0 \end{bmatrix}$$

und die eindeutige Lösung

$$\boldsymbol{x} = \begin{bmatrix} x_1 \\ x_2 \end{bmatrix} = \begin{bmatrix} 5 \\ -3 \end{bmatrix}.$$

Die gesuchte Gerade ist somit durch

$$b = 5 + (-3)t = 5 - 3t$$

gegeben. Das Bild 4.12 zeigt die dazugehörige Geometrie. ■

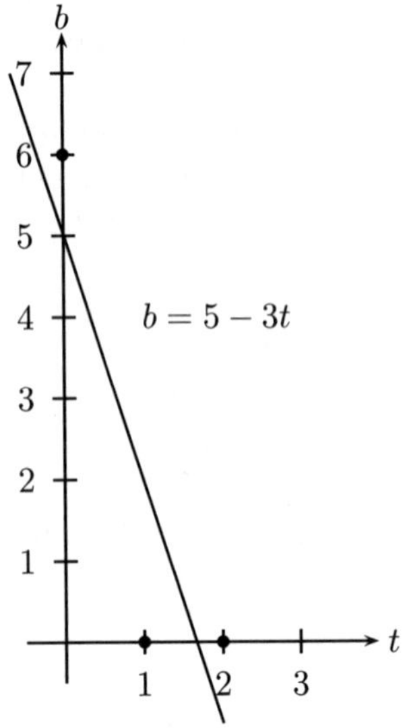

Bild 4.12: Geradenausgleich zu drei Datenpunkten

Beispiel 4.35

Es soll eine Parabel

$$b = x_1 + x_2 t + x_3 t^2$$

in der (t, b)-Ebene mit reellen Parametern x_1, x_2 und x_3 durch die Messpunkte

t_i	-1	0	1	2
b_i	2	1	2	3

gelegt werden. Stellen Sie das lineare Ausgleichsproblem auf und berechnen Sie die Lösung.

Lösung: Die vier Bedingungen führen auf das lineare Gleichungssystem

$$\begin{aligned} x_1 - \ \ x_2 + \ \ x_3 &= 2 \\ x_1 \qquad\qquad\quad &= 1 \\ x_1 + \ \ x_2 + \ \ x_3 &= 2 \\ x_1 + 2x_2 + 4x_3 &= 3. \end{aligned}$$

Die dazugehörige lineare Ausgleichsaufgabe ist

$$\underset{\boldsymbol{x} \in \mathbf{R}^3}{\text{Minimiere}} \left\| \begin{bmatrix} 2 \\ 1 \\ 2 \\ 3 \end{bmatrix} - \begin{bmatrix} 1 & -1 & 1 \\ 1 & 0 & 0 \\ 1 & 1 & 1 \\ 1 & 2 & 4 \end{bmatrix} \begin{bmatrix} x_1 \\ x_2 \\ x_3 \end{bmatrix} \right\|.$$

Die Lösung dieser Ausgleichsaufgabe ergibt sich zu

$$\boldsymbol{x} = \begin{bmatrix} x_1 \\ x_2 \\ x_3 \end{bmatrix} = \begin{bmatrix} 1.3 \\ -0.1 \\ 0.5 \end{bmatrix}$$

und die gesuchte Parabel ist somit

$$b = 1.3 + (-0.1)t + 0.5t^2 = 1.3 - 0.1t + 0.5t^2. \quad \blacksquare$$

4.18 Orthogonal- und Orthonormalbasen

Gewöhnlich kann man zur Lösung eines Problems der Vektorrechnung irgendeine Basis des zugrunde liegenden Vektorraumes wählen, die der Aufgabe angemessen erscheint. Basen, deren Vektoren zueinander orthogonal (oder sogar *orthonormal*) sind, erleichtern die Rechnungen oft erheblich. Außerdem tragen orthonormale Basen zur Stabilisierung bei numerischen Algorithmen bei.

Eine Menge von Vektoren im Vektorraum $\mathbf{R}^n$ heißt **orthogonale Menge**, wenn ihre Elemente paarweise orthogonal sind. Haben sie außerdem die Länge 1, so heißt die Menge **orthonormal**.

Beispiel 4.36

Zeigen Sie, dass die Menge der Vektoren $\boldsymbol{v}_1 = (0,1,0)$, $\boldsymbol{v}_2 = (1,0,1)$ und $\boldsymbol{v}_3 = (1,0,-1)$ im Vektorraum $\mathbf{R}^3$ orthogonal ist.

Lösung: Vektoren sind orthogonal, wenn das Skalarprodukt Null ist:

$$\boldsymbol{v}_1^{\mathrm{T}}\boldsymbol{v}_2 = \boldsymbol{v}_1^{\mathrm{T}}\boldsymbol{v}_3 = \boldsymbol{v}_2^{\mathrm{T}}\boldsymbol{v}_3 = 0. \quad \blacksquare$$

Für jeden vom Nullvektor verschiedenen Vektor $\boldsymbol{v}$ gilt

$$\left|\frac{1}{|\boldsymbol{v}|}\boldsymbol{v}\right| = \left|\frac{1}{|\boldsymbol{v}|}\right||\boldsymbol{v}| = \frac{1}{|\boldsymbol{v}|}|\boldsymbol{v}| = 1,$$

also hat der Vektor $1/|\boldsymbol{v}|\boldsymbol{v}$ die Länge (Norm) 1. Wir haben so den Vektor $\boldsymbol{v}$ **normalisiert**, indem wir ihn mit dem Kehrwert seiner Länge multipliziert haben. Auf diese Art erhalten wir aus einer orthogonalen Menge eine orthonormale Menge.

Beispiel 4.37

Normalisieren Sie die Vektoren $\boldsymbol{v}_1 = (0,1,0)$, $\boldsymbol{v}_2 = (1,0,1)$ und $\boldsymbol{v}_3 = (1,0,-1)$ aus obigem Beispiel.

Lösung: Für die Vektoren gilt: $|\boldsymbol{v}_1| = 1$, $|\boldsymbol{v}_2| = \sqrt{2}$ und $|\boldsymbol{v}_3| = \sqrt{2}$. Also ergeben sich die normalisierten Vektoren

$$\boldsymbol{q}_1 = \frac{1}{|\boldsymbol{v}_1|}\boldsymbol{v}_1 = (0,1,0), \quad \boldsymbol{q}_2 = \frac{1}{|\boldsymbol{v}_2|}\boldsymbol{v}_2 = (1/\sqrt{2}, 0, 1/\sqrt{2})$$

und

$$\boldsymbol{q}_3 = \frac{1}{|\boldsymbol{v}_3|}\boldsymbol{v}_3 = (1/\sqrt{2}, 0, -1/\sqrt{2}).$$

Die Menge $\{\boldsymbol{q}_1, \boldsymbol{q}_2, \boldsymbol{q}_3\}$ ist eine orthonormale Menge. ■

Eine Basis aus $\mathbf{R}^n$, die aus orthonormalen Vektoren besteht, heißt **Orthonormalbasis** (**orthonormale Basis**). Sind die Basisvektoren nur orthogonal, so spricht man von einer **Orthogonalbasis** (**orthogonalen Basis**).

Beispiel 4.38

Bilden die Vektoren $\boldsymbol{e}_1 = (1,0,0)$, $\boldsymbol{e}_2 = (0,1,0)$ und $\boldsymbol{e}_3 = (0,0,1)$ eine orthonormale Basis?

Lösung: Ja! Die Vektoren haben alle die Länge 1 und stehen paarweise senkrecht aufeinander. ■

Allgemein bilden die Vektoren $\boldsymbol{e}_1 = (1,0,\ldots,0)$, $\boldsymbol{e}_2 = (0,1,\ldots,0)$ usw $\boldsymbol{e}_n = (0,0,\ldots,1)$ eine Orthonormalbasis im Vektorraum $\mathbf{R}^n$. In Worten Die natürliche Basis des Raumes $\mathbf{R}^n$ ist eine Orthonormalbasis.

Die Koordinaten eines Vektors in einer Orthonormalbasis

Liegt eine orthonormale Basis vor, so lässt sich jeder Vektor in $\mathbf{R}^n$ besonders einfach als Linearkombination dieser orthonormalen Basisvektoren darstellen.

Satz 4.21
Es sei $\{\boldsymbol{q}_1, \boldsymbol{q}_2, \ldots, \boldsymbol{q}_n\}$ eine Orthonormalbasis von $\mathbf{R}^n$. Dann gilt für jeden Vektor $\boldsymbol{v}$ aus $\mathbf{R}^n$

$$\boldsymbol{v} = c_1\boldsymbol{q}_1 + c_2\boldsymbol{q}_2 + \cdots + c_n\boldsymbol{q}_n,$$

wobei die Koeffizienten c_i der Linearkombination auf folgende Weise leicht berechnet werden können

$$c_i = \boldsymbol{v}^{\mathrm{T}}\boldsymbol{q}_i$$

für $i = 1, 2, \ldots, n$.

Die Zahlen $\boldsymbol{v}^{\mathrm{T}}\boldsymbol{q}_1, \boldsymbol{v}^{\mathrm{T}}\boldsymbol{q}_2, \ldots, \boldsymbol{v}^{\mathrm{T}}\boldsymbol{q}_n$ sind die Koordinaten des Vektors $\boldsymbol{v}$ bezüglich der orthonormalen Basis $Q = \{\boldsymbol{q}_1, \boldsymbol{q}_2, \ldots, \boldsymbol{q}_n\}$, also ist

$$\boldsymbol{v}_Q = (\boldsymbol{v}^{\mathrm{T}}\boldsymbol{q}_1, \boldsymbol{v}^{\mathrm{T}}\boldsymbol{q}_2, \ldots, \boldsymbol{v}^{\mathrm{T}}\boldsymbol{q}_n)$$

der Vektor von $\boldsymbol{v}$ bezüglich Q.

Beispiel 4.39

Die Vektoren $\boldsymbol{q}_1 = (0, 1, 0)$, $\boldsymbol{q}_2 = (-4/5, 0, 3/5)$ und $\boldsymbol{q}_3 = (3/5, 0, 4/5)$ bilden eine Orthonormalbasis $Q = \{\boldsymbol{q}_1, \boldsymbol{q}_2, \boldsymbol{q}_3\}$ im Vektorraum $\mathbf{R}^3$. Beschreiben Sie den Vektor $\boldsymbol{v} = (1, 1, 1)$ als Linearkombination dieser Basisvektoren und bestimmen Sie die Koordinaten von $\boldsymbol{v}$ in dieser Basis.

Lösung: Wegen $\boldsymbol{v}^{\mathrm{T}}\boldsymbol{q}_1 = 1$, $\boldsymbol{v}^{\mathrm{T}}\boldsymbol{q}_2 = -1/5$ und $\boldsymbol{v}^{\mathrm{T}}\boldsymbol{q}_3 = 7/5$ gilt

$$\boldsymbol{v} = \boldsymbol{q}_1 - \frac{1}{5}\boldsymbol{q}_2 + \frac{7}{5}\boldsymbol{q}_3$$

oder

$$\begin{bmatrix} 1 \\ 1 \\ 1 \end{bmatrix} = \begin{bmatrix} 0 \\ 1 \\ 0 \end{bmatrix} - \frac{1}{5}\begin{bmatrix} -4/5 \\ 0 \\ 3/5 \end{bmatrix} + \frac{7}{5}\begin{bmatrix} 3/5 \\ 0 \\ 4/5 \end{bmatrix}.$$

Der Vektor $\boldsymbol{v}$ in dieser Orthonormalbasis Q lautet

$$\boldsymbol{v}_Q = (1, -1/5, 7/5). \quad \blacksquare$$

Die Koordinaten eines Vektors in einer Orthogonalbasis

Aus einer Orthogonalbasis $U = \{\boldsymbol{u}_1, \boldsymbol{u}_2, \ldots, \boldsymbol{u}_n\}$ erhalten wir durch Normalisieren die Orthonormalbasis

$$U' = \left\{\frac{\boldsymbol{u}_1}{|\boldsymbol{u}_1|}, \frac{\boldsymbol{u}_2}{|\boldsymbol{u}_2|}, \ldots, \frac{\boldsymbol{u}_n}{|\boldsymbol{u}_n|}\right\}.$$

Aufgrund des letzten Abschnitts gilt dann für einen beliebigen Vektor $\boldsymbol{v}$

$$\begin{aligned}\boldsymbol{v} &= \left(\boldsymbol{v} \cdot \frac{\boldsymbol{u}_1}{|\boldsymbol{u}_1|}\right)\frac{\boldsymbol{u}_1}{|\boldsymbol{u}_1|} + \left(\boldsymbol{v} \cdot \frac{\boldsymbol{u}_2}{|\boldsymbol{u}_2|}\right)\frac{\boldsymbol{u}_2}{|\boldsymbol{u}_2|} + \cdots + \left(\boldsymbol{v} \cdot \frac{\boldsymbol{u}_n}{|\boldsymbol{u}_n|}\right)\frac{\boldsymbol{u}_n}{|\boldsymbol{u}_n|}\\ &= \frac{\boldsymbol{v}^{\mathrm{T}}\boldsymbol{u}_1}{|\boldsymbol{u}_1|^2}\boldsymbol{u}_1 + \frac{\boldsymbol{v}^{\mathrm{T}}\boldsymbol{u}_2}{|\boldsymbol{u}_2|^2}\boldsymbol{u}_2 + \cdots + \frac{\boldsymbol{v}^{\mathrm{T}}\boldsymbol{u}_n}{|\boldsymbol{u}_n|^2}\boldsymbol{u}_n.\end{aligned}$$

Die Zahlen $\boldsymbol{v}^{\mathrm{T}}\boldsymbol{u}_1/|\boldsymbol{u}_1|^2$, $\boldsymbol{v}^{\mathrm{T}}\boldsymbol{u}_2/|\boldsymbol{u}_2|^2$, ..., $\boldsymbol{v}^{\mathrm{T}}\boldsymbol{u}_n/|\boldsymbol{u}_n|^2$ sind die Koordinaten des Vektors $\boldsymbol{v}$ bezüglich der Orthogonalbasis $U = \{\boldsymbol{u}_1, \boldsymbol{u}_2, \ldots, \boldsymbol{u}_n\}$, also ist

$$\boldsymbol{v}_U = (\boldsymbol{v}^{\mathrm{T}}\boldsymbol{u}_1/|\boldsymbol{u}_1|^2, \boldsymbol{v}^{\mathrm{T}}\boldsymbol{u}_2/|\boldsymbol{u}_2|^2, \ldots, \boldsymbol{v}^{\mathrm{T}}\boldsymbol{u}_n/|\boldsymbol{u}_n|^2)$$

der Vektor von $\boldsymbol{v}$ bezüglich U.

Beispiel 4.40

Zeigen Sie, dass eine orthogonale Menge stets linear unabhängig ist (Der Nullvektor gehöre nicht zur Menge).

Lösung: Wir nehmen an, $U = \{\boldsymbol{u}_1, \boldsymbol{u_2}, \ldots, \boldsymbol{u}_r\}$ sei eine orthogonale Menge. Wir zeigen, dass aus der Gleichung

$$c_1\boldsymbol{u}_1 + c_2\boldsymbol{u}_2 + \cdots + c_r\boldsymbol{u}_r = \boldsymbol{o}$$

$c_1 = c_2 = \ldots = c_r = 0$ folgt. Zunächst gilt für jeden Vektor $\boldsymbol{u}_i \in U$

$$(c_1\boldsymbol{u}_1 + c_1\boldsymbol{u}_1 + \cdots + c_r\boldsymbol{u}_r) \cdot \boldsymbol{u}_i = \boldsymbol{o} \cdot \boldsymbol{u}_i = 0$$

oder

$$c_1\boldsymbol{u}_1 \cdot \boldsymbol{u}_i + c_2\boldsymbol{u}_2 \cdot \boldsymbol{u}_i + \cdots + c_r\boldsymbol{u}_r \cdot \boldsymbol{u}_i = 0.$$

Da U eine orthogonale Menge ist, gilt $\boldsymbol{u}_j \cdot \boldsymbol{u}_i = 0$ für $i \neq j$, also bleibt von allen Summanden nur noch einer übrig. Also ist

$$c_i\mathbf{u_i} \cdot \boldsymbol{u}_\mathbf{i} = \mathbf{0}.$$

Nach Voraussetzung ist $\boldsymbol{u}_i \neq \boldsymbol{o}$ und damit $\mathbf{u_i} \cdot \boldsymbol{u}_\mathbf{i} \neq \mathbf{0}$, woraus wir $c_i = 0$ für alle $i = 1, 2, \ldots, r$ erhalten. Somit ist die orthogonale Menge U linear unabhängig. ■

Konstruktion von Orthogonal- und Orthonormalbasen

Nachdem wir uns von der Nützlichkeit der Orthonormalbasen überzeugt haben, werden wir jetzt zeigen, wie man Orthonormal- und Orthogonalbasen erzeugen kann.

Algorithmus 4.1 (Gram-Schmidt-Verfahren)

Gegeben sei eine beliebige Basis $B = \{\boldsymbol{u}_1, \boldsymbol{u}_2, \ldots, \boldsymbol{u}_n\}$ des $\mathbf{R}^n$. Dann erzeugen die folgenden Schritte eine Orthogonalbasis $\{\boldsymbol{v}_1, \boldsymbol{v}_2, \ldots, \boldsymbol{v}_n\}$ des Vektorraumes $\mathbf{R}^n$.

1. Setze
$$\boldsymbol{v}_1 = \boldsymbol{u}_1.$$
2. Es sei $W_1 = Lin(\boldsymbol{v}_1)$. Wir erhalten den zweiten orthogonalen Basisvektor $\boldsymbol{v}_2$ als Orthogonalprojektion von $\boldsymbol{u}_2$ senkrecht zu W_1 (siehe Bild 4.13):
$$\boldsymbol{v}_2 = \boldsymbol{u}_2 - \boldsymbol{P}_{W_1}(\boldsymbol{u}_2) = \boldsymbol{u}_2 - \frac{\boldsymbol{u}_2^{\mathrm{T}}\boldsymbol{v}_1}{|\boldsymbol{v}_1|^2}\boldsymbol{v}_1.$$
3. Es sei $W_2 = Lin(\boldsymbol{v}_1, \boldsymbol{v}_2)$ (siehe Bild 4.14). Wir wählen den dritten orthogonalen Basisvektor $\boldsymbol{v}_3$ als Orthogonalprojektion von $\boldsymbol{u}_3$ senkrecht zu W_3:
$$\boldsymbol{v}_3 = \boldsymbol{u}_3 - \boldsymbol{P}_{W_2}(\boldsymbol{u}_3) = \boldsymbol{u}_3 - \frac{\boldsymbol{u}_3^{\mathrm{T}}\boldsymbol{v}_1}{|\boldsymbol{v}_1|^2}\boldsymbol{v}_1 - \frac{\boldsymbol{u}_3^{\mathrm{T}}\boldsymbol{v}_2}{|\boldsymbol{v}_2|^2}\boldsymbol{v}_2.$$
4. Mit $W_3 = Lin(\boldsymbol{v}_1, \boldsymbol{v}_2, \boldsymbol{v}_3)$ setzen wir den vierten orthogonalen Basisvektor $\boldsymbol{v}_4$ als Orthogonalprojektion von $\boldsymbol{u}_4$ senkrecht zu W_4:
$$\boldsymbol{v}_4 = \boldsymbol{u}_4 - \boldsymbol{P}_{W_3}(\boldsymbol{u}_4) = \boldsymbol{u}_4 - \frac{\boldsymbol{u}_4^{\mathrm{T}}\boldsymbol{v}_1}{|\boldsymbol{v}_1|^2}\boldsymbol{v}_1 - \frac{\boldsymbol{u}_4^{\mathrm{T}}\boldsymbol{v}_2}{|\boldsymbol{v}_2|^2}\boldsymbol{v}_2 - \frac{\boldsymbol{u}_4^{\mathrm{T}}\boldsymbol{v}_3}{|\boldsymbol{v}_3|^2}\boldsymbol{v}_3.$$
5. Fahren wir auf diese Art und Weise fort, so erhalten wir nach n Schritten eine Orthogonalbasis $\{\boldsymbol{v}_1, \boldsymbol{v}_2, \ldots, \boldsymbol{v}_n\}$ des Vektorraumes $\mathbf{R}^n$.

Die soeben vorgestellte Methode heißt **Gram-Schmidtsches Orthogonalisierungsverfahren**.

Beispiel 4.41

Konstruieren Sie mit dem GRAM-SCHMIDTschen Orthogonalisierungsverfahren aus $\boldsymbol{u}_1 = (1, 1, 1)$, $\boldsymbol{u}_2 = (0, 1, 1)$ und $\boldsymbol{u}_3 = (0, 0, 1)$ eine Orthogonalbasis des Raumes $\mathbf{R}^3$. Normalisieren Sie danach diese Vektoren zu einer Orthonormalbasis.

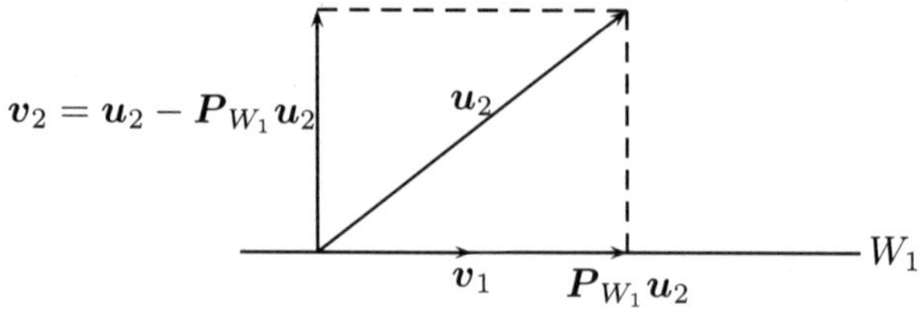

Bild 4.13: Zum GRAM-SCHMIDT-Verfahren

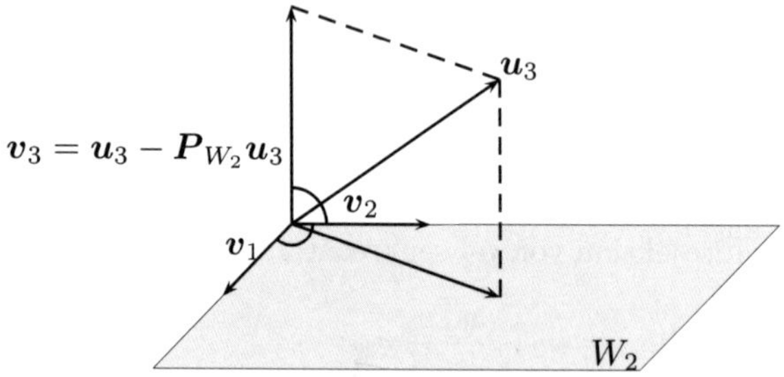

Bild 4.14: Zum GRAM-SCHMIDT-Verfahren

Lösung: Nach dem Verfahren von GRAM-SCHMIDT gilt:

1. $\boldsymbol{v}_1 = \boldsymbol{u}_1$,
2. $\boldsymbol{v}_2 = \boldsymbol{u}_2 - (\boldsymbol{u}_2^{\mathrm{T}}\boldsymbol{v}_1)/|\boldsymbol{v}_1|^2\boldsymbol{v}_1 = (-2/3, 1/3, 1/3)$,
3. $\boldsymbol{v}_3 = \boldsymbol{u}_3 - (\boldsymbol{u}_3^{\mathrm{T}}\boldsymbol{v}_1)/|\boldsymbol{v}_1|^2\boldsymbol{v}_1 - (\boldsymbol{u}_3^{\mathrm{T}}\boldsymbol{v}_2)/|\boldsymbol{v}_2|^2\boldsymbol{v}_2 = (0, -1/2, 1/2)$,

Damit bilden die Vektoren $\boldsymbol{v}_1$, $\boldsymbol{v}_2$ und $\boldsymbol{v}_3$ eine Orthogonalbasis im $\mathbf{R}^3$. Mit $|\boldsymbol{v}_1| = \sqrt{3}$, $|\boldsymbol{v}_1| = \sqrt{6}/3$ und $|\boldsymbol{v}_1| = 1/\sqrt{2}$ ergibt sich daraus die Orthonormalbasis

$$\boldsymbol{q}_1 = \frac{\boldsymbol{v}_1}{|\boldsymbol{v}_1|} = \begin{bmatrix} 1/\sqrt{3} \\ 1/\sqrt{3} \\ 1/\sqrt{3} \end{bmatrix}, \quad \boldsymbol{q}_2 = \frac{\boldsymbol{v}_2}{|\boldsymbol{v}_2|} = \begin{bmatrix} -2/\sqrt{6} \\ 1/\sqrt{6} \\ 1/\sqrt{6} \end{bmatrix}$$

und

$$\boldsymbol{q}_3 = \frac{\boldsymbol{v}_3}{|\boldsymbol{v}_3|} = \begin{bmatrix} 0 \\ -1/\sqrt{2} \\ 1/\sqrt{2} \end{bmatrix}. \quad \blacksquare$$

Wir haben im letzten Beispiel mit dem GRAM-SCHMIDT-Verfahren zuerst eine Orthogonalbasis konstruiert und diese Elemente dann normalisiert. Man kann ebenso gut jeden Vektor sofort normalisieren, diese Vorgehensweise wird als **Gram-Schmidtsches Orthonormalisierungsverfahren** bezeichnet. In vielen Fällen werden die Berechnungen dann etwas mühsamer, weil mehr Wurzeln auftreten; das Ergebnis ist jedoch das gleiche.

Satz 4.22
Das GRAM-SCHMIDTsche Orthogonalisierungsverfahren verwandelt jede beliebige Basis $\{\boldsymbol{u}_1, \boldsymbol{u}_2, \ldots, \boldsymbol{u}_n\}$ in eine Orthonormalbasis $\{\boldsymbol{q}_1, \boldsymbol{q}_2, \ldots, \boldsymbol{q}_n\}$.

Darüber hinaus gilt für alle $k = 2, 3, \ldots, n$:

- $\{\boldsymbol{q}_1, \boldsymbol{q}_2, \ldots, \boldsymbol{q}_k\}$ ist eine Orthogonalbasis von $Lin(\boldsymbol{u}_1, \boldsymbol{u}_2, \ldots, \boldsymbol{u}_k)$.
- $\boldsymbol{q}_k$ ist orthogonal zu $\{\boldsymbol{u}_1, \boldsymbol{u}_2, \ldots, \boldsymbol{u}_{k-1}\}$.

4.19 Weitere Bemerkungen und Hinweise

Vektorräume haben sich im 19. und 20. Jahrhundert als eine der wichtigsten mathematischen Strukturen herausgestellt, die in praktisch jeder mathematisch orientierten Disziplin eine grundlegende Rolle spielen.

Den Nullraum einer Matrix nennt man oft auch den *Kern*. Auch der Spaltenraum hat einen weiteren, häufig verwendeten Namen: *Bildraum*. Das kommt daher, dass man die Matrix $\boldsymbol{A} \in \mathbf{R}^{m \times n}$ als Abbildung von $\mathbf{R}^n$ nach $\mathbf{R}^m$ auffassen kann, denn der Vektor $\boldsymbol{Ax}$ liegt im Raum $\mathbf{R}^m$, der Vektor $\boldsymbol{x}$ dagegen ist in $\mathbf{R}^n$. $\boldsymbol{Ax}$ ist das Bild von $\boldsymbol{x}$ unter Anwendung der Matrix $\boldsymbol{A}$. Näheres hierzu finden Sie in Kapitel 7.

Wem ist die Methode der kleinsten Quadrate zuzuschreiben? GAUSS erfand die Methode um 1790 und LEGENDRE veröffentlichte sie um 1805. Lineare Ausgleichsprobleme treten in erster Linie bei Parameteridentifikations- bzw. bei diskreten linearen Approximationsproblemen auf. Mehr zu linearen Ausgleichsaufgaben finden Sie im Buch [14]. Lineare Ausgleichsaufgaben sind bereits einfache *Optimierungsaufgaben*, was sich schon an der Schreibweise ablesen lässt. Aus Sicht der Optimierungstheorie handelt es sich um *konvexe quadratische Optimierungsaufgaben*, da die Zielfunktion konvex und quadratisch ist. Die Lösungen sind dann stets globale Minima.

Hier möchte ich Ihnen noch ein paar Literaturhinweise geben. Zur *Linearen Algebra* gibt es viele Bücher, zumal in fast jedem Buch über Mathematik ein Kapitel zur *Linearen Algebra* enthalten ist. Die Renner unter den deutschsprachigen Büchern sind [3], [7] und [9]. Suchen Sie noch mehr Übungsaufgaben, so empfehle ich Ihnen [11] und falls Sie der algorithmische Aspekt der *Linearen Algebra* besonders interessiert, so ist [12] zu nennen. Viele Beispiele aus dem wirtschaftwissenschaftlichen Bereich finden Sie in den Büchern [4] und [13]. Doch jetzt viel Erfolg bei den Aufgaben!

Aufgaben

4.1 Richtig oder falsch?

☐ Man kann je zwei Vektoren eines Vektorraums addieren.

☐ Man kann einen Vektor $\boldsymbol{v}$ durch einen Vektor $\boldsymbol{w}$ dividieren, falls $\boldsymbol{w} \neq \boldsymbol{o}$ ist.

☐ Jeder Vektorraum hat ein eindeutiges Nullelement.

☐ Jeder Vektorraum hat ein eindeutiges Einselement.

☐ $\mathbf{R}^n$ besteht aus allen n-Tupeln reeller Zahlen.

☐ $\mathbf{R}^n$ besteht aus n-Tupeln von Vektoren.

4.2 Welche der folgenden Objekte haben eine Dimension?

☐ Ein Vektor, ☐ eine Basis,

☐ eine Linearkombination, ☐ ein Unterraum.

4.3 Welche der folgenden Aussagen ist keine der Regeln des reellen Vektorraumes?

☐ Für alle $\boldsymbol{v}, \boldsymbol{w} \in V$ gilt $\boldsymbol{v} + \boldsymbol{w} = \boldsymbol{w} + \boldsymbol{v}$.

☐ Für alle $\boldsymbol{u}, \boldsymbol{v}, \boldsymbol{w} \in V$ gilt $(\boldsymbol{u} + \boldsymbol{v}) + \boldsymbol{w} = \boldsymbol{u} + (\boldsymbol{v} + \boldsymbol{w})$.

☐ Für alle $\boldsymbol{u}, \boldsymbol{v}, \boldsymbol{w} \in V$ gilt $(\boldsymbol{u}\boldsymbol{v})\boldsymbol{w} = \boldsymbol{u}(\boldsymbol{v}\boldsymbol{w})$.

4.4 Welche der folgenden Teilmengen $U \subset \mathbf{R}^n$ ist ein Unterraum?

☐ $U = \{\boldsymbol{x} \in \mathbf{R} \mid x_1 = \cdots = x_n\}$.

☐ $U = \{\boldsymbol{x} \in \mathbf{R} \mid x_1^2 = x_2^2\}$.

☐ $U = \{\boldsymbol{x} \in \mathbf{R} \mid x_1^2 = 1\}$.

4.5 Wie viele Unterräume hat $\mathbf{R}^2$?

☐ Zwei: $\{\boldsymbol{o}\}$ und $\mathbf{R}^2$.

☐ Vier: $\{\boldsymbol{o}\}$, $\mathbf{R}^2$ und die beiden Koordinatenachsen.

☐ Unendlich viele.

4.6 Falls $\boldsymbol{v}_1$, $\boldsymbol{v}_2$ und $\boldsymbol{v}_3$ linear unabhängige Vektoren in V sind, dann

- ☐ sind $\boldsymbol{v}_1$ und $\boldsymbol{v}_2$ linear abhängig,
- ☐ $\boldsymbol{v}_1$ und $\boldsymbol{v}_2$ können linear abhängig oder unabhängig sein,
- ☐ $\boldsymbol{v}_1$ und $\boldsymbol{v}_2$ sind stets linear unabhängig.

4.7 Welche der folgenden Aussagen bedeutet die lineare Unabhängigkeit der Vektoren $\boldsymbol{v}_1$, $\boldsymbol{v}_2$, ... und $\boldsymbol{v}_n$ des Vektorraumes V:

- ☐ $c_1\boldsymbol{v}_1 + c_2\boldsymbol{v}_2 + \cdots + c_n\boldsymbol{v}_n = \boldsymbol{o}$, nur wenn $c_1 = c_2 = \cdots = c_n = 0$.
- ☐ Wenn $c_1 = c_2 = \cdots = c_n = 0$, dann $c_1\boldsymbol{v}_1 + c_2\boldsymbol{v}_2 + \cdots + c_n\boldsymbol{v}_n = \boldsymbol{o}$.
- ☐ $c_1\boldsymbol{v}_1 + c_2\boldsymbol{v}_2 + \cdots + c_n\boldsymbol{v}_n = \boldsymbol{o}$ für alle $c_i \in \mathbf{R}$, $i = 1, 2, \ldots, n$.

4.8 Unter dem Rang($\boldsymbol{A}$) einer Matrix versteht man

☐ $\text{Dim}(N(\boldsymbol{A}))$. ☐ $\text{Dim}(S(\boldsymbol{A}))$. ☐ $\text{Dim}(\mathbf{R}^m)$.

4.9 Der Rang der Matrix

$$\begin{bmatrix} 5 & 5 & 5 \\ 5 & 5 & 5 \\ 5 & 5 & 5 \end{bmatrix}$$

ist

☐ 1 ☐ 3 ☐ 5

4.10 Für $\boldsymbol{A} \in \mathbf{R}^{m \times n}$ mit $m \leq n$ gilt stets

☐ $\text{Rang}(\boldsymbol{A}) \leq m$ ☐ $m \leq \text{Rang}(\boldsymbol{A}) \leq n$ ☐ $n \leq \text{Rang}(\boldsymbol{A})$

4.11 Kreuzen Sie nur die wahre(n) Aussage(n) an. Gegeben sei das lineare Gleichungssystem $\boldsymbol{Ax} = \boldsymbol{b}$ mit $\boldsymbol{A} \in \mathbf{R}^{m \times n}$ und $\boldsymbol{b} \in \mathbf{R}^m$. Ferner gelte $\boldsymbol{b} \in S(\boldsymbol{A})$. Dann folgt

- ☐ Das System $\boldsymbol{Ax} = \boldsymbol{b}$ ist eindeutig lösbar.
- ☐ $\text{Rang}(\boldsymbol{A}) = m$.
- ☐ Das System $\boldsymbol{Ax} = \boldsymbol{b}$ ist lösbar.
- ☐ $N(\boldsymbol{A}) = \{\boldsymbol{o}\}$.
- ☐ $\text{Rang}(\boldsymbol{A}) = n$.
- ☐ Das System $\boldsymbol{Ax} = \boldsymbol{o}$ hat nur die triviale Lösung.
- ☐ Die Spaltenvektoren von $\boldsymbol{A}$ sind linear unabhängig.

4.12 Richtig oder falsch?

(a) Die Lösungsmenge eines linearen Systems $\boldsymbol{Ax} = \boldsymbol{b}$, $\boldsymbol{b} \neq \boldsymbol{o}$ bildet einen Vektorraum.

(b) Es ist $\text{Rang}(\boldsymbol{A}) = \text{Rang}(\boldsymbol{A}^{\text{T}})$.

4.13 Welche der folgenden Mengen ist kein reeller Vektorraum?

(a) Die Menge der Spaltenvektoren $\boldsymbol{x} \in \mathbf{R}^4$ mit $x_1 = 0$.

(b) Die Menge der regulären $(3,3)$-Matrizen mit der gewöhnlichen Matrizenaddition.

(c) Die Menge der Polynomfunktionen mit reellen Koeffizienten.

(d) Die Menge der $(2,2)$-Matrizen mit der gewöhnlichen Matrizenaddition.

4.14 Es seien $\boldsymbol{v}_1$, $\boldsymbol{v}_2$, $\boldsymbol{v}_3$ und $\boldsymbol{v}_4$ Vektoren im $\mathbf{R}^3$. Dann gilt

(a) Die Vektoren $\boldsymbol{v}_1$, $\boldsymbol{v}_2$, $\boldsymbol{v}_3$ und $\boldsymbol{v}_4$ sind linear unabhängig.

(b) Die Vektoren $\boldsymbol{v}_1$, $\boldsymbol{v}_2$, $\boldsymbol{v}_3$ und $\boldsymbol{v}_4$ sind linear abhängig.

(c) Die Vektoren $\boldsymbol{v}_1$, $\boldsymbol{v}_2$, $\boldsymbol{v}_3$ und $\boldsymbol{v}_4$ sind linear unabhängig oder abhängig.

(d) Keine der obigen Antworten ist richtig.

4.15 Wir betrachten die Gleichung

$$ax + by = 0$$

in den Unbekannten x und y mit $a, b \in \mathbf{R}$. Für $b \neq 0$ ist die Lösungsmenge dieser Gleichung

$$\{(x, -ax/b) \mid x \in \mathbf{R}\}.$$

Weisen Sie nach, dass die Menge dieser Paare einen Vektorraum bildet.

4.16 Bestimmen Sie von der Matrix

$$\boldsymbol{A} = \begin{bmatrix} 1 & 0 \\ 1 & 1 \\ 1 & 2 \end{bmatrix}$$

jeweils eine Basis der vier Fundamentalräume.

4.17 Wahr oder falsch: Im Lösungspunkt einer linearen Ausgleichsaufgabe steht der Fehlervektor senkrecht auf dem Bildraum von $\boldsymbol{A}$.

4.18 Wahr oder falsch: Eine lineare Ausgleichsaufgabe hat immer genau eine Lösung; sie minimiert den Fehlervektor.

4.19 Wahr oder falsch: Falls die rechte Seite einer linearen Ausgleichsaufgabe im Spaltenraum der Koeffizientenmatrix liegt, so ist der Fehlervektor gleich dem Nullvektor.

4.20 Welche der nachfolgenden Situationen ist bei einer linearen Ausgleichsaufgabe bezüglich deren Lösbarkeit möglich, wenn für die Koeffizientenmatrix $\boldsymbol{A} \in \mathbf{R}^{m \times n}$ Rang$(\boldsymbol{A}) < n$ gilt.

(a) Es gibt keine Lösung.

(b) Es gibt genau eine Lösung.

(c) Es gibt eine Lösung, die ist aber nicht eindeutig.

4.21 In einem Monat verkauft ein Unternehmen von vier Produkten die Mengen x_1, x_2, x_3, x_4 zu den Preisen p_1, p_2, p_3 und p_4. Mengen und Preise können zu Vektoren $\boldsymbol{x}$ bzw. $\boldsymbol{p}$ zusammengefasst werden.

(a) Der Erlös E soll mindestens E^* betragen. Schreiben Sie diese Bedingung mit dem skalaren Produkt von Preis- und Mengenvektor.

(b) Die Gesamtheit aller Produkte soll mindestens 1000 Stück betragen. Schreiben Sie diese Bedingung unter Verwendung von Vektoren.

4.22 Bestimmen Sie zu

$$\underbrace{\begin{bmatrix} 1 & -1 \\ 2 & 3 \\ 4 & 5 \end{bmatrix}}_{\boldsymbol{A}} \underbrace{\begin{bmatrix} x_1 \\ x_2 \end{bmatrix}}_{\boldsymbol{x}} = \underbrace{\begin{bmatrix} 2 \\ -1 \\ 5 \end{bmatrix}}_{\boldsymbol{b}}$$

das zugehörige Normalgleichungssystem.

4.23 Berechnen Sie die Näherungslösung (im Sinne der linearen Ausgleichsrechnung) von $\boldsymbol{Ax} = \boldsymbol{b}$ und den orthogonalen Projektionsvektor $\boldsymbol{p}$ von $\boldsymbol{b}$ auf den Spaltenraum von $\boldsymbol{A}$ des Systems

$$\underbrace{\begin{bmatrix} 1 & 1 \\ -1 & 1 \\ -1 & 2 \end{bmatrix}}_{\boldsymbol{A}} \underbrace{\begin{bmatrix} x_1 \\ x_2 \end{bmatrix}}_{\boldsymbol{x}} = \underbrace{\begin{bmatrix} 7 \\ 0 \\ -7 \end{bmatrix}}_{\boldsymbol{b}}.$$

4.24 Gegeben sei eine Teilmenge W des Vektorraumes V. Zeigen Sie, dass $W^{\perp}$ ein Unterraum von V ist.

4.25 Gegeben ist das lineare Gleichungssystem

$$\begin{aligned} 2x &= 3 \\ 4x &= 1. \end{aligned}$$

Berechnen Sie die Lösung der dazugehörigen linearen Ausgleichsaufgabe. Bestimmen Sie den orthogonalen Projektionsvektor $\boldsymbol{p}$ und den Fehlervektor $\boldsymbol{r}$.

Sie sollten nun mit folgenden Begriffen umgehen können

Vektorraum, Unterraum, Nullraum, Spaltenraum, Zeilenraum, Linearkombination, lineare Hülle, Fundamentalräume, lineare Unabhängigkeit, Basis, Dimension, EUKLIDischer Vektorraum, orthogonale Projektionen, lineare Ausgleichsrechnung, orthogonale und orthonormale Basen, GRAM-SCHMIDT-Verfahren.

5 Determinanten

Eine *Determinante* ist eine reelle Zahl, die aus den Elementen einer reellen quadratischen Matrix nach bestimmten Vorschriften berechnet wird. Da die allgemeine Definition sehr unanschaulich ist, definieren wir zunächst Determinanten für $(2,2)$- und $(3,3)$-Matrizen und betrachten deren Eigenschaften. Diese übertragen wir dann auf (n,n)-Matrizen.

5.1 Die Determinante einer $(2,2)$-Matrix

Die Zahl $a_{11}a_{22} - a_{12}a_{21}$ heißt **Determinante** der reellen $(2,2)$-Matrix

$$\boldsymbol{A} = \begin{bmatrix} a_{11} & a_{12} \\ a_{21} & a_{22} \end{bmatrix};$$

wir schreiben

$$\operatorname{Det}(\boldsymbol{A}) = \operatorname{Det}\begin{bmatrix} a_{11} & a_{12} \\ a_{21} & a_{22} \end{bmatrix} = a_{11}a_{22} - a_{12}a_{21}.$$

Man gewinnt den Wert, indem man vom Produkt der Elemente der Hauptdiagonalen das Produkt der Elemente der Nebendiagonalen subtrahiert.

Beispiel 5.1

Berechnen Sie die Determinante der Matrix

$$\begin{bmatrix} 1 & -2 \\ 3 & 2 \end{bmatrix}$$

Lösung: Es gilt

$$\operatorname{Det}\begin{bmatrix} 1 & -2 \\ 3 & 2 \end{bmatrix} = (1)(2) - (-2)(3) = 8. \quad \blacksquare$$

Der aufmerksame Leser wird bemerken, dass die Zahl $a_{11}a_{22} - a_{12}a_{21}$ bereits in Satz 1.9 bei der Berechnung der Inversen einer $(2,2)$-Matrix aufgetreten ist. Mit der Determinanten-Definition darf die Formel zur Berechnung der Inversen einer $(2,2)$-Matrix nun wie folgt geschrieben werden

$$\boldsymbol{A}^{-1} = \frac{1}{\operatorname{Det}(\boldsymbol{A})}\begin{bmatrix} a_{22} & -a_{12} \\ -a_{21} & a_{11} \end{bmatrix} = \begin{bmatrix} a_{22}/\operatorname{Det}(\boldsymbol{A}) & -a_{12}/\operatorname{Det}(\boldsymbol{A}) \\ -a_{21}/\operatorname{Det}(\boldsymbol{A}) & a_{11}/\operatorname{Det}(\boldsymbol{A}) \end{bmatrix}.$$

Eigenschaften von Determinanten

Satz 5.1
Für eine Determinante gilt

(a) $\mathrm{Det}(\boldsymbol{A}) = \mathrm{Det}(\boldsymbol{A}^{\mathrm{T}})$.

(b) Vertauschen wir die beiden Zeilen (oder Spalten) der Matrix, dann ändert die Determinante ihr Vorzeichen.

(c) Werden die Elemente einer beliebigen Zeile (oder Spalte) mit einer reellen Konstanten c multipliziert, dann multipliziert sich ihre Determinante mit c.

(d) Für die Matrix $\boldsymbol{B} \in \mathbf{R}^{2\times 2}$, die aus $\boldsymbol{A}$ durch Addition eines Vielfachen einer Zeile (oder Spalte) zu einer anderen Zeile (oder Spalte) hervorgeht, gilt $\mathrm{Det}(\boldsymbol{B}) = \mathrm{Det}(\boldsymbol{A})$.

Beispiel 5.2

Bestätigen Sie die Eigenschaft (c) aus Satz 5.1.

Lösung: Wir berechnen die Determinante der Matrix

$$\begin{bmatrix} ca_{11} & ca_{12} \\ a_{21} & a_{22} \end{bmatrix},$$

die dadurch entsteht, dass die erste Zeile der Matrix

$$\begin{bmatrix} a_{11} & a_{12} \\ a_{21} & a_{22} \end{bmatrix}$$

mit c multipliziert wird. Es ist

$$\begin{aligned} \mathrm{Det}\begin{bmatrix} ca_{11} & ca_{12} \\ a_{21} & a_{22} \end{bmatrix} &= (ca_{11})(a_{22}) - (ca_{12})(a_{21}) = c(a_{11}a_{22} - a_{12}a_{21}) \\ &= c\mathrm{Det}\begin{bmatrix} a_{11} & a_{12} \\ a_{21} & a_{22} \end{bmatrix}. \quad \blacksquare \end{aligned}$$

Satz 5.2
Eine Determinante ist gleich Null, wenn sie eine der folgenden Bedingungen erfüllt:

(a) Alle Elemente einer Zeile (oder Spalte) sind Null.

(b) Beide Zeilen (oder Spalten) stimmen überein.

(c) Die Zeilen (oder Spalten) sind linear abhängig.

Satz 5.3
Die Determinante einer oberen Dreiecksmatrix $\boldsymbol{A} \in \mathbf{R}^{2\times 2}$ hat den Wert $\operatorname{Det}(\boldsymbol{A}) = a_{11}a_{22}$.

Satz 5.4
Für zwei $(2, 2)$-Matrizen $\boldsymbol{A}$ und $\boldsymbol{B}$ gilt immer $\operatorname{Det}(\boldsymbol{AB}) = \operatorname{Det}(\boldsymbol{A})\operatorname{Det}(\boldsymbol{B})$. Ist $\boldsymbol{A}$ invertierbar, so gilt $\operatorname{Det}(\boldsymbol{A}^{-1}) = 1/\operatorname{Det}(\boldsymbol{A})$.

Beispiel 5.3

Beweisen Sie $\operatorname{Det}(\boldsymbol{A}^{-1}) = 1/\operatorname{Det}(\boldsymbol{A})$.

Lösung: Aus $\boldsymbol{A}^{-1}\boldsymbol{A} = \boldsymbol{E}$ und $\operatorname{Det}(\boldsymbol{E}) = 1$ folgt mit der ersten Behauptung des Satzes 5.4: $\operatorname{Det}(\boldsymbol{A}^{-1}\boldsymbol{A}) = \operatorname{Det}(\boldsymbol{A}^{-1})\operatorname{Det}(\boldsymbol{A}) = 1$. ■

5.2 Verallgemeinerung auf (n, n)-Matrizen

Die **Determinante** einer reellen $(3, 3)$-Matrix

$$\boldsymbol{A} = \begin{bmatrix} a_{11} & a_{12} & a_{13} \\ a_{21} & a_{22} & a_{23} \\ a_{31} & a_{32} & a_{33} \end{bmatrix}$$

ist die reelle Zahl

$$a_{11}a_{22}a_{33} + a_{12}a_{23}a_{31} + a_{13}a_{21}a_{32} - a_{13}a_{22}a_{31} - a_{11}a_{23}a_{32} - a_{12}a_{21}a_{33}.$$

Beispiel 5.4

Berechnen Sie die Determinante von

$$\boldsymbol{A} = \begin{bmatrix} 1 & 1 & 2 \\ 2 & 4 & -3 \\ 3 & 6 & -5 \end{bmatrix}.$$

Lösung: Es ist

$$\begin{aligned} \operatorname{Det}(\boldsymbol{A}) =& (1)(4)(-5) + (1)(-3)(3) + (2)(2)(6) \\ & - (2)(4)(3) - (1)(-3)(6) - (1)(2)(-5) \\ =& -1. \end{aligned}$$ ■

Ist $\boldsymbol{A} \in \mathbf{R}^{3\times 3}$, dann gilt

$$\begin{aligned}
\operatorname{Det}(\boldsymbol{A}) =& a_{11}a_{22}a_{33} + a_{12}a_{23}a_{31} + a_{13}a_{21}a_{32} \\
& - a_{13}a_{22}a_{31} - a_{11}a_{23}a_{32} - a_{12}a_{21}a_{33} \\
=& a_{11}(a_{22}a_{33} - a_{23}a_{32}) - a_{12}(a_{21}a_{33} - a_{23}a_{32}) \\
& - a_{13}(a_{21}a_{32} - a_{22}a_{31}) \\
=& a_{11}\operatorname{Det}(\boldsymbol{A}_{11}) - a_{12}\operatorname{Det}(\boldsymbol{A}_{12}) + a_{13}\operatorname{Det}(\boldsymbol{A}_{13}),
\end{aligned}$$

wobei $\boldsymbol{A}_{1j} \in \mathbf{R}^{2\times 2}$ für $j = 1, 2, 3$ diejenigen Matrizen sind, die man erhält, wenn man die erste Zeile und die j-te Spalte der Matrix $\boldsymbol{A} \in \mathbf{R}^{3\times 3}$ streicht. Wir sagen, die Determinante wurde nach der ersten Zeile entwickelt. Auch die Entwicklung nach anderen Zeilen und Spalten ist möglich. Die Entwicklung nach der ersten Spalte ergibt

$$\operatorname{Det}(\boldsymbol{A}) = a_{11}\operatorname{Det}(\boldsymbol{A}_{11}) - a_{21}\operatorname{Det}(\boldsymbol{A}_{21}) + a_{31}\operatorname{Det}(\boldsymbol{A}_{31}).$$

Die allgemeine Rechenvorschrift für $n\times n$-Matrizen ist nach dem französischen Mathematiker LAPLACE benannt.

Satz 5.5 (Laplacescher Entwicklungssatz)
Die Determinante einer beliebigen Matrix $\boldsymbol{A} \in \mathbf{R}^{n\times n}$ lässt sich durch

$$\operatorname{Det}(\boldsymbol{A}) = \sum_{j=1}^{n} (-1)^{i+j} a_{ij} \operatorname{Det}(\boldsymbol{A}_{ij})$$

berechnen; dies ist eine Entwicklung nach der i-ten Zeile ($i = 1, 2, \ldots, n$). Analog ergibt sich die Entwicklung nach der j-ten Spalte als Berechnungsformel für die Determinante von $\boldsymbol{A}$

$$\operatorname{Det}(\boldsymbol{A}) = \sum_{i=1}^{n} (-1)^{i+j} a_{ij} \operatorname{Det}(\boldsymbol{A}_{ij}),$$

für $j = 1, 2, \ldots, n$.

Beispiel 5.5

Berechnen Sie die Determinante von

$$\boldsymbol{A} = \begin{bmatrix} 1 & 1 & 2 \\ 2 & 4 & -3 \\ 3 & 6 & -5 \end{bmatrix}$$

indem Sie nach der zweiten Zeile entwickeln.

Lösung: Nach dem LAPLACEschen Entwicklungssatz gilt für $i = 2$

$$\begin{aligned}
\operatorname{Det}(\boldsymbol{A}) &= \sum_{j=1}^{3}(-1)^{2+j}a_{2j}\operatorname{Det}(\boldsymbol{A}_{2j}) \\
&= (-1)^3 a_{21}\operatorname{Det}(\boldsymbol{A}_{21}) + (-1)^4 a_{22}\operatorname{Det}(\boldsymbol{A}_{22}) + (-1)^5 a_{23}\operatorname{Det}(\boldsymbol{A}_{23}) \\
&= -a_{21}\operatorname{Det}(\boldsymbol{A}_{21}) + a_{22}\operatorname{Det}(\boldsymbol{A}_{22}) - a_{23}\operatorname{Det}(\boldsymbol{A}_{23}) \\
&= -(2)\operatorname{Det}\begin{bmatrix} 1 & 2 \\ 6 & -5 \end{bmatrix} + (4)\operatorname{Det}\begin{bmatrix} 1 & 2 \\ 3 & -5 \end{bmatrix} - (-3)\operatorname{Det}\begin{bmatrix} 1 & 1 \\ 3 & 6 \end{bmatrix} \\
&= -(2)(-17) + (4)(-11) - (-3)(3) \\
&= -1.
\end{aligned}$$

Vergleichen Sie hierzu Beispiel 5.4. ■

Wir halten fest, dass der Wert einer Determinante unabhängig von der Zeile oder Spalte ist, nach der wir entwickeln. Für die *praktische Berechnung* wählen wir die Zeile oder Spalte aus, die die meisten Nullen besitzt, um den Rechenaufwand zu minimieren. Die Vorzeichen der Terme ändern abwechselnd ihr Vorzeichen.

Wir fassen alle Rechenregeln für Determinanten, die wir für $(2,2)$-Matrizen behandelt haben, zu einem Satz (ohne Beweis) zusammen.

Satz 5.6 (Rechenregeln für die Determinante einer (n,n)-Matrix)
Für die Determinante einer beliebigen (n,n)-Matrix gelten die folgenden Regeln:

(a) Der Wert einer Determinante ändert sich durch Transponieren nicht.

(b) Vertauschen wir zwei Zeilen (oder Spalten), dann ändert sich das Vorzeichen der Determinante.

(c) Multiplizeren wir die Elemente einer beliebigen Zeile (oder Spalte) mit einer rellen Konstanten c, dann wird die Determinante mit c multipliziert.

(d) Besitzen die Elemente einer Zeile (oder Spalte) einen gemeinsamen Faktor c, dann dürfen wir diesen vor die Determinante ziehen.

(e) Der Wert einer Determinante ändert sich nicht, wenn wir zu einer Zeile (oder Spalte) ein beliebiges Vielfaches einer anderen Zeile (oder Spalte) addieren.

(f) Eine (n, n)-Matrix ist gleich Null, wenn sie eine der folgenden Bedingungen erfüllt:

- Alle Elemente einer Zeile (oder Spalte) sind Null.
- Zwei Zeilen (oder Spalten) stimmen überein.
- Zwei Zeilen (oder Spalten) sind zueinander proportional.

(g) Für zwei Matrizen $\boldsymbol{A}$ und $\boldsymbol{B}$ gilt immer $\text{Det}(\boldsymbol{AB}) = \text{Det}(\boldsymbol{A})\text{Det}(\boldsymbol{B})$.

(h) Die Determinante einer oberen oder unteren Dreiecksmatrix ist das Produkt der Diagonalelemente.

(i) Für eine invertierbare Matrix $\boldsymbol{A}$ ist $\text{Det}(\boldsymbol{A}^{-1}) = 1/\text{Det}(\boldsymbol{A})$ und für die Einheitsmatrix $\boldsymbol{E} \in \mathbf{R}^{n \times n}$ gilt $\text{Det}(\boldsymbol{E}) = 1$.

Determinanten und Invertierbarkeit

Satz 5.7
Eine Matrix $\boldsymbol{A} \in \mathbf{R}^{n \times n}$ ist genau dann invertierbar, wenn $\text{Det}(\boldsymbol{A}) \neq 0$.

Beispiel 5.6

Zeigen Sie, dass die Matrix

$$\boldsymbol{A} = \begin{bmatrix} 1 & 1 & 2 \\ 2 & 4 & -3 \\ 3 & 6 & -5 \end{bmatrix}$$

invertierbar ist.

Lösung: Nach Beispiel 5.4 wissen wir, dass $\text{Det}(\boldsymbol{A}) = -1$ ist, also ungleich Null ist, also existiert $\boldsymbol{A}^{-1}$. Damit ist jedes Gleichungssystem, das $\boldsymbol{A}$ als Koeffizientenmatrix hat, eindeutig lösbar. ∎

5.3 Determinanten und lineare Systeme

Da eine Matrix $\boldsymbol{A} \in \mathbf{R}^{n \times n}$ genau dann invertierbar ist, wenn die Determinante $\text{Det}(\boldsymbol{A})$ ungleich Null ist, hat ein lineares System $\boldsymbol{Ax} = \boldsymbol{b}$ die eindeutige Lösung $\boldsymbol{x} = \boldsymbol{A}^{-1}\boldsymbol{b}$.

Satz 5.8
Ein quadratisches inhomogenes lineares Gleichungssystem $\boldsymbol{Ax} = \boldsymbol{b}$ ist genau dann für jede rechte Seite $\boldsymbol{b}$ lösbar, wenn $\text{Det}(\boldsymbol{A}) \neq 0$ ist.

Beispiel 5.7

Berechnen Sie die Lösung des linearen Systems

$$\underbrace{\begin{bmatrix} 1 & 1 & 2 \\ 2 & 4 & -3 \\ 3 & 6 & -5 \end{bmatrix}}_{\boldsymbol{A}} \underbrace{\begin{bmatrix} x_1 \\ x_2 \\ x_3 \end{bmatrix}}_{\boldsymbol{x}} = \underbrace{\begin{bmatrix} 9 \\ 1 \\ 0 \end{bmatrix}}_{\boldsymbol{b}}.$$

Lösung: Nach Beispiel 5.6 ist die Matrix $\boldsymbol{A}$ invertierbar, also gibt es zu jeder rechten Seite $\boldsymbol{b}$ genau eine Lösung, insbesondere zu $\boldsymbol{b} = (9, 1, 0)$. Somit ist

$$\boldsymbol{x} = \boldsymbol{A}^{-1}\boldsymbol{b} = \begin{bmatrix} 2 & -17 & 11 \\ -1 & 11 & -7 \\ 0 & 3 & -2 \end{bmatrix} \begin{bmatrix} 9 \\ 1 \\ 0 \end{bmatrix} = \begin{bmatrix} 1 \\ 2 \\ 3 \end{bmatrix}$$

die eindeutige Lösung ∎

Satz 5.9
Notwendig und hinreichend für die Existenz einer nicht trivialen Lösung $\boldsymbol{x} \neq \boldsymbol{o}$ des homogenen quadratischen linearen Systems $\boldsymbol{Ax} = \boldsymbol{o}$ ist, dass $\text{Det}(\boldsymbol{A}) = 0$ ist.

Hat ein homogenes lineares Gleichungssystem eine nicht triviale Lösung, so müssen es unendlich viele Lösungen sein.

Beispiel 5.8

Zeigen Sie, dass das homogene lineare System

$$\begin{aligned} 2x_1 + 4x_2 \phantom{{}- x_3} &= 0 \\ x_1 - x_2 - x_3 &= 0 \\ 3x_2 + x_3 &= 0. \end{aligned}$$

eine nicht triviale Lösung hat und geben Sie alle Lösungen an.

Lösung: Für die Koeffizientenmatrix

$$\boldsymbol{A} = \begin{bmatrix} 2 & 4 & 0 \\ 1 & -1 & -1 \\ 0 & 3 & 1 \end{bmatrix}$$

gilt $\text{Det}(\boldsymbol{A}) = 0$, also hat das homogene System nicht triviale Lösungen. Zum Beispiel mit dem GAUSS-Verfahren findet man die Lösungen

$$x_1 = -2t,\ x_2 = t,\ x_3 = -3t,$$

wobei t ein reeller Parameter ist. ■

Ist die Determinante einer quadratischen Koeffizientenmatrix $\boldsymbol{A}$ von Null verschieden, das heißt $\text{Det}(\boldsymbol{A}) \neq 0$, so hat das lineare System $\boldsymbol{Ax} = \boldsymbol{b}$ für jede rechte Seite $\boldsymbol{b}$ die Lösung

$$\boldsymbol{x} = \boldsymbol{A}^{-1}\boldsymbol{b}.$$

Ist die Determinante dagegen Null, welche Konsequenzen hat dies für $\boldsymbol{Ax} = \boldsymbol{b}$? Das lineare System $\boldsymbol{Ax} = \boldsymbol{b}$ kann dann nur entweder unendlich viele Lösungen haben oder aber keine. Dies hängt von der rechten Seite $\boldsymbol{b}$ ab. In jedem Fall hat das homogene System $\boldsymbol{Ax} = \boldsymbol{o}$ (Satz 5.9) unendlich viele Lösungen bzw. der Nullraum von $\boldsymbol{A}$ ist nicht gleich dem Nullvektorraum $\{\boldsymbol{o}\}$. Hat das inhomogene System eine Lösung $\bar{\boldsymbol{x}}$, dann hat es unendlich viele und mit Satz 4.11 haben diese die Form

$$\bar{\boldsymbol{x}} + c_1\boldsymbol{v}_1 + c_2\boldsymbol{v}_2 + \cdots + c_r\boldsymbol{v}_r,$$

wobei $\boldsymbol{v}_1, \boldsymbol{v}_2, \ldots, \boldsymbol{v}_r$ eine Basis vom Nullraum von $\boldsymbol{A}$ und $c_1, c_2, \ldots, c_r$ reelle Zahlen sind.

Beispiel 5.9

Berechnen Sie die Determinante von

$$\boldsymbol{A} = \begin{bmatrix} 1 & 2 \\ 3 & 6 \end{bmatrix}.$$

Was bedeutet dies für die Lösbarkeit und die Lösungen eines linearen Gleichungssystems mit $\boldsymbol{A}$ als Koeffizientenmatrix?

Lösung: Es gilt

$$\text{Det}(\boldsymbol{A}) = 1 \cdot 6 - 3 \cdot 2 = 6 - 6 = 0.$$

Das homogene System $\boldsymbol{Ax} = \boldsymbol{o}$ hat unendlich viele Lösungen, siehe auch Beispiel 4.6. Alle Punkte auf der Ursprungsgeraden, die durch $x_1 + 2x_2 = 0$ beschrieben wird, sind Lösungen. Ist $\boldsymbol{A}$ die Koeffizientenmatrix eines linearen Systems $\boldsymbol{Ax} = \boldsymbol{b}$, so hat dieses entweder keine oder aber unendlich viele Lösungen; dies hängt dann von der rechten Seite $\boldsymbol{b}$ ab. Hat es eine Lösung, wie zum Beispiel in Beispiel 1.9, dann unendlich viele, nämlich alle Punkte auf der Geraden durch die Teillösung $\bar{\boldsymbol{x}} = (4, 0)$ parallel zur Geraden mit der Koordinatengleichung $x_1 + 2x_2 = 0$ (Satz 4.11). Für keine rechte Seite $\boldsymbol{b}$ ist $\boldsymbol{Ax} = \boldsymbol{b}$ eindeutig lösbar. ∎

Die Cramersche Regel

Determinanten können zur Lösung linearer Gleichungssysteme mit n Gleichungen und n Variablen verwendet werden, wenn das System eindeutig lösbar ist, was genau dann der Fall ist, wenn die Determinante der Koeffizientenmatrix ungleich Null ist, siehe Satz 5.7. Wir betrachten zunächst diese Lösungsmethode, die CRAMER*sche Regel* genannt wird, für $n = 2$ und verallgemeinern dann das Verfahren auf beliebiges n in Satz 5.10.

Das Gleichungssystem

$$\begin{aligned} a_{11}x_1 + a_{12}x_2 &= b_1 \\ a_{21}x_1 + a_{22}x_2 &= b_2 \end{aligned}$$

kann man in die beiden Gleichungen

$$(a_{11}a_{22} - a_{12}a_{21})x_1 = b_1a_{22} - a_{12}b_2$$

und

$$(a_{11}a_{22} - a_{12}a_{21})x_2 = a_{11}b_2 - b_1a_{21}$$

mit nur jeweils einer Unbekannten umwandeln. Die erste Gleichung entsteht, wenn man die erste Gleichung des Systems mit a_{22} und die zweite mit $(-a_{12})$ multipliziert und beide Gleichungen addiert. Die zweite Gleichung erhält man aus dem Gleichungssystem durch Multiplikation der ersten Gleichung mit $(-a_{21})$, der zweiten mit a_{11} und anschließender Addition. Mit der Determinanten-Definition kann man die beiden Gleichungen auch in der Form

$$\operatorname{Det}(\boldsymbol{A})x_1 = \operatorname{Det}(\boldsymbol{A}_1) \quad \text{und} \quad \operatorname{Det}(\boldsymbol{A})x_2 = \operatorname{Det}(\boldsymbol{A}_2)$$

schreiben, wobei

$$\boldsymbol{A} = \begin{bmatrix} a_{11} & a_{12} \\ a_{21} & a_{22} \end{bmatrix}$$

die Koeffizientenmatrix und die Matrizen

$$A_1 = \begin{bmatrix} b_1 & a_{12} \\ b_2 & a_{22} \end{bmatrix} \quad \text{und} \quad A_2 = \begin{bmatrix} a_{11} & b_1 \\ a_{21} & b_2 \end{bmatrix}$$

aus $\boldsymbol{A}$ entstehen, wenn man die Spalte der Unbekannten, die berechnet werden soll, durch $\boldsymbol{b} = (b_1, b_2)$ ersetzt. Daraus folgt für $\text{Det}(\boldsymbol{A}) \neq 0$

$$x_1 = \frac{\text{Det}(\boldsymbol{A}_1)}{\text{Det}(\boldsymbol{A})} \quad \text{und} \quad x_2 = \frac{\text{Det}(\boldsymbol{A}_2)}{\text{Det}(\boldsymbol{A})}.$$

Ist $\text{Det}(\boldsymbol{A}) = 0$, aber ist mindestens ein $\text{Det}(\boldsymbol{A}_j) \neq 0$, so entsteht der Widerspruch $0x_j = \text{Det}(\boldsymbol{A}_j) \neq 0$ und es existiert keine Lösung.

Satz 5.10 (Cramersche Regel)
Ein lineares System $\boldsymbol{Ax} = \boldsymbol{b}$ von n Gleichungen und n Unbekannten mit $\text{Det}(\boldsymbol{A}) \neq 0$ ist eindeutig lösbar. Die Lösung ist gegeben durch

$$x_1 = \frac{\text{Det}(\boldsymbol{A}_1)}{\text{Det}(\boldsymbol{A})}, \ x_2 = \frac{\text{Det}(\boldsymbol{A}_2)}{\text{Det}(\boldsymbol{A})}, \ \cdots, x_n = \frac{\text{Det}(\boldsymbol{A}_n)}{\text{Det}(\boldsymbol{A})},$$

wobei die Matrix $\boldsymbol{A}_j$ dadurch entsteht, dass die j-te Spalte von $\boldsymbol{A}$ durch $\boldsymbol{b} = (b_1, b_2, \ldots, b_n)$ ersetzt wird.

Beispiel 5.10

Lösen Sie das lineare Gleichungssystem

$$\begin{aligned} x + y + 2z &= 9 \\ 2x + 4y - 3z &= 1 \\ 3x + 6y - 5z &= 0 \end{aligned}$$

mit der Cramerschen Regel, siehe Beispiel 1.6.

Lösung: Aus

$$\boldsymbol{A} = \begin{bmatrix} 1 & 1 & 2 \\ 2 & 4 & -3 \\ 3 & 6 & -5 \end{bmatrix} \quad \boldsymbol{A}_1 = \begin{bmatrix} 9 & 1 & 2 \\ 1 & 4 & -3 \\ 0 & 6 & -5 \end{bmatrix}$$

und

$$\boldsymbol{A}_2 = \begin{bmatrix} 1 & 9 & 2 \\ 2 & 1 & -3 \\ 3 & 0 & -5 \end{bmatrix} \quad \boldsymbol{A}_3 = \begin{bmatrix} 1 & 1 & 9 \\ 2 & 4 & 1 \\ 3 & 6 & 0 \end{bmatrix}$$

erhalten wir

$$x_1 = \frac{\text{Det}(\boldsymbol{A}_1)}{\text{Det}(\boldsymbol{A})} = \frac{-1}{-1} = 1, \; x_2 = \frac{\text{Det}(\boldsymbol{A}_2)}{\text{Det}(\boldsymbol{A})} = \frac{-2}{-1} = 2,$$

und

$$x_3 = \frac{\text{Det}(\boldsymbol{A}_3)}{\text{Det}(\boldsymbol{A})} = \frac{-3}{-1} = 3. \quad \blacksquare$$

5.4 Weitere Bemerkungen und Hinweise

Gabriel Cramer war ein Schweizer Mathematiker, der von 1704 bis 1752 lebte und außer der Mathematik viele andere Interessen hatte. So schrieb er zum Beispiel über Rechts- und Staatsphilosophie. Es wird berichtet, dass Überarbeitung sowie der Sturz von einer Kutsche wahrscheinlich zu seinem Tod führte.

Die Lösung eines Systems von n Gleichungen und n Variablen nach der Cramerschen Regel erfordert die Berechnung von $n+1$ Determinanten. Da dies sehr aufwendig ist, ist das Gauss-Verfahren die bevorzugte Methode, um quadratische lineare Systeme zu lösen.

Aufgaben

5.1 Die Determinante einer (n, n)-Matrix ist

☐ eine Matrix, ☐ eine reelle Zahl,
☐ eine Abbildung (Funktion), ☐ ein Vektor.

5.2 Es seien $\boldsymbol{A}, \boldsymbol{Z} \in \mathbf{R}^{n \times n}$ und $\boldsymbol{Z}$ gehe aus $\boldsymbol{A}$ durch elementare Zeilenumformungen hervor. Welche der folgenden Aussagen ist (oder sind) falsch?

☐ $\text{Det}(\boldsymbol{A}) = 0$ genau dann, wenn $\text{Det}(\boldsymbol{Z}) = 0$.
☐ $\text{Det}(\boldsymbol{A}) = \text{Det}(\boldsymbol{Z})$.
☐ $\text{Det}(\boldsymbol{A}) = c\text{Det}(\boldsymbol{Z})$ für ein $c \in \mathbf{R}$, $c \neq 0$.

5.3 Welche der folgenden Aussagen ist richtig? Für $\boldsymbol{A} \in \mathbf{R}^{n \times n}$ gilt:

☐ $\text{Det}(\boldsymbol{A}) = 0$, daraus folgt $\text{Rang}(\boldsymbol{A}) = 0$.

□ $\mathrm{Det}(\boldsymbol{A}) = 0$, genau dann, wenn $\mathrm{Rang}(\boldsymbol{A}) \leq n-1$.

□ $\mathrm{Det}(\boldsymbol{A}) = 0$, daraus folgt $\mathrm{Rang}(\boldsymbol{A}) = n$.

5.4 Welche der folgenden Aussagen ist (sind) falsch?

□ $\mathrm{Det}(\boldsymbol{A}) = 1$, daraus folgt $\boldsymbol{A} = \boldsymbol{E}_n$.

□ $\mathrm{Det}(\boldsymbol{A}) = 1$ für $\boldsymbol{A} = \boldsymbol{E}_n$.

□ $\mathrm{Det}(c\boldsymbol{E}_n) = c^n$ für $c \in \mathbf{R}$.

5.5 Welche der folgenden Aussagen ist für alle $\boldsymbol{A}, \boldsymbol{B}, \boldsymbol{C} \in \mathbf{R}^{n\times n}$ und $c \in \mathbf{R}$ richtig?

□ $\mathrm{Det}(\boldsymbol{A}+\boldsymbol{B}) = \mathrm{Det}(\boldsymbol{A}) + \mathrm{Det}(\boldsymbol{B})$.

□ $\mathrm{Det}(c\boldsymbol{A}) = c\mathrm{Det}(\boldsymbol{A})$.

□ $\mathrm{Det}((\boldsymbol{A}\boldsymbol{B})\boldsymbol{C}) = \mathrm{Det}(\boldsymbol{A})\mathrm{Det}(\boldsymbol{B})\mathrm{Det}(\boldsymbol{C})$.

5.6 $\mathrm{Det}\begin{bmatrix} \cos\phi & -\sin\phi \\ \sin\phi & \cos\phi \end{bmatrix} =$

□ $\cos(2\phi)$ □ 0 □ 1

5.7 Berechnen Sie die Lösung des linearen Systems

$$\begin{aligned} x_1 - 2x_2 &= 1 \\ 3x_1 + 2x_2 &= 11 \end{aligned}$$

mit der CRAMERschen Regel.

Sie sollten nun mit folgenden Begriffen umgehen können

Determinante, LAPLACEscher Entwicklungssatz, CRAMERsche Regel.

6 Eigenwerte und Eigenvektoren

Ist $\boldsymbol{A} \in \mathbf{R}^{n\times n}$ und $\boldsymbol{x} \in \mathbf{R}^n$, so liegen zwar beide Vektoren $\boldsymbol{x}$ und $\boldsymbol{Ax}$ im Vektorraum $\mathbf{R}^n$, aber es gibt im Allgemeinen keine geometrische Beziehung zwischen ihnen, siehe Bild 6.1.

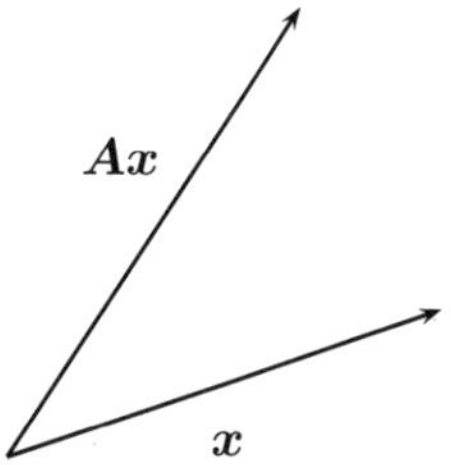

Bild 6.1: $\boldsymbol{x}$ und $\boldsymbol{Ax}$

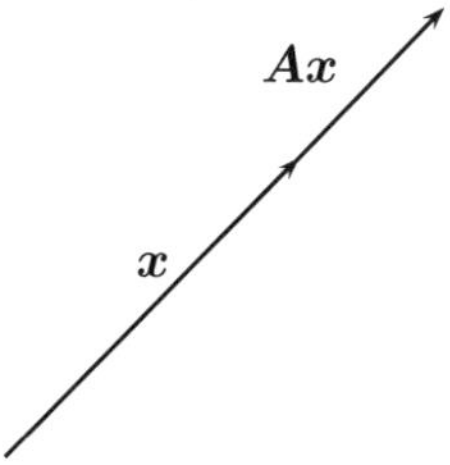

Bild 6.2: $\boldsymbol{x}$ und $\boldsymbol{Ax}$ parallel

Oftmals existieren jedoch von Null verschiedene Vektoren $\boldsymbol{x}$, sodass $\boldsymbol{x}$ und $\boldsymbol{Ax}$ parallel sind, das heißt, $\boldsymbol{x}$ und $\boldsymbol{Ax}$ sind skalare Vielfache voneinander, siehe Bild 6.2.

Solche Vektoren ergeben sich in natürlicher Weise bei der Untersuchung von *elektrischen Systemen*, *mechanischen Schwingungen*, *chemischen Reaktionen* sowie aus der *Genetik*, *Quantenmechanik*, *Ökonomie* und *Geometrie*. In diesem Kapitel wollen wir zeigen, wie man diese Vektoren findet. Beachten Sie, dass für $\boldsymbol{x} = \boldsymbol{o}$ auch $\boldsymbol{Ao} = \boldsymbol{o}$ ist, das heißt, $\boldsymbol{Ao}$ ist ein Vielfaches des Nullvektors. Daher sind wir wirklich nur an solchen Vektoren in $\mathbf{R}^n$ interessiert, die nicht gleich dem Nullvektor sind.

Ist λ eine reelle Zahl und $\boldsymbol{x} \neq \boldsymbol{o}$ ein Vektor in $\mathbf{R}^n$ mit

$$\boldsymbol{Ax} = \lambda \boldsymbol{x},$$

so sagen wir, dass λ ein **Eigenwert** von $\boldsymbol{A}$ ist und $\boldsymbol{x}$ ein zu λ dazugehöriger **Eigenvektor**.

Beispiel 6.1

Zeigen Sie, dass der Vektor $\boldsymbol{x} = (1,1)$ ein Eigenvektor der Matrix

$$\begin{bmatrix} 1 & 1 \\ -2 & 4 \end{bmatrix}$$

zum Eigenwert $\lambda = 2$ ist.

Lösung: Es gilt

$$\boldsymbol{A}\boldsymbol{x} = \begin{bmatrix} 1 & 1 \\ -2 & 4 \end{bmatrix} \begin{bmatrix} 1 \\ 1 \end{bmatrix} = \begin{bmatrix} 2 \\ 2 \end{bmatrix} = 2\boldsymbol{x},$$

das heißt, $\boldsymbol{x} = (1,1)$ ist ein Eigenvektor zum Eigenwert $\lambda = 2$. ∎

Eigenwerte und -vektoren können im $\mathbf{R}^2$ und $\mathbf{R}^3$ geometrisch interpretiert werden. Ist $\boldsymbol{x}$ ein Eigenvektor von $\boldsymbol{A}$ zum Eigenwert λ, also $\boldsymbol{A}\boldsymbol{x} = \lambda\boldsymbol{x}$, so führt die Multiplikation von $\boldsymbol{x}$ mit $\boldsymbol{A}$ zu einer *Streckung* oder *Stauchung* von $\boldsymbol{x}$, wobei für negatives λ noch eine Richtungsumkehrung dazukommt, siehe Bild 6.3.

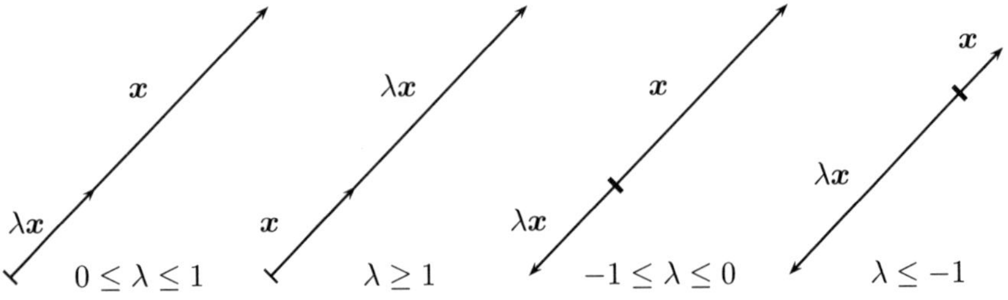

Bild 6.3: $\boldsymbol{x}$ und $\lambda\boldsymbol{x}$

6.1 Wie berechnet man Eigenwerte und Eigenvektoren?

Hierzu schreiben wir die Gleichung $\boldsymbol{A}\boldsymbol{x} = \lambda\boldsymbol{x}$ als

$$\boldsymbol{A}\boldsymbol{x} = \lambda\boldsymbol{E}_n\boldsymbol{x} \quad \text{oder äquivalent} \quad (\lambda\boldsymbol{E}_n - \boldsymbol{A})\boldsymbol{x} = \boldsymbol{o}.$$

Damit λ ein Eigenwert von $\boldsymbol{A}$ ist, muss diese Vektorgleichung bzw. dieses homogene lineare Gleichungssystem eine nicht triviale Lösung besitzen. Nach Satz 5.9 ist dies genau dann der Fall, wenn

$$\text{Det}(\lambda\boldsymbol{E}_n - \boldsymbol{A}) = 0.$$

Diese Gleichung heißt **charakteristische Gleichung** von $\boldsymbol{A}$; ihre Lösungen sind die Eigenwerte von $\boldsymbol{A}$. Berechnet man $\mathrm{Det}(\lambda \boldsymbol{E}_n - \boldsymbol{A}) = 0$, so ergibt sich ein Polynom in λ, das als **charakteristisches Polynom** von $\boldsymbol{A}$ bezeichnet wird. Das charakteristische Polynom einer Matrix aus $\mathbf{R}^{n\times n}$ hat den Grad n und den führenden Koeffizienten 1. Demzufolge hat das charakteristische Polynom einer (n, n)-Matrix die Form

$$\lambda^n + a_{n-1}\lambda^{n-1} + \cdots + a_1\lambda + a_0.$$

Da die charakteristische Gleichung

$$\lambda^n + a_{n-1}\lambda^{n-1} + \cdots + a_1\lambda + a_0 = 0$$

nach dem *Fundamentalsatz der Algebra* höchstens n verschiedene Lösungen hat, besitzt eine (n, n)-Matrix höchstens n Eigenwerte.

Beispiel 6.2

Gegeben sei die Matrix

$$\boldsymbol{A} = \begin{bmatrix} 1 & 1 \\ -2 & 4 \end{bmatrix}.$$

Berechnen Sie die Eigenwerte und die dazugehörigen Eigenvektoren.

Lösung: Wir suchen alle reelle Zahlen λ und alle Vektoren $\boldsymbol{x} = (x_1, x_2)$, die der Gleichung

$$\begin{bmatrix} 1 & 1 \\ -2 & 4 \end{bmatrix} \begin{bmatrix} x_1 \\ x_2 \end{bmatrix} = \lambda \begin{bmatrix} x_1 \\ x_2 \end{bmatrix}$$

genügen. Ausgeschrieben erhalten wir

$$\begin{aligned} x_1 + x_2 &= \lambda x_1 \\ -2x_1 + 4x_2 &= \lambda x_2 \end{aligned}$$

bzw.

$$\begin{aligned} (\lambda - 1)x_1 - \qquad\quad x_2 &= 0 \\ 2x_1 + (\lambda - 4)x_2 &= 0. \end{aligned}$$

Dies ist ein homogenes lineares Gleichungssystem mit zwei Variablen und zwei Gleichungen, das nur dann eine nicht triviale Lösung hat, wenn die Determinante der Koeffizientenmatrix Null ist, also

$$\mathrm{Det} \begin{bmatrix} \lambda - 1 & -1 \\ 2 & \lambda - 4 \end{bmatrix} = 0.$$

Dies bedeutet

$$\lambda^2 - 5\lambda + 6 = 0$$

bzw. faktorisiert

$$(\lambda - 3)(\lambda - 2) = 0,$$

also sind

$$\lambda_1 = 2 \quad \text{und} \quad \lambda_2 = 3$$

die Eigenwerte der Matrix $\boldsymbol{A}$.

Um nun alle Eigenvektoren von $\boldsymbol{A}$ zum Eigenwert $\lambda_1 = 2$ zu finden, setzen wir 2 für λ in die Vektorgleichung

$$\begin{bmatrix} 1 & 1 \\ -2 & 4 \end{bmatrix} \begin{bmatrix} x_1 \\ x_2 \end{bmatrix} = \lambda \begin{bmatrix} x_1 \\ x_2 \end{bmatrix}$$

ein und erhalten

$$\begin{bmatrix} 1 & 1 \\ -2 & 4 \end{bmatrix} \begin{bmatrix} x_1 \\ x_2 \end{bmatrix} = 2 \begin{bmatrix} x_1 \\ x_2 \end{bmatrix},$$

bzw.

$$\begin{aligned} x_1 - x_2 &= 0 \\ 2x_1 - 2x_2 &= 0. \end{aligned}$$

Alle Lösungen dieses homogenen linearen Systems sind durch

$$\begin{aligned} x_1 &= x_2 \\ x_2 &= \text{jede reelle Zahl } t \end{aligned}$$

gegeben. Damit sind alle Eigenvektoren zum Eigenwert $\lambda_1 = 2$ durch (t, t) gegeben, wobei t jede reelle Zahl außer Null sein kann. Zum Beispiel ist für $t = 1$ $\boldsymbol{x}_1 = (1, 1)$ ein Eigenvektor zum Eigenwert $\lambda_1 = 2$.

Völlig analog findet man alle Eigenvektoren zum Eigenwert $\lambda_2 = 3$. Setzen wir 3 für λ in die Vektorgleichung

$$\begin{bmatrix} 1 & 1 \\ -2 & 4 \end{bmatrix} \begin{bmatrix} x_1 \\ x_2 \end{bmatrix} = \lambda \begin{bmatrix} x_1 \\ x_2 \end{bmatrix}$$

ein, so bekommen wir nach wenigen Umformungen das homogene lineare Gleichungssystem

$$\begin{aligned} 2x_1 - x_2 &= 0 \\ 2x_1 - x_2 &= 0. \end{aligned}$$

Alle Lösungen dieses Systems sind

$$\begin{aligned} x_1 &= 1/2x_2 \\ x_2 &= \text{jede reelle Zahl } t. \end{aligned}$$

Somit sind alle Eigenvektoren zum Eigenwert $\lambda_2 = 3$ durch $(t/2, t)$ gegeben, wobei t jede reelle Zahl außer Null sein kann. Insbesondere ist für $t = 2$ der Vektor $\boldsymbol{x}_2 = (1, 2)$ ein Eigenvektor zum Eigenwert $\lambda_2 = 3$. ∎

Das Beispiel 6.2 zeigt, wie **Eigenwertaufgaben**, das heißt, das Berechnen von Eigenwerten und Eigenvektoren, allgemein zu lösen sind.

Algorithmus 6.1 (Lösen der Eigenwertaufgabe)

Um Eigenwertaufgaben zu lösen, kann wie folgt vorgegangen werden.

1. Bestimme alle reellen Nullstellen des charakteristischen Polynoms $\mathrm{Det}(\lambda \boldsymbol{E}_n - \boldsymbol{A})$. Diese sind die Eigenwerte der Matrix $\boldsymbol{A}$.
2. Für jeden Eigenwert λ müssen alle nicht trivialen Lösungen des homogenen linearen Gleichungssystems $(\lambda \boldsymbol{E}_n - \boldsymbol{A})\boldsymbol{x} = \boldsymbol{o}$ gefunden werden. Diese sind dann die Eigenvektoren von $\boldsymbol{A}$ zum Eigenwert λ.

Beispiel 6.3

Bestimmen Sie die Eigenwerte und Eigenvektoren der Matrix

$$\boldsymbol{A} = \begin{bmatrix} 0 & 0 & -2 \\ 1 & 2 & 1 \\ 1 & 0 & 3 \end{bmatrix}.$$

Lösung: Die charakteristische Gleichung von $\boldsymbol{A}$ ist $\lambda^3 - 5\lambda^2 + 8\lambda - 4 = 0$ oder nach Faktorisierung $(\lambda - 1)(\lambda - 2)^2 = 0$. Also hat die Matrix $\boldsymbol{A}$ die Eigenwerte $\lambda = 1$ und $\lambda = 2$ und besitzt somit zwei Eigenräume. Nach Schritt 2 des Algorithmus 6.1 müssen wir nun zu den Eigenwerten $\lambda = 1$ und $\lambda = 2$ alle nicht trivialen Lösungen des homogenen Systems $(\lambda \boldsymbol{E}_3 - \boldsymbol{A})\boldsymbol{x} = \boldsymbol{0}$, das heißt von

$$\begin{bmatrix} \lambda & 0 & 2 \\ -1 & \lambda - 2 & -1 \\ -1 & 0 & \lambda - 3 \end{bmatrix} \begin{bmatrix} x_1 \\ x_2 \\ x_3 \end{bmatrix} = \begin{bmatrix} 0 \\ 0 \\ 0 \end{bmatrix}$$

suchen. Für $\lambda = 2$ ergibt sich

$$\begin{bmatrix} 2 & 0 & 2 \\ -1 & 0 & -1 \\ -1 & 0 & -1 \end{bmatrix} \begin{bmatrix} x_1 \\ x_2 \\ x_3 \end{bmatrix} = \begin{bmatrix} 0 \\ 0 \\ 0 \end{bmatrix}.$$

Die allgemeine Lösung (bzw. der Eigenraum von $\boldsymbol{A}$ zum Eigenwert $\lambda = 2$) ist durch

$$x_1 = -t, \quad x_2 = s, \quad x_3 = t$$

s, t reelle Parameter gegeben. Damit sind die Eigenvektoren zum Eigenwert $\lambda = 2$ die von Null verschiedenen Vektoren der Form

$$\boldsymbol{x} = \begin{bmatrix} -t \\ s \\ t \end{bmatrix} = t \begin{bmatrix} -1 \\ 0 \\ 1 \end{bmatrix} + s \begin{bmatrix} 0 \\ 1 \\ 0 \end{bmatrix}.$$

Da die Vektoren $(-1, 0, 1)$ und $(0, 1, 0)$ linear unabhängig sind, bilden sie eine Basis des Eigenraumes zu $\lambda = 2$. Für $\lambda = 1$ ergibt sich aus

$$\begin{bmatrix} 1 & 0 & 2 \\ -1 & -1 & -1 \\ -1 & 0 & -2 \end{bmatrix} \begin{bmatrix} x_1 \\ x_2 \\ x_3 \end{bmatrix} = \begin{bmatrix} 0 \\ 0 \\ 0 \end{bmatrix}.$$

die allgemeine Lösung

$$x_1 = -2t, \quad x_2 = t, \quad x_3 = t$$

wobei t ein reeller Parameter ist. Also sind die Eigenvektoren zu $\lambda = 1$ die von Null verschiedenen Vektoren der Gestalt

$$\boldsymbol{x} = \begin{bmatrix} -2t \\ t \\ t \end{bmatrix} = t \begin{bmatrix} -2 \\ 1 \\ 1 \end{bmatrix},$$

sodass $(-2, 1, 1)$ den Eigenraum zu $\lambda = 1$ aufspannt. ∎

Die Eigenvektoren von $\boldsymbol{A} \in \mathbf{R}^{n \times n}$ zu einem Eigenwert λ sind die von Null verschiedenen Vektoren $\boldsymbol{x}$, die die Gleichung $\boldsymbol{A}\boldsymbol{x} = \lambda \boldsymbol{x}$ bzw. $(\lambda \boldsymbol{E}_n - \boldsymbol{A})\boldsymbol{x} = \boldsymbol{o}$ erfüllen. Wie wir wissen, bildet die Lösungsmenge eines homogenen Gleichungssystems einen Unterraum des Vektorraumes $\mathbf{R}^n$, den Nullraum. Deshalb ist auch die Lösungsmenge von $(\lambda \boldsymbol{E}_n - \boldsymbol{A})\boldsymbol{x} = \boldsymbol{o}$ ein Unterraum. Man nennt ihn den **Eigenraum von $\boldsymbol{A}$ zum Eigenwert** λ. Folglich ist jeder Vektor aus $N(\lambda\boldsymbol{E}_n - \boldsymbol{A})$, der nicht der Nullvektor ist, ein Eigenvektor von $\boldsymbol{A}$ zum Eigenwert λ. Dass Eigenräume zu verschiedenen Eigenwerten nur den Nullvektor gemeinsam haben, ist klar, denn es kann ja nicht $\boldsymbol{A}\boldsymbol{x} = \lambda\boldsymbol{x} = \mu\boldsymbol{x}$ sein, wenn $\lambda \neq \mu$ und $\boldsymbol{x} \neq \boldsymbol{o}$ ist. Es kann sogar gezeigt werden, dass Eigenvektoren zu verschiedenen Eigenwerten linear unabhängig sind.

Satz 6.1

Es seien $\lambda_1, \lambda_2, \ldots, \lambda_r$ paarweise verschiedene Eigenwerte von $\boldsymbol{A} \in \mathbf{R}^{n\times n}$ und $\boldsymbol{x}_1, \boldsymbol{x}_2, \ldots, \boldsymbol{x}_r$ die zugehörigen Eigenvektoren. Dann sind die Eigenvektoren $\boldsymbol{x}_1, \boldsymbol{x}_2, \ldots, \boldsymbol{x}_r$ linear unabhängig.

Natürlich kann es sein, dass das charakteristische Polynom komplexe Nullstellen hat. Im wichtigsten Fall aber, wenn die gegebene Matrix symmetrisch ist, sind alle Eigenwerte reell. Eigenwerte und Eigenvektoren von symmetrischen Matrizen behandeln wir in Abschnitt 6.4.

6.2 Diagonalisierung einer Matrix

Wir beschäftigen uns nun mit den beiden folgenden Fragen. Existiert zu einer gegebenen Matrix $\boldsymbol{A} \in \mathbf{R}^{n\times n}$ eine Basis des Vektorraumes $\mathbf{R}^n$, die aus Eigenvektoren von $\boldsymbol{A}$ besteht? Gibt es zu einer gegebenen Matrix $\boldsymbol{A} \in \mathbf{R}^{n\times n}$ eine invertierbare Matrix $\boldsymbol{X}$, sodass $\boldsymbol{X}^{-1}\boldsymbol{A}\boldsymbol{X}$ Diagonalform hat? Wir werden nun nachweisen, dass die erste Frage genau dann mit *ja* beantwortet werden kann, wenn auf die zweite Frage auch mit *ja* reagiert werden kann (Satz 6.2).

Angenommen $\boldsymbol{x}_1, \boldsymbol{x}_2, \ldots, \boldsymbol{x}_n$ sind linear unabhängige Eigenvektoren von $\boldsymbol{A} \in \mathbf{R}^{n\times n}$ zu den Eigenwerten $\lambda_1, \lambda_2, \ldots, \lambda_n$. Die Eigenvektorenmatrix $\boldsymbol{X}$ ist dann

$$\boldsymbol{X} = \begin{bmatrix} | & | & & | \\ \boldsymbol{x}_1 & \boldsymbol{x}_2 & \cdots & \boldsymbol{x}_n \\ | & | & & | \end{bmatrix}.$$

Bilden wir das Matrizenprodukt $\boldsymbol{A}\boldsymbol{X}$ und verwenden wir die spaltenweise Interpretation des Matrizenproduktes, so sind die Vektoren $\boldsymbol{A}\boldsymbol{x}_1, \boldsymbol{A}\boldsymbol{x}_2, \ldots, \boldsymbol{A}\boldsymbol{x}_n$ die Spaltenvektoren der Matrix $\boldsymbol{A}\boldsymbol{X}$, das heißt

$$\boldsymbol{A}\boldsymbol{X} = \begin{bmatrix} | & | & & | \\ \boldsymbol{A}\boldsymbol{x}_1 & \boldsymbol{A}\boldsymbol{x}_2 & \cdots & \boldsymbol{A}\boldsymbol{x}_n \\ | & | & & | \end{bmatrix}.$$

Da die Vektoren $\boldsymbol{x}_1$, $\boldsymbol{x}_2$, …, $\boldsymbol{x}_n$ Eigenvektoren von $\boldsymbol{A}$ sind, gilt

$$\begin{aligned}\boldsymbol{AX} &= \begin{bmatrix} | & | & & | \\ \boldsymbol{Ax}_1 & \boldsymbol{Ax}_2 & \cdots & \boldsymbol{Ax}_n \\ | & | & & | \end{bmatrix} \\ &= \begin{bmatrix} | & | & & | \\ \lambda_1\boldsymbol{x}_1 & \lambda_2\boldsymbol{x}_2 & \cdots & \lambda_n\boldsymbol{x}_n \\ | & | & & | \end{bmatrix} \\ &= \begin{bmatrix} | & | & & | \\ \boldsymbol{x}_1 & \boldsymbol{x}_2 & \cdots & \boldsymbol{x}_n \\ | & | & & | \end{bmatrix} \begin{bmatrix} \lambda_1 & & & \\ & \lambda_2 & & \\ & & \ddots & \\ & & & \lambda_n \end{bmatrix} \\ &= \boldsymbol{XD},\end{aligned}$$

wobei $\boldsymbol{D}$ die Diagonalmatrix ist, auf deren Diagonale die Eigenwerte λ_1, λ_2, …, λ_n, von $\boldsymbol{A}$ stehen. Da die Spaltenvektoren von $\boldsymbol{X}$ nach Voraussetzung linear unabhängig sind, ist $\boldsymbol{X}$ invertierbar. Multiplizieren wir die Matrizengleichung $\boldsymbol{AX} = \boldsymbol{XD}$ von links mit $\boldsymbol{X}^{-1}$, so gilt

$$\boldsymbol{X}^{-1}\boldsymbol{AX} = \boldsymbol{D}.$$

Eine Matrix $\boldsymbol{A} \in \mathbf{R}^{n\times n}$ ist **diagonalisierbar**, wenn es eine invertierbare Matrix $\boldsymbol{X} \in \mathbf{R}^{n\times n}$ gibt, sodass

$$\boldsymbol{X}^{-1}\boldsymbol{AX}$$

eine Diagonalmatrix ist.

Folglich ist eine Matrix $\boldsymbol{A}$ diagonalisierbar, wenn sie n linear unabhängige Eigenvektoren hat. Es gilt aber auch die Umkehrung, wie wir jetzt nachrechnen

Beispiel 6.4

Zeigen Sie, dass eine diagonalisierbare Matrix $\boldsymbol{A} \in \mathbf{R}^{n\times n}$ n linear unabhängige Eigenvektoren hat.

Lösung: Ist die Matrix $\boldsymbol{A}$ diagonalisierbar, so gibt es eine invertierbare Matrix

$$\boldsymbol{X} = \begin{bmatrix} | & | & & | \\ \boldsymbol{x}_1 & \boldsymbol{x}_2 & \cdots & \boldsymbol{x}_n \\ | & | & & | \end{bmatrix},$$

sodass $\boldsymbol{X}^{-1}\boldsymbol{A}\boldsymbol{X}$ Diagonalform hat. Also ist $\boldsymbol{X}^{-1}\boldsymbol{A}\boldsymbol{X} = \boldsymbol{D}$ mit

$$\boldsymbol{D} = \begin{bmatrix} \lambda_1 & & & \\ & \lambda_2 & & \\ & & \ddots & \\ & & & \lambda_n \end{bmatrix}.$$

Aus $\boldsymbol{X}^{-1}\boldsymbol{A}\boldsymbol{X} = \boldsymbol{D}$ folgt nach Multiplikation mit $\boldsymbol{X}^{-1}$ von links $\boldsymbol{A}\boldsymbol{X} = \boldsymbol{X}\boldsymbol{D}$, also

$$\begin{aligned} \boldsymbol{A}\boldsymbol{X} &= \boldsymbol{X}\boldsymbol{D} \\ &= \begin{bmatrix} | & | & & | \\ \boldsymbol{x}_1 & \boldsymbol{x}_2 & \cdots & \boldsymbol{x}_n \\ | & | & & | \end{bmatrix} \begin{bmatrix} \lambda_1 & & & \\ & \lambda_2 & & \\ & & \ddots & \\ & & & \lambda_n \end{bmatrix} \\ &= \begin{bmatrix} | & | & & | \\ \lambda_1\boldsymbol{x}_1 & \lambda_2\boldsymbol{x}_2 & \cdots & \lambda_n\boldsymbol{x}_n \\ | & | & & | \end{bmatrix}. \end{aligned}$$

Also sind $\lambda_1\boldsymbol{x}_1$, $\lambda_2\boldsymbol{x}_2, \ldots$, $\lambda_n\boldsymbol{x}_n$ die Spaltenvektoren der Produktmatrix $\boldsymbol{A}\boldsymbol{X}$. Andererseits sind nach der spaltenweisen Interpretation der Matrizenmultiplikation (siehe Abschnitt 1.6) die Vektoren $\boldsymbol{A}\boldsymbol{x}_1$, $\boldsymbol{A}\boldsymbol{x}_2$, …, $\boldsymbol{A}\boldsymbol{x}_n$ die Spaltenvektoren von $\boldsymbol{A}\boldsymbol{X}$. Damit muss

$$\boldsymbol{A}\boldsymbol{x}_1 = \lambda_1\boldsymbol{x}_1, \quad \boldsymbol{A}\boldsymbol{x}_2 = \lambda_1\boldsymbol{x}_2, \quad \ldots, \quad \boldsymbol{A}\boldsymbol{x}_n = \lambda_1\boldsymbol{x}_n$$

gelten. Da $\boldsymbol{X}$ invertierbar ist, sind alle Spalten der Matrix $\boldsymbol{X}$ vom Nullvektor verschieden und somit sind λ_1, λ_2, …, λ_n die Eigenwerte von $\boldsymbol{A}$ und $\boldsymbol{x}_1$, $\boldsymbol{x}_2$, …, $\boldsymbol{x}_n$ dazugehörige Eigenvektoren. Da $\boldsymbol{X}$ invertierbar ist, müssen die n Eigenvektoren linear unabhängig sein, also hat $\boldsymbol{A}$ n linear unabhängige Eigenvektoren. ∎

Damit münden die Anworten der Fragen 1 und 2 aus diesem Abschnitt in folgendem Satz.

Satz 6.2 (Diagonalisierbarkeit)
Eine Matrix $\boldsymbol{A} \in \mathbf{R}^{n\times n}$ ist genau dann diagonalierbar, wenn sie n linear unabhängige Eigenvektoren hat.

Algorithmus 6.2 (Diagonalisierung einer Matrix)

1. Bestimmen Sie (falls möglich) n linear unabhängige Eigenvektoren $\boldsymbol{x}_1$, $\boldsymbol{x}_2$, …, $\boldsymbol{x}_n$ von $\boldsymbol{A}$.
2. Bilden Sie die Eigenvektorenmatrix $\boldsymbol{X}$, wobei die Spaltenvektoren die Eigenvektoren $\boldsymbol{x}_1$, $\boldsymbol{x}_2$, …, $\boldsymbol{x}_n$ sind.
3. Das Matrixprodukt $\boldsymbol{X}^{-1}\boldsymbol{A}\boldsymbol{X}$ ist dann eine Diagonalmatrix (Eigenwertmatrix) $\boldsymbol{D}$ mit den Diagonalelementen λ_1, λ_2, …, λ_n, wobei für $i = 1, 2, \ldots, n$ das Element λ_i den Eigenwert zum Eigenvektor $\boldsymbol{x}_i$ darstellt.

Beispiel 6.5

Bestimmen Sie eine Eigenvektorenmatrix $\boldsymbol{X}$, die

$$\boldsymbol{A} = \begin{bmatrix} 1 & 1 \\ -2 & 4 \end{bmatrix}$$

diagonalisiert.

Lösung: Die charakteristische Gleichung von $\boldsymbol{A}$ ist

$$(\lambda - 2)(\lambda - 3) = 0.$$

Als Eigenraumbasen erhält man zum Beispiel

$$\lambda = 2: \quad \boldsymbol{x}_1 = (1, 1),$$

$$\lambda = 3: \quad \boldsymbol{x}_2 = (1, 2).$$

Eine Eigenvektorenmatrix $\boldsymbol{X}$ ist somit (die Vektoren $\boldsymbol{x}_1$ und $\boldsymbol{x}_2$ sind linear unabhängig)

$$\boldsymbol{X} = \begin{bmatrix} 1 & 1 \\ 1 & 2 \end{bmatrix}.$$

Damit gilt

$$\underbrace{\begin{bmatrix} 2 & -1 \\ -1 & 1 \end{bmatrix}}_{\boldsymbol{X}^{-1}} \underbrace{\begin{bmatrix} 1 & 1 \\ -2 & 4 \end{bmatrix}}_{\boldsymbol{A}} \underbrace{\begin{bmatrix} 1 & 1 \\ 1 & 2 \end{bmatrix}}_{\boldsymbol{X}} = \underbrace{\begin{bmatrix} 2 & 0 \\ 0 & 3 \end{bmatrix}}_{\boldsymbol{D}}. \quad \blacksquare$$

Beispiel 6.6

Bestimmen Sie eine Eigenvektorenmatrix $\boldsymbol{X}$, die

$$\boldsymbol{A} = \begin{bmatrix} 0 & 0 & -2 \\ 1 & 2 & 1 \\ 1 & 0 & 3 \end{bmatrix}$$

diagonalisiert.

Lösung: Die charakteristische Gleichung von $\boldsymbol{A}$ ist

$$(\lambda - 1)(\lambda - 2)^2 = 0.$$

Als Eigenraumbasen erhält man zum Beispiel

$$\lambda = 1: \quad \boldsymbol{x}_1 = (-2, 1, 1),$$

$$\lambda = 2: \quad \boldsymbol{x}_2 = (-1, 0, 1), \; \boldsymbol{x}_3 = (0, 1, 0).$$

Da es drei Basisvektoren gibt, ist die Matrix $\boldsymbol{A}$ diagonalisierbar mit

$$\boldsymbol{X} = \begin{bmatrix} -2 & -1 & 0 \\ 1 & 0 & 1 \\ 1 & 1 & 0 \end{bmatrix}.$$

Machen Sie die Probe und bestätigen Sie, dass gilt

$$\boldsymbol{X}^{-1}\boldsymbol{A}\boldsymbol{X} = \begin{bmatrix} 1 & 0 & 0 \\ 0 & 2 & 0 \\ 0 & 0 & 2 \end{bmatrix}. \quad \blacksquare$$

Es gibt keine festgelegte Reihenfolge für die Spaltenvektoren der Eigenvektorenmatrix $\boldsymbol{X}$. Daher führt eine Permutation der Spalten von $\boldsymbol{X}$ zu einer entsprechenden Permutation der Hauptdiagonalelemente von $\boldsymbol{X}^{-1}\boldsymbol{A}\boldsymbol{X}$.

Beispiel 6.7

Bestimmen Sie eine Eigenvektorenmatrix $\boldsymbol{X}$, die

$$\boldsymbol{A} = \begin{bmatrix} 1 & 0 & 0 \\ 1 & 2 & 0 \\ -3 & 0 & 2 \end{bmatrix}$$

diagonalisiert.

Lösung: Aus dem charakteristischen Polynom von $\boldsymbol{A}$ ergibt sich die charakteristische Gleichung

$$(\lambda - 1)(\lambda - 2)^2 = 0,$$

also hat $\boldsymbol{A}$ die Eigenwerte $\lambda = 1$ und $\lambda = 2$. Als Eigenraumbasen erhält man zum Beispiel

$$\lambda = 1: \quad \boldsymbol{x}_1 = (1/8, -1/6, 1),$$

$$\lambda = 2: \quad \boldsymbol{x}_2 = (0, 0, 1).$$

Also hat $\boldsymbol{A}$ nur zwei Eigenraumbasisvektoren und ist folglich nicht diagonalisierbar. ∎

Zusammen mit Satz 6.1 erhalten wir nun ein nützliches Kriterium dafür, wann eine Matrix diagonalisierbar ist.

Satz 6.3
Besitzt eine Matrix $\boldsymbol{A} \in \mathbf{R}^{n \times n}$ n paarweise verschiedene Eigenwerte, so ist $\boldsymbol{A}$ diagonalisierbar.

Satz 6.3 bietet keine Charakterisierung diagonalisierbarer Matrizen, da diese nicht notwendig n verschiedene Eigenwerte haben müssen. Der Satz 6.4 ist aber solch eine Charakterisierung (ohne Beweis).

Satz 6.4
Eine Matrix $\boldsymbol{A} \in \mathbf{R}^{n \times n}$ ist genau dann diagonalisierbar, wenn die Summe der Dimensionen ihrer Eigenräume gleich n ist.

6.3 Orthogonale Matrizen

Eine Matrix $\boldsymbol{Q} \in \mathbf{R}^{n \times n}$ heißt **orthogonal**, wenn alle Spaltenvektoren orthonormale Vektoren sind. Eigentlich treffender wäre es, eine solche Matrix als *orthonormale Matrix* zu bezeichnen. Dies hat sich aber leider bisher nicht durchgesetzt.

Ist $\boldsymbol{Q} \in \mathbf{R}^{n\times n}$ eine orthogonale Matrix, so gilt

$$\boldsymbol{Q}^{\mathrm{T}}\boldsymbol{Q} = \begin{bmatrix} - & \boldsymbol{q}_1^{\mathrm{T}} & - \\ - & \boldsymbol{q}_2^{\mathrm{T}} & - \\ & \vdots & \\ - & \boldsymbol{q}_n^{\mathrm{T}} & - \end{bmatrix} \begin{bmatrix} | & | & & | \\ \boldsymbol{q}_1 & \boldsymbol{q}_2 & \cdots & \boldsymbol{q}_n \\ | & | & & | \end{bmatrix}$$

$$= \begin{bmatrix} 1 & & & \\ & 1 & & \\ & & \ddots & \\ & & & 1 \end{bmatrix} = \boldsymbol{E}_n.$$

Daraus folgt sofort, dass

$$\boldsymbol{Q}^{-1} = \boldsymbol{Q}^{\mathrm{T}}$$

ist, das heißt, die Inverse einer orthogonalen Matrix ist ihre Transponierte. Damit ist es besonders einfach, die Inverse einer orthogonalen Matrix zu berechnen; man braucht nur die Spalten mit den Zeilen zu vertauschen und schon hat man die Inverse. Sind die Spaltenvektoren einer Matrix $\boldsymbol{Q}$ nur orthogonal (aber keine Einheitsvektoren), so ist $\boldsymbol{Q}^{\mathrm{T}}\boldsymbol{Q}$ zwar eine Diagonalmatrix, nicht aber die Einheitsmatrix.

Beispiel 6.8

Zeigen Sie, dass die Matrix

$$\boldsymbol{Q} = \begin{bmatrix} \cos\phi & -\sin\phi \\ \sin\phi & \cos\phi \end{bmatrix}$$

für alle Winkel $\phi \in \mathbf{R}$ orthogonal ist.

Lösung: Es gilt

$$\boldsymbol{Q}^{\mathrm{T}}\boldsymbol{Q} = \begin{bmatrix} \cos\phi & \sin\phi \\ -\sin\phi & \cos\phi \end{bmatrix} \begin{bmatrix} \cos\phi & -\sin\phi \\ \sin\phi & \cos\phi \end{bmatrix} = \begin{bmatrix} 1 & 0 \\ 0 & 1 \end{bmatrix}$$

für alle $\phi \in \mathbf{R}$, sodass $\boldsymbol{Q}$ orthogonal ist. ∎

Die Spalten von

$$\boldsymbol{Q} = \begin{bmatrix} \cos\phi & -\sin\phi \\ \sin\phi & \cos\phi \end{bmatrix}$$

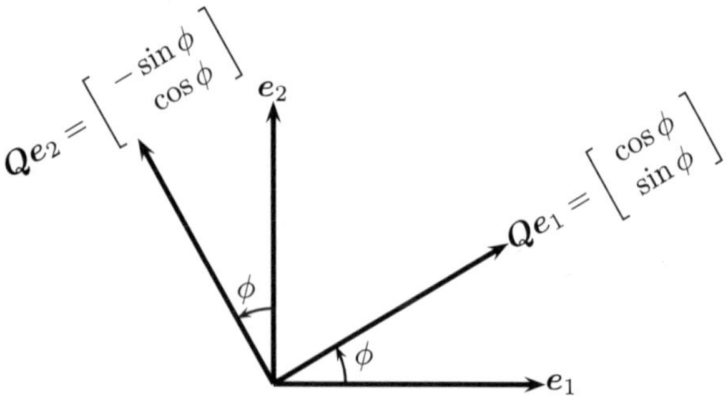

Bild 6.4: Drehung der natürlichen Basis

bilden somit eine orthonormale Basis des $\mathbf{R}^2$. Die Spaltenvektoren von $\boldsymbol{Q}$ kann man sich entstanden denken durch Drehung der natürlichen Basisvektoren $\boldsymbol{e}_1$ und $\boldsymbol{e}_2$ im mathematisch positiven Sinn (gegen den Uhrzeiger) um den Winkel ϕ, siehe Bild 6.4.

Die Matrix

$$\boldsymbol{Q}^{-1} = \boldsymbol{Q}^{\mathrm{T}} = \begin{bmatrix} \cos\phi & \sin\phi \\ -\sin\phi & \cos\phi \end{bmatrix}$$

dreht die Vektoren um den Winkel $-\phi$ zurück, denn es ist $\cos(-\phi) = \cos\phi$ und $\sin(-\phi) = -\sin\phi$.

Beispiel 6.9

Es sei $\boldsymbol{u} \in \mathbf{R}^n$ ein Einheitsvektor und

$$\boldsymbol{Q} = \boldsymbol{E} - 2\boldsymbol{u}\boldsymbol{u}^{\mathrm{T}}.$$

Zeigen Sie, dass $\boldsymbol{Q}$ symmetrisch und orthogonal ist.

Lösung: Beachten Sie, dass $\boldsymbol{u}\boldsymbol{u}^{\mathrm{T}}$ eine Matrix ist, während $\boldsymbol{u}^{\mathrm{T}}\boldsymbol{u}$ eine Zahl ergibt, nämlich $|\boldsymbol{u}|^2 = 1$. Die Matrizen $\boldsymbol{Q}^{\mathrm{T}}$ und $\boldsymbol{Q}^{-1}$ sind beide gleich der Matrix $\boldsymbol{Q}$, denn es ist

$$\boldsymbol{Q}^{\mathrm{T}} = (\boldsymbol{E} - 2\boldsymbol{u}\boldsymbol{u}^{\mathrm{T}})^{\mathrm{T}} = \boldsymbol{E} - 2\boldsymbol{u}\boldsymbol{u}^{\mathrm{T}} = \boldsymbol{Q}$$

und

$$\boldsymbol{Q}^{\mathrm{T}}\boldsymbol{Q} = \boldsymbol{E} - 4\boldsymbol{u}\boldsymbol{u}^{\mathrm{T}} + 4\boldsymbol{u}\boldsymbol{u}^{\mathrm{T}}\boldsymbol{u}\boldsymbol{u}^{\mathrm{T}} = \boldsymbol{E}. \quad \blacksquare$$

Matrizen der Form $E - 2uu^T$ spiegeln jeden Vektor an der Geraden, die senkrecht auf derjenigen Geraden steht, die von u aufgespannt wird.

Beispiel 6.10

Geben Sie die Matrix an, die jeden Vektor im $\mathbf{R}^2$ an der y-Achse spiegelt.

Lösung: Wir wählen $u = (1,0)$, dann gilt

$$Q = E - 2 \begin{bmatrix} 1 \\ 0 \end{bmatrix} \begin{bmatrix} 0 & 1 \end{bmatrix} = \begin{bmatrix} 1 & -2 \\ 0 & 1 \end{bmatrix}. \quad \blacksquare$$

$$E - 2\begin{bmatrix} 1 & 0 \\ 0 & 0 \end{bmatrix} = \begin{bmatrix} -1 & 0 \\ 0 & 1 \end{bmatrix}$$

Drehungen und Spiegelungen können also durch orthogonale Matrizen beschrieben werden. Dies sind auch sehr wichtige Beispiele orthogonaler Matrizen.

Nach einer Drehung hat ein Vektor die gleiche Länge; ebenso ist es mit Vektoren, die gespiegelt werden. Diese Eigenschaft haben sogar alle orthogonalen Matrizen: $(Qx)^T(Qx) = x^TQ^TQx = x^TEx = x^Tx$. Diese Eigenschaft hat eine wichtige praktische Konsequenz. Orthogonale Matrizen sind für *numerische Berechnungen mit dem Computer* besonders gut geeignet, denn die Länge eines Vektors wird nicht vergrößert, wenn man Q auf ihn anwendet. Dies macht einen Algorithmus *numerisch stabil.*

Auch das Skalarprodukt bleibt bei Multiplikation mit einer orthogonalen Matrix invariant: $(Qx)^T(Qy) = x^TQ^TQy = x^Ty$.

Satz 6.5 (Orthogonale Matrizen)
Für $Q \in \mathbf{R}^{n \times n}$ sind die folgenden Bedingungen äquivalent:

(a) Q ist orthogonal.

(b) Die Spalten bilden eine orthonormale Basis des $\mathbf{R}^n$.

(c) $Q^TQ = E$.

(d) Q ist invertierbar und $Q^{-1} = Q^T$.

(e) $QQ^T = E$.

(f) Die Zeilen bilden eine orthonormale Basis des $\mathbf{R}^n$.

(g) $|Qx| = |x|$ für alle $x \in \mathbf{R}^n$.

(h) $(Qx)^T(Qy) = x^Ty$ für alle $x, y \in \mathbf{R}^n$.

Aus $Q^TQ = E$ folgt $\mathrm{Det}(Q^TQ) = \mathrm{Det}(Q^T)\mathrm{Det}(Q) = \mathrm{Det}(Q)^2 = 1$, also ist $\mathrm{Det}(Q) = 1$ oder $\mathrm{Det}(Q) = -1$.

Beispiel 6.11

Berechnen Sie die Determinanten der Matrizen

$$\boldsymbol{Q}_1 = \begin{bmatrix} \cos\phi & -\sin\phi \\ \sin\phi & \cos\phi \end{bmatrix} \quad \text{und} \quad \boldsymbol{Q}_2 = \begin{bmatrix} -1 & 0 \\ 0 & 1 \end{bmatrix}$$

Lösung: Es ist $\mathrm{Det}(\boldsymbol{Q}_1) = (\cos\phi)^2 + (\sin\phi)^2 = 1$ und $\mathrm{Det}(\boldsymbol{Q}_2) = (-1)(1) - (0)(0) = -1$. ∎

Satz 6.6 (Die Determinante einer orthogonalen Matrix)
Für eine orthogonale Matrix $\boldsymbol{Q}$ gilt

$$|\mathrm{Det}(\boldsymbol{Q})| = 1.$$

Orthogonale Matrizen, die Drehungen beschreiben, haben Determinante gleich 1; für Spiegelungen gilt $\mathrm{Det}(\boldsymbol{Q}) = -1$.

6.4 Diagonalisierung mit orthogonalen Matrizen

Wir beschäftigen uns nun mit den beiden folgenden Fragen; vergleichen Sie hierzu Abschnitt 6.2.

1. Frage: Existiert zu einer gegebenen reellen quadratischen Matrix $\boldsymbol{A}$ eine Orthonormalbasis des (EUKLIDischen) Vektorraumes $\mathbf{R}^n$, die aus lauter Eigenvektoren besteht?

2. Frage: Gibt es zu einer gegebenen reellen quadratischen Matrix $\boldsymbol{A}$ eine orthogonale Matrix $\boldsymbol{Q}$, sodass $\boldsymbol{Q}^{-1}\boldsymbol{A}\boldsymbol{Q} = \boldsymbol{Q}^{\mathrm{T}}\boldsymbol{A}\boldsymbol{Q}$ Diagonalform hat?

Nehmen wir einmal an, $\boldsymbol{Q}$ sei eine orthogonale Matrix mit der Eigenschaft, dass $\boldsymbol{Q}^{\mathrm{T}}\boldsymbol{A}\boldsymbol{Q}$ Diagonalgestalt hat, also

$$\boldsymbol{Q}^{\mathrm{T}}\boldsymbol{A}\boldsymbol{Q} = \boldsymbol{D},$$

wobei $\boldsymbol{D}$ eine Diagonalmatrix ist. Da für orthogonale Matrizen $\boldsymbol{Q}\boldsymbol{Q}^{\mathrm{T}} = \boldsymbol{Q}^{\mathrm{T}}\boldsymbol{Q} = \boldsymbol{E}$ gilt, ist

$$\boldsymbol{A} = \boldsymbol{Q}\boldsymbol{D}\boldsymbol{Q}^{\mathrm{T}}.$$

Für jede Diagonalmatrix $\boldsymbol{D}$ gilt $\boldsymbol{D} = \boldsymbol{D}^{\mathrm{T}}$, also ist

$$\boldsymbol{A}^{\mathrm{T}} = (\boldsymbol{Q}\boldsymbol{D}\boldsymbol{Q}^{\mathrm{T}})^{\mathrm{T}} = (\boldsymbol{Q}^{\mathrm{T}})^{\mathrm{T}}\boldsymbol{D}^{\mathrm{T}}\boldsymbol{Q}^{\mathrm{T}} = \boldsymbol{Q}\boldsymbol{D}\boldsymbol{Q}^{\mathrm{T}} = \boldsymbol{A},$$

also muss die Matrix $\boldsymbol{A}$ symmetrisch sein. In Worten: Damit eine orthogonale Diagonalisierung gelingen kann, muss $\boldsymbol{A}$ eine symmetrische Matrix sein. Die Umkehrung ist aber auch richtig: Alle symmetrischen Matrizen sind orthogonal diagonalisierbar.

Satz 6.7

Für eine Matrix $\boldsymbol{A} \in \mathbf{R}^{n\times n}$ sind folgende Aussagen äquivalent:

(a) $\boldsymbol{A}$ wird durch eine orthogonale Matrix diagonalisiert.

(b) $\boldsymbol{A}$ ist symmetrisch.

(c) Es gibt eine Orthonormalbasis des $\mathbf{R}^n$, die aus Eigenvektoren von $\boldsymbol{A}$ besteht.

Um eine symmetrische Matrix zu diagonalisieren, muss man folgende Schritte ausführen.

Algorithmus 6.3 (Diagonalisierung einer symmetrischen Matrix)

1. Bestimmen Sie Basen für jeden Eigenraum von $\boldsymbol{A}$.
2. Wenden Sie auf jede dieser Basen das GRAM-SCHMIDTsche Orthonormalisierungsverfahren an.
3. Die Eigenvektorenmatrix $\boldsymbol{Q}$, deren Spalten die Eigenvektoren aus 2. sind, ist orthogonal und diagonalisiert $\boldsymbol{A}$.

Beispiel 6.12

Bestimmen Sie eine orthogonale Eigenvektorenmatrix $\boldsymbol{Q}$, die die symmetrische Matrix

$$\boldsymbol{A} = \begin{bmatrix} 4 & 2 & 2 \\ 2 & 4 & 2 \\ 2 & 2 & 4 \end{bmatrix}$$

diagonalisiert.

Lösung: Aus der charakteristischen Gleichung von $\boldsymbol{A}$

$$\mathrm{Det}(\lambda \boldsymbol{E}_3 - \boldsymbol{A}) = \mathrm{Det} \begin{bmatrix} \lambda-4 & -2 & -2 \\ -2 & \lambda-4 & -2 \\ -2 & -2 & \lambda-4 \end{bmatrix} = (\lambda-2)^2(\lambda-8) = 0$$

ergeben sich die Eigenwerte $\lambda = 2$ und $\lambda = 8$. Analog zu Beispiel 6.3 findet man in $\boldsymbol{v}_1 = (-1, 1, 0)$ und $\boldsymbol{v}_2 = (-1, 0, 1)$ eine Basis des Eigenraumes zu

$\lambda = 2$. Mit dem GRAM-SCHMIDT-Verfahren ergeben sich aus $\{\boldsymbol{v}_1, \boldsymbol{v}_2\}$ die orthogonalen Vektoren

$$\boldsymbol{q}_1 = \begin{bmatrix} -1/\sqrt{2} \\ 1/\sqrt{2} \\ 0 \end{bmatrix} \quad \text{und} \quad \boldsymbol{q}_2 = \begin{bmatrix} -1/\sqrt{6} \\ -1/\sqrt{6} \\ 2/\sqrt{6} \end{bmatrix}.$$

Weiter ist $\boldsymbol{v}_3 = (1, 1, 1)$ eine Basis des eindimensionalen Eigenraumes zu $\lambda = 8$, woraus durch Normierung der Einheitsvektor

$$\boldsymbol{q}_3 = \begin{bmatrix} 1/\sqrt{3} \\ 1/\sqrt{3} \\ 1/\sqrt{3} \end{bmatrix}$$

entsteht. Wählt man $\boldsymbol{q}_1$, $\boldsymbol{q}_2$ und $\boldsymbol{q}_3$ als Spalten der Eigenvektorenmatrix $\boldsymbol{Q}$, so ergibt sich

$$\boldsymbol{Q} = \begin{bmatrix} -1/\sqrt{2} & -1/\sqrt{6} & 1/\sqrt{3} \\ 1/\sqrt{2} & -1/\sqrt{6} & 1/\sqrt{3} \\ 0 & 2/\sqrt{6} & 1/\sqrt{3} \end{bmatrix},$$

die $\boldsymbol{A}$ diagonalisiert (Rechnen Sie als Probe nach, dass $\boldsymbol{Q}^{\mathrm{T}}\boldsymbol{A}\boldsymbol{Q}$ Diagonalform hat). ∎

Die Darstellung $\boldsymbol{A} = \boldsymbol{Q}\boldsymbol{D}\boldsymbol{Q}^{\mathrm{T}}$ wird manchmal auch *Spektraldarstellung* genannt. Fassen wir die Matrizenmultiplikation als Spalte mal Zeile auf (dyadisches Produkt, siehe Abschnitt 1.6), so kann die symmetrische Matrix $\boldsymbol{A}$ als Summe von orthogonalen Projektionen bzw. als spezielle Matrizen $\boldsymbol{x}\boldsymbol{x}^{\mathrm{T}}$ vom Rang 1 geschrieben werden (siehe Abschnitt 4.16).

$$\begin{aligned} \boldsymbol{A} &= \boldsymbol{Q}\boldsymbol{D}\boldsymbol{Q}^{\mathrm{T}} \\ &= \begin{bmatrix} | & | & & | \\ \boldsymbol{x}_1 & \boldsymbol{x}_2 & \cdots & \boldsymbol{x}_n \\ | & | & & | \end{bmatrix} \begin{bmatrix} \lambda_1 & & & \\ & \lambda_2 & & \\ & & \ddots & \\ & & & \lambda_n \end{bmatrix} \begin{bmatrix} - & \boldsymbol{x}_1^{\mathrm{T}} & - \\ - & \boldsymbol{x}_2^{\mathrm{T}} & - \\ & \vdots & \\ - & \boldsymbol{x}_n^{\mathrm{T}} & - \end{bmatrix} \\ &= \lambda_1 \boldsymbol{x}_1 \boldsymbol{x}_1^{\mathrm{T}} + \lambda_2 \boldsymbol{x}_2 \boldsymbol{x}_2^{\mathrm{T}} + \cdots + \lambda_n \boldsymbol{x}_n \boldsymbol{x}_n^{\mathrm{T}} \end{aligned}$$

Jede orthogonale Matrix $\boldsymbol{x}_j\boldsymbol{x}_j^{\mathrm{T}}$ projiziert jeden Vektor $\boldsymbol{v} \in \mathbf{R}^n$ auf den eindimensionalen Unterraum der vom Eigenvektor $\boldsymbol{x}_j$ aufgespannt wird. Symmetrische Matrizen sind Summen von eindimensionalen Projektionen.

Beispiel 6.13

Schreiben Sie die symmetrische Diagonalmatrix

$$A = \begin{bmatrix} 2 & & & \\ & 3 & & \\ & & 3 & \\ & & & 5 \end{bmatrix}$$

als Summe von orthogonalen Projektionsmatrizen, das heißt, zeigen Sie mit der Matrix A die Spektraldarstellung.

Lösung: Orthonormale Eigenvektoren von A sind die natürlichen Basisvektoren. Somit erhalten wir die vier orthogonalen Projektionsmatrizen

$$x_1 x_1^{\mathrm{T}} = \begin{bmatrix} 1 & & & \\ & 0 & & \\ & & 0 & \\ & & & 0 \end{bmatrix}, \quad x_2 x_2^{\mathrm{T}} = \begin{bmatrix} 0 & & & \\ & 1 & & \\ & & 0 & \\ & & & 0 \end{bmatrix}$$

$$x_3 x_3^{\mathrm{T}} = \begin{bmatrix} 0 & & & \\ & 0 & & \\ & & 1 & \\ & & & 0 \end{bmatrix}, \quad x_4 x_4^{\mathrm{T}} = \begin{bmatrix} 0 & & & \\ & 0 & & \\ & & 0 & \\ & & & 1 \end{bmatrix}$$

und damit

$$A = 2 x_1 x_1^{\mathrm{T}} + 3 x_2 x_2^{\mathrm{T}} + 3 x_3 x_3^{\mathrm{T}} + 5 x_4 x_4^{\mathrm{T}}. \quad \blacksquare$$

Beispiel 6.14

Zeigen Sie mit der Matrix

$$A = \begin{bmatrix} 5 & -2 \\ -2 & 3 \end{bmatrix}$$

die Gültigkeit der Spektraldarstellung.

Lösung: Es ist

$$A = \begin{bmatrix} 2/\sqrt{5} & -1/\sqrt{5} \\ 1/\sqrt{5} & 2/\sqrt{5} \end{bmatrix} \begin{bmatrix} 4 & 0 \\ 0 & 9 \end{bmatrix} \begin{bmatrix} 2/\sqrt{5} & 1/\sqrt{5} \\ -1/\sqrt{5} & 2/\sqrt{5} \end{bmatrix}$$
$$= 4 \begin{bmatrix} 4/5 & 2/5 \\ 2/5 & 1/5 \end{bmatrix} + 9 \begin{bmatrix} 1/5 & -2/5 \\ -2/5 & 4/5 \end{bmatrix}$$

Überzeugen Sie sich, dass die beiden letzten Matrizen tatsächlich orthogonale Projektionsmatrizen sind (In MATLAB geht dies sehr schnell). ■

6.5 Weitere Bemerkungen und Hinweise

Hat die gegebene Matrix spezielle Struktur, so gibt es wichtige und interessante Eigenschaften für die Eigenwerte und Eigenvektoren.

Algorithmus 6.1 ist zum Lösen der Eigenwertaufgabe für $n > 4$ nicht praktisch, da die Determinante berechnet werden muss. Effiziente Verfahren zum Lösen der Eigenwertaufgabe findet man in Kursen über *Numerische Mathematik*, siehe zum Beispiel [8].

Aufgaben

6.1 Eine reelle symmetrische Matrix $\boldsymbol{A}$ zu diagonalisieren, heißt

☐ Eine symmetrische Matrix $\boldsymbol{P}$ zu finden, sodass $\boldsymbol{P}^{-1}\boldsymbol{AP}$ Diagonalform hat.

☐ Eine orthogonale Matrix $\boldsymbol{P}$ zu finden, sodass $\boldsymbol{P}^{-1}\boldsymbol{AP}$ Diagonalform hat.

☐ Eine invertierbare Matrix $\boldsymbol{P}$ zu finden, sodass $\boldsymbol{P}^{-1}\boldsymbol{AP}$ Diagonalform hat.

6.2 Begründen Sie, weshalb die Matrix $\boldsymbol{A}^{\mathrm{T}}\boldsymbol{A}$, $\boldsymbol{A} \in \mathbf{R}^{m\times n}$, eine Basis aus Eigenvektoren besitzt. Was können Sie über die Matrix $\boldsymbol{AA}^{\mathrm{T}}$ sagen?

6.3 Geben Sie die Eigenwerte und Eigenvektoren einer quadratischen Diagonalmatrix an.

6.4 Wahr oder falsch: Die Eigenwerte einer Matrix sind nicht notwendig alle verschieden.

6.5 Wahr oder falsch: Die Eigenwerte einer reellen Matrix sind reell.

6.6 Wahr oder falsch: Jede (n,n)-Matrix hat n linear unabhängige Eigenvektoren.

6.7 Bestimmen Sie eine orthogonale Eigenvektorenmatrix $\boldsymbol{Q}$, die die Matrix

$$\boldsymbol{A} = \begin{bmatrix} 3 & 1 \\ 1 & 3 \end{bmatrix}$$

diagonalisiert.

Sie sollten nun mit folgenden Begriffen umgehen können

Eigenwerte, Eigenvektoren, charakteristisches Polynom, Diagonalisierbarkeit, orthogonale Matrizen.

7 Lineare Abbildungen und Matrizen

Bisher haben wir meist nur einen Vektorraum V (meist $V = \mathbf{R}^n$) betrachtet und darin irgendwelche Objekte studiert: Basen, Unterräume, usw. Jetzt wollen wir zwei Vektorräume V und W betrachten und Beziehungen zwischen Vorgängen in V und Vorgängen in W untersuchen. Solche Beziehungen werden durch sogenannte *lineare Abbildungen* hergestellt. Eine Abbildung $L : V \to W$ heißt linear, wenn sie mit den Vektorraum-Verknüpfungen $+$ und $\cdot$ in V und W *verträglich* ist, das heißt wenn es gleichgültig ist, ob ich zwei Vektoren in V erst addiere und dann die Summe abbilde oder ob ich sie erst abbilde und dann ihre Bilder addiere; entsprechend für die skalare Multiplikation. Wie bereits so oft, so stellt sich auch diesmal wieder heraus, dass hierbei Matrizen sehr nützlich sind. So beschreiben Zuordnungen der Form $\boldsymbol{x} \mapsto \boldsymbol{A}\boldsymbol{x}$, $\boldsymbol{x} \in \mathbf{R}^n$ ($\boldsymbol{A} \in \mathbf{R}^{m \times n}$ fest vorgegeben) lineare Abbildungen zwischen den Vektorräumen $V = \mathbf{R}^n$ und $W = \mathbf{R}^m$.

7.1 Lineare Abbildungen von R^n nach R^m

Reelle Funktionen lernt man bereits in der Schule kennen. Die einfachste Klasse sind *lineare Funktionen* (*lineare Abbildungen*). Eine reelle Abbildung ist *linear*, wenn sie die Form

$$L(x) = ax, \quad x \in \mathbf{R}$$

hat, wobei a ein reeller Parameter ist. Zum Beispiel ist die Abbildung $L(x) = 2x$, $x \in \mathbf{R}$ linear. Der Graph einer linearen Funktion von $\mathbf{R}$ nach $\mathbf{R}$ ist eine Gerade und geht durch den Koordinatenursprung, dabei wird die Steigung der Geraden durch a festgelegt.

Reelle lineare Funktionen $L(x) = ax$, $x \in \mathbf{R}$ sind durch die reelle Zahl a festgelegt und haben die beiden folgenden Eigenschaften

1. $L(x + y) = L(x) + L(y)$
2. $L(cx) = cL(x)$

für alle $x, y, c \in \mathbf{R}$.

Wird jedem Vektor $\boldsymbol{x} \in \mathbf{R}^n$ genau ein Vektor $L(\boldsymbol{x}) \in \mathbf{R}^m$ zugeordnet, so spricht man von einer vektorwertigen Abbildung (Funktion) von $\mathbf{R}^n$ nach $\mathbf{R}^m$. Die Definitionsmenge ist hier $\mathbf{R}^n$ und die Zielmenge $\mathbf{R}^m$.

Eine **Abbildung** $L : \mathbf{R}^n \to \mathbf{R}^m$ mit $m, n \in \mathbf{N}$ ist **linear**, wenn gilt

1. $L(\boldsymbol{x} + \boldsymbol{y}) = L(\boldsymbol{x}) + L(\boldsymbol{y})$
2. $L(c\boldsymbol{x}) = cL(\boldsymbol{x})$

für alle $\boldsymbol{x}, \boldsymbol{y} \in \mathbf{R}^n$ und $c \in \mathbf{R}$.

Die beiden Bedingungen in der Definition einer linearen Abbildung können äquivalent durch die Forderung

$$L(c\boldsymbol{x} + d\boldsymbol{y}) = cL(\boldsymbol{x}) + dL(\boldsymbol{y})$$

ersetzt werden, wobei $\boldsymbol{x}, \boldsymbol{y} \in \mathbf{R}^n$ und $c, d \in \mathbf{R}$ sind. Außerdem folgt sofort, dass der Nullvektor immer in den Nullvektor abgebildet wird, das heißt für jede lineare Abbildung L gilt

$$L(\boldsymbol{o}) = \boldsymbol{o}.$$

Lineare Abbildungen sind restriktiv. Nehmen wir einen festen Vektor $\bar{\boldsymbol{x}} \in \mathbf{R}^n$ und definieren die Abbildung $L(\boldsymbol{x}) = \boldsymbol{x} + \bar{\boldsymbol{x}}$, $\boldsymbol{x} \in \mathbf{R}^n$, so ist L keine lineare Abbildung, denn

$$L(\boldsymbol{x}) + L(\boldsymbol{y}) = \boldsymbol{x} + \bar{\boldsymbol{x}} + \boldsymbol{y} + \bar{\boldsymbol{x}}$$

aber

$$L(\boldsymbol{x} + \boldsymbol{y}) = \boldsymbol{x} + \boldsymbol{y} + \bar{\boldsymbol{x}}.$$

Nur im Spezialfall $\bar{\boldsymbol{x}} = \boldsymbol{o}$, ist $L(\boldsymbol{x}) = \boldsymbol{x}$ eine lineare Abbildung, die sogenannte *identische Abbildung.*

Die Abbildung $L(\boldsymbol{x}) = \boldsymbol{x} + \bar{\boldsymbol{x}}$ wird **affine Abbildung** genannt. Sie spielt bei Koordinatentransformationen (Computergrafik, Robotik usw.) eine große Rolle.

Beispiel 7.1

Wir wählen den Vektor $\boldsymbol{a} = (1, 3, 4)$ und definieren die Abbildung $L(\boldsymbol{x}) = \boldsymbol{a}^{\mathrm{T}}\boldsymbol{x} = x_1 + 3x_2 + 4x_3$, $\boldsymbol{x} = (x_1, x_2, x_3) \in \mathbf{R}^3$. Jedem dreidimensionalen Vektor wird so eine reelle Zahl zugeordnet. Zeigen Sie, dass L eine lineare Abbildung ist.

Lösung: Ist $\boldsymbol{x} = (x_1, x_2, x_3)$ und $\boldsymbol{y} = (y_1, y_2, y_3)$, dann gilt einerseits

$$\begin{aligned} L(\boldsymbol{x} + \boldsymbol{y}) &= L(x_1 + y_1, x_2 + y_2, x_3 + y_3) \\ &= (x_1 + y_1) + 3(x_2 + y_2) + 4(x_3 + y_3) \\ &= x_1 + y_1 + 3x_2 + 3y_2 + 4x_3 + 4y_3 \\ &= (x_1 + 3x_2 + 4x_3) + (y_1 + 3y_2 + 4y_3) \\ &= L(\boldsymbol{x}) + L(\boldsymbol{y}) \end{aligned}$$

und andererseits

$$\begin{aligned} L(c\boldsymbol{x}) &= L(cx_1, cx_2, cx_3) \\ &= (cx_1) + 3(cx_2) + 4(cx_3) \\ &= cx_1 + c3x_2 + c4x_3 \\ &= c(x_1 + 3x_2 + 4x_3) \\ &= cL(\boldsymbol{x}). \end{aligned}$$

Damit erfüllt L die beiden Eigenschaften einer linearen Abbildung. ∎

Beispiel 7.2

Die reellwertige Funktion $f(\boldsymbol{x}) = |\boldsymbol{x}|$, $\boldsymbol{x} \in \mathbf{R}^3$ ist keine lineare Abbildung.

Lösung: Linearität würde zum Beispiel bedeuten, dass die Länge der Summe zweier Vektoren gleich der Summe der Länge der einzelnen Vektoren ist, also $|\boldsymbol{v} + \boldsymbol{w}| = |\boldsymbol{v}| + |\boldsymbol{w}|$. Vielmehr gilt allgemein die Dreiecksungleichung $|\boldsymbol{v} + \boldsymbol{w}| \leq |\boldsymbol{v}| + |\boldsymbol{w}|$. ∎

Darstellung von linearen Abbildungen von $\mathbf{R}^n$ nach $\mathbf{R}^m$ durch Matrizen

Beispiel 7.3

Für $\boldsymbol{A} \in \mathbf{R}^{m \times n}$ ist die Abbildung $L(\boldsymbol{x}) = \boldsymbol{A}\boldsymbol{x}$, $\boldsymbol{x} \in \mathbf{R}^n$ linear von $\mathbf{R}^n$ nach $\mathbf{R}^m$. Weisen Sie dies nach.

Lösung: Nach den Rechenregeln für Matrizen (Satz 1.3 und 1.4) gilt: $\boldsymbol{A}(\boldsymbol{x} + \boldsymbol{y}) = \boldsymbol{A}\boldsymbol{x} + \boldsymbol{A}\boldsymbol{y}$ und $\boldsymbol{A}(c\boldsymbol{x}) = c\boldsymbol{A}\boldsymbol{x}$. Damit ist bereits alles gezeigt. ∎

Das Beispiel zeigt, dass jede Matrix $\boldsymbol{A} \in \mathbf{R}^{m \times n}$ durch $L(\boldsymbol{x}) = \boldsymbol{A}\boldsymbol{x}$, $\boldsymbol{x} \in \mathbf{R}^n$ eine lineare Abbildung von $\mathbf{R}^n$ nach $\mathbf{R}^m$ erzeugt.

Nun fragen wir umgekehrt: Werden alle linearen Abbildungen durch Matrizen produziert? Wenn eine lineare Abbildung L eine Rotation, eine Projektion, usw. beschreibt (siehe nachfolgende Beispiele in Abschnitt 7.2), gibt es dann immer eine Matrix, die sich hinter L verbirgt? Die Anwort ist: *Ja*!

Beispiel 7.4

Zeigen Sie, dass es zu jeder linearen Abbildung $L : \mathbf{R}^n \to \mathbf{R}^m$ genau eine Matrix $\boldsymbol{A} \in \mathbf{R}^{m \times n}$ gibt, die L darstellt, das heißt $L(\boldsymbol{x}) = \boldsymbol{A}\boldsymbol{x}$ für alle $\boldsymbol{x} \in \mathbf{R}^n$.

Lösung: Wir zeigen zunächst die Existenz einer solchen Abbildung und danach deren Eindeutigkeit. Wir betrachten die natürliche Basis $\boldsymbol{e}_1$, $\boldsymbol{e}_2$, …, $\boldsymbol{e}_n$ des $\mathbf{R}^n$ und konstruieren $\boldsymbol{A}$, indem wir als Spaltenvektoren von $\boldsymbol{A}$ die Bilder $L(\boldsymbol{e}_1)$, $L(\boldsymbol{e}_2)$, …, $L(\boldsymbol{e}_n)$ wählen

$$\boldsymbol{A} = \begin{bmatrix} | & | & & | \\ L(\boldsymbol{e}_1) & L(\boldsymbol{e}_2) & \cdots & L(\boldsymbol{e}_n) \\ | & | & & | \end{bmatrix}.$$

Für einen Vektor $\boldsymbol{x} \in \mathbf{R}^n$ ist das Produkt $\boldsymbol{A}\boldsymbol{x}$ eine Linearkombination der Spalten von $\boldsymbol{A}$ mit den Koordinaten von $\boldsymbol{x}$ als Koeffizienten (siehe Abschnitt 1.6) also

$$\begin{aligned} \boldsymbol{A}\boldsymbol{x} &= x_1 L(\boldsymbol{e}_1) + x_2 L(\boldsymbol{e}_2) + \cdots + x_n L(\boldsymbol{e}_n) \\ &= L(x_1 \boldsymbol{e}_1) + L(x_2 \boldsymbol{e}_2) + \cdots + L(x_n \boldsymbol{e}_n) \\ &= L(x_1 \boldsymbol{e}_1 + x_2 \boldsymbol{e}_2 + \cdots + x_n \boldsymbol{e}_n) \\ &= L(\boldsymbol{x}), \end{aligned}$$

womit der Existenzbeweis erbracht ist.

Wir zeigen nun, dass die Matrix eindeutig ist. Hierzu seien $\boldsymbol{A}$, $\boldsymbol{B} \in \mathbf{R}^{m \times n}$ und $L(\boldsymbol{x}) = \boldsymbol{A}\boldsymbol{x} = \boldsymbol{B}\boldsymbol{x}$ für alle $\boldsymbol{x} \in \mathbf{R}^n$. Dann muss insbesondere für die natürlichen Basisvektoren $\boldsymbol{e}_1$, $\boldsymbol{e}_2$, …, $\boldsymbol{e}_n$ aus $\mathbf{R}^n$ gelten: $\boldsymbol{A}\boldsymbol{e}_i = \boldsymbol{B}\boldsymbol{e}_i$ für $i = 1, 2, \ldots, n$. Was ist aber $\boldsymbol{A}\boldsymbol{e}_i$? $\boldsymbol{A}\boldsymbol{e}_i$ ist genau die i-te Spalte von $\boldsymbol{A}$. Also haben $\boldsymbol{A}$ und $\boldsymbol{B}$ dieselben Spalten und sind daher gleich. ■

Aus der Konstruktion der Matrix $\boldsymbol{A}$ geht hervor, dass *die Spalten die Bilder der natürlichen Basisvektoren* sind. Es ist nützlich, sich diesen Satz als Merkvers zu behalten. Man nennt die Matrix $\boldsymbol{A}$ **Standarddarstellungsmatrix** oder einfach **Standardmatrix** und schreibt manchmal auch $\boldsymbol{A}_E$, wobei $E = \{\boldsymbol{e}_1, \boldsymbol{e}_2, \ldots, \boldsymbol{e}_n\}$ die Menge der natürlichen Basisvektoren ist. Der folgende Satz fasst die beiden Beispiele 7.3 und 7.4 zusammen und besagt, dass lineare Abbildungen von $\mathbf{R}^n$ nach $\mathbf{R}^m$ genau von der Form $L(\boldsymbol{x}) = \boldsymbol{A}\boldsymbol{x}$ sind.

Satz 7.1 (Matrizen und lineare Abbildungen)
Es sei $\boldsymbol{A} \in \mathbf{R}^{m \times n}$ eine reelle Matrix. Dann ist die Abbildung

$$\begin{aligned}\mathbf{R}^n &\to \mathbf{R}^m \\ \boldsymbol{x} &\mapsto \boldsymbol{A}\boldsymbol{x}\end{aligned}$$

linear und ist umgekehrt $L : \mathbf{R}^n \to \mathbf{R}^m$ eine lineare Abildung, dann gibt es genau eine reelle Matrix $\boldsymbol{A} \in \mathbf{R}^{m \times n}$ mit $L(\boldsymbol{x}) = \boldsymbol{A}\boldsymbol{x}$ für alle $\boldsymbol{x} \in \mathbf{R}^n$.

Wozu ist es nützlich, lineare Abbildungen durch Matrizen darzustellen? Hierzu gibt es vor allem zwei Gründe, einen theoretischen und einen eher praktisch orientierten.

1. Die Struktur linearer Abbildungen zwischen endlich dimensionalen Vektorräumen lässt sich durch Betrachten ihrer Darstellungsmatrix leichter erfassen.
2. Die Bildvektoren von linearen Abbildungen können durch Matrix-Vektor Multiplikation berechnet werden. Dies ist insbesondere für die Realisierung auf dem Computer von Vorteil.

7.2 Beispiele linearer Abbildungen

Es sei $\boldsymbol{O}$ die (m, n)-Nullmatrix und $\boldsymbol{o}$ der Nullvektor im $\mathbf{R}^m$. Dann gilt für jeden Vektor $\boldsymbol{x} \in \mathbf{R}^n$

$$L(\boldsymbol{x}) = \boldsymbol{O}\boldsymbol{x} = \boldsymbol{o},$$

also bildet die Multiplikation mit der Nullmatrix $\boldsymbol{O}$ jeden Vektor des $\mathbf{R}^n$ in den Nullvektor des $\mathbf{R}^m$ ab. L heißt **Nullabbildung** von $\mathbf{R}^n$ nach $\mathbf{R}^m$.

Ist $\boldsymbol{E}$ die (n, n)-Einheitsmatrix, so gilt für jeden Vektor $\boldsymbol{x} \in \mathbf{R}^n$

$$L(\boldsymbol{x}) = \boldsymbol{E}\boldsymbol{x} = \boldsymbol{x}.$$

Die Multiplikation mit $\boldsymbol{E}$ lässt jeden Vektor $\boldsymbol{x}$ unverändert; L heißt die **identische Abbildung**.

Es ist interessant, lineare Abbildungen zu „sehen“. Je nachdem, ob wir die Elemente aus $\mathbf{R}^2$ als Punkte oder Vektoren auffassen, entspricht eine lineare Abbildung $L : \mathbf{R}^2 \to \mathbf{R}^2$ der *Transformation* eines Punktes (Vektors) $\boldsymbol{x} \in \mathbf{R}^2$ in einen neuen Punkt (Vektor) $L(\boldsymbol{x})$, siehe Bild 7.1 und 7.2. Aus diesem Grund

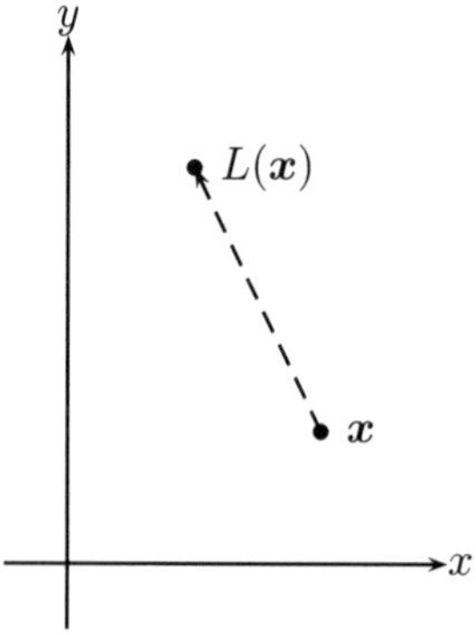

Bild 7.1: Punkt nach Punkt

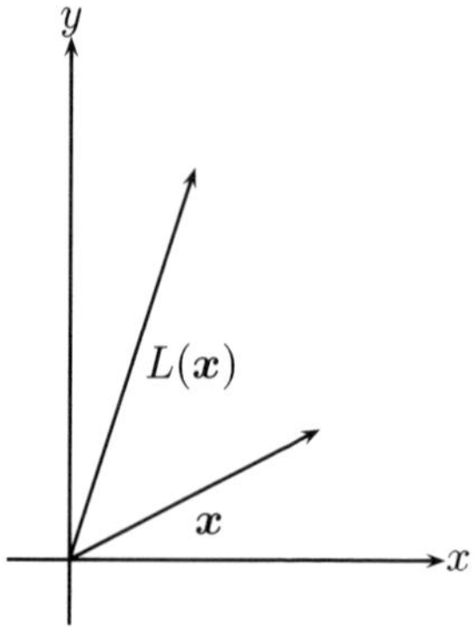

Bild 7.2: Vektor nach Vektor

heißen lineare Abbildungen auch *lineare Transformationen.* Analog spricht man auch im $\mathbf{R}^3$ und allgemein im $\mathbf{R}^n$ von linearen Transformationen.

Es sei $L : \mathbf{R}^2 \to \mathbf{R}^2$ die lineare Abbildung, die jedem Vektor sein Spiegelbild bezüglich der y-Achse zuordnet, siehe Bild 7.3.

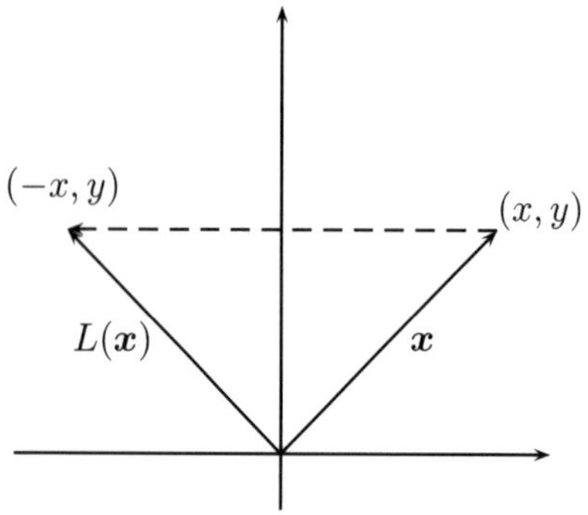

Bild 7.3: Spiegelung an der y-Achse

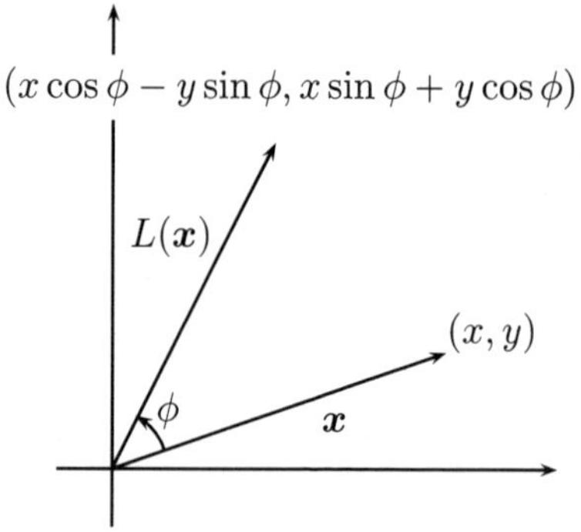

Bild 7.4: Drehung um den Winkel ϕ

Die lineare Abbildung, die die Spiegelung an der y-Achse beschreibt, ist daher

$$\begin{array}{llcl} L: & \mathbf{R}^2 & \to & \mathbf{R}^2 \\ & (x, y) & \mapsto & (-x, y) \end{array}$$

und ihre Standardmatrix ergibt sich zu

$$A_E = \begin{bmatrix} -1 & 0 \\ 0 & 1 \end{bmatrix}.$$

Die orthogonale Projektion auf die x-Achse ist auch eine lineare Abbildung. Die Zuordnungsvorschrift ist

$$\begin{array}{rccc} L: & \mathbf{R}^2 & \to & \mathbf{R}^2 \\ & (x,y) & \mapsto & (x,0) \end{array}$$

und die Standardmatrix ist

$$A_E = \begin{bmatrix} 1 & 0 \\ 0 & 0 \end{bmatrix}.$$

Die orthogonale Projektion auf die y-Achse hat die Abbildungsvorschrift

$$\begin{array}{rccc} L: & \mathbf{R}^2 & \to & \mathbf{R}^2 \\ & (x,y) & \mapsto & (0,y) \end{array}$$

und die Standardmatrix

$$A_E = \begin{bmatrix} 0 & 0 \\ 0 & 1 \end{bmatrix}.$$

Die dazugehörige Geometrie haben wir in den Bildern 7.5 und 7.6 dargestellt.

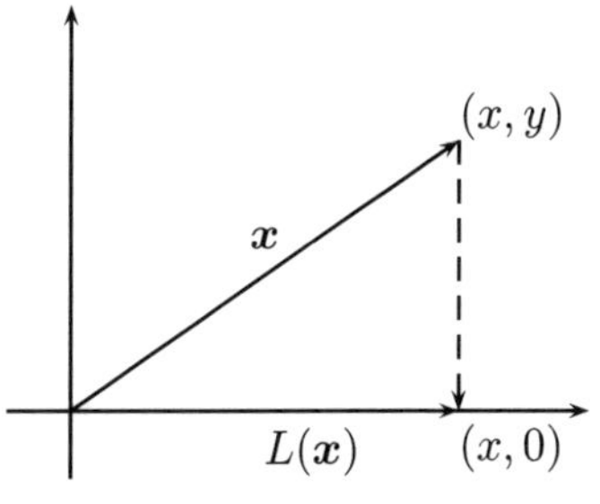

Bild 7.5: Projektion auf die x-Achse

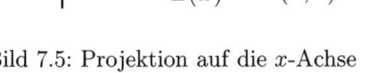

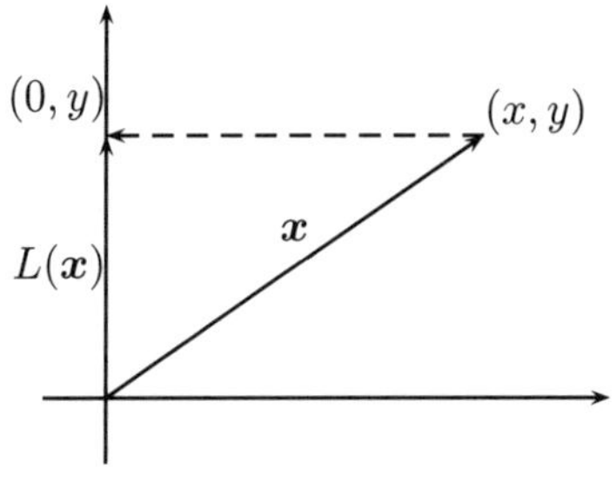

Bild 7.6: Projektion auf die y-Achse

Auch *Drehungen* sind lineare Abbildungen. Die Abbildung 7.4 zeigt eine Drehung um den Winkel ϕ im mathematisch positiven Sinn (gegen den Uhrzeigersinn). Ihre Abbildungvorschrift ist

$$\begin{array}{rccc} L: & \mathbf{R}^2 & \to & \mathbf{R}^2 \\ & (x,y) & \mapsto & (x\cos\phi - y\sin\phi, x\sin\phi + y\cos\phi) \end{array}$$

und die Standardmatrix hat die Form

$$\boldsymbol{A}_E = \begin{bmatrix} \cos\phi & -\sin\phi \\ \sin\phi & \cos\phi \end{bmatrix}.$$

Scherungen, *Punktspiegelungen*, *Kontraktionen*, *Dilatationen*, *Expansionen* und *Kompressionen* sind andere interessante lineare Abbildungen; hierzu verweisen wir auf [1].

7.3 Weitere Bemerkungen und Hinweise

Andere Bezeichnungen für lineare Abbildung sind *lineare Transformation*, *linearer Operator* und *Vektorraumhomomorphismus.* Lineare Abbildungen (lineare Operatoren) sind auch Gegenstand der Funktionalanalysis; die zugrunde liegenden Vektorräume sind meist unendlich dimensional.

Aufgaben

7.1 Die lineare Abbildung $L : \mathbf{R}^2 \to \mathbf{R}^2$, $L(x_1, x_2) = (x_1 + x_2, x_2 - x_1)$ ist durch die folgende Darstellungsmatrix in der natürlichen Basis des $\mathbf{R}^2$ gegeben

□ $\begin{bmatrix} 1 & 1 \\ 1 & -1 \end{bmatrix}$ □ $\begin{bmatrix} 0 & 2 \\ -2 & 0 \end{bmatrix}$ □ $\begin{bmatrix} 1 & 1 \\ -1 & 1 \end{bmatrix}$

7.2 Es sei $L : \mathbf{R}^2 \to \mathbf{R}^2$ die folgendermaßen definierte Abbildung: $L(x_1, x_2) = (x_1 - 2x_2, -x_2)$. Zeigen Sie, dass L eine lineare Abbildung ist.

7.3 Es sei $L : \mathbf{R}^2 \to \mathbf{R}^2$ die folgende Abbildung: $L(x_1, x_2) = (x_1 - 2x_2, -x_2)$. Bestimmen Sie die Darstellungsmatrizen $\boldsymbol{A}_B$ und $\boldsymbol{A}_{B'}$ mit $B = E = \{(1,0), (0,1)\}$ und $B' = \{(2,1), (-3,4)\}$.

7.4 Bestimmen Sie eine Basis des $\mathbf{R}^3$, für die die Darstellungsmatrix von $L : \mathbf{R}^3 \to \mathbf{R}^3$, $L(\boldsymbol{x}) = (-2x_1 + x_2 - x_3, x_1 - 2x_2 - x_3, -x_1 - x_2 - 2x_3)$ Diagonalgestalt hat.

7.5 Es ist $L : \mathbf{R}^3 \to \mathbf{R}^3$ die lineare Abbildung $L(x, y, z) = (x, y, 0)$. Welche geometrische Bedeutung hat L. Bestimmen Sie die Darstellungsmatrizen $\boldsymbol{A}_B$ und $\boldsymbol{A}_{B'}$ mit $B = E$ und $B' = \{(1,0,0), (1,1,0), (1,1,1)\}$.

Sie sollten nun mit folgenden Begriffen umgehen können

Lineare Abbildung, Darstellungsmatrix, Übergangsmatrix, Basiswechsel.

Lösungen

1.1	×			**1.3**	×			**1.5**			×
1.2			×	**1.4**		×		**1.6**		×	

1.7 Eine Zeilenstufenform ist

$$\begin{bmatrix} \boldsymbol{A} & \boldsymbol{b} \end{bmatrix} = \begin{bmatrix} 1 & 0 & 6 \\ 0 & 1 & -6 \\ 0 & 0 & 6 \end{bmatrix}.$$

Wegen $0 \cdot x_1 + 0 \cdot x_2 = 6$ hat das System keine Lösung.

1.8 Die allgemeine Lösung ist die eindeutige Lösung $x_1 = -1$, $x_2 = 2$ und $x_3 = 2$.

1.9 Die allgemeine Lösung ist $x_1 = 3 + 2t$, $x_2 = t$ mit $t \in \mathbf{R}$.

1.10 Das System ist inkonsistent.

1.11 Die Lösung ist $x_1 = 3$, $x_2 = 1$ und $x_3 = 2$.

1.12 Es gilt $(\boldsymbol{A}^{\mathrm{T}}\boldsymbol{A})^{\mathrm{T}} = \boldsymbol{A}^{\mathrm{T}}(\boldsymbol{A}^{\mathrm{T}})^{\mathrm{T}} = \boldsymbol{A}^{\mathrm{T}}\boldsymbol{A}$ und $(\boldsymbol{A}\boldsymbol{A}^{\mathrm{T}})^{\mathrm{T}} = (\boldsymbol{A}^{\mathrm{T}})^{\mathrm{T}}\boldsymbol{A}^{\mathrm{T}} = \boldsymbol{A}\boldsymbol{A}^{\mathrm{T}}$, daher sind die Matrizen symmetrisch.

2.1		r		r

2.2
(a) $\boldsymbol{a} \cdot \boldsymbol{b} = 0$
(b) $\boldsymbol{a} \cdot \boldsymbol{b} = 0$
(c) $\boldsymbol{a} \cdot \boldsymbol{b} = -6$
(d) $\boldsymbol{a} \cdot \boldsymbol{b} = 18$

2.3 Es ist $\boldsymbol{v} + \boldsymbol{w} = (-1, -2, -3)$, $\boldsymbol{u} + \boldsymbol{v} + \boldsymbol{w} = (0, 0, 0)$ und $2\boldsymbol{u} + 2\boldsymbol{v} + \boldsymbol{w} = (-2, 3, 1)$.

2.4 Die Gegenkraft $\boldsymbol{f}$ ist $\boldsymbol{f} = -(\boldsymbol{f}_1 + \boldsymbol{f}_2 + \boldsymbol{f}_3 + \boldsymbol{f}_4) = -(200, 175, -10) = (-200, -175, 10)$ in Newton.

2.5 Durch Lösen des linearen Systems

$$\begin{bmatrix} 1 & 1 \\ 1 & 0 \\ 0 & -3 \end{bmatrix} \begin{bmatrix} \alpha \\ \beta \end{bmatrix} = \begin{bmatrix} -5 \\ -4 \\ 3 \end{bmatrix}$$

erhält man die Lösung $\alpha = -4$, $\beta = -1$.

2.6 Mit Satz 2.13 berechnet man $\boldsymbol{u}\times\boldsymbol{v} = (3,2,-1)\times(0,2,-3) = (-4,9,6)$.

2.7 Bildet man zum Beispiel $\boldsymbol{u}\times\boldsymbol{v}$, so hat man einen Vektor, der auf beiden senkrecht steht. Es ist $\boldsymbol{u}\times\boldsymbol{v} = (18,36,-18)$. Der Vektor $(1,2,-1)$ tut es auch.

2.8 Mit $\boldsymbol{u} = (u_1,u_2,u_3)$ und $\boldsymbol{v} = (v_1,v_2,v_3)$ ist $\boldsymbol{u}\cdot(\boldsymbol{u}\times\boldsymbol{v}) = (u_1,u_2,u_3)\cdot(u_2v_3-u_3v_2, u_3v_1-u_1v_3, u_1v_2-u_2v_1) = u_1(u_2v_3-u_3v_2)+u_2(u_3v_1-u_1v_3)+u_3(u_1v_2-u_2v_1) = 0$.

3.1 Da A auf der Geraden liegt, ist der Vektor $\boldsymbol{a} = (0,5,-4)$ ein möglicher Stützvektor der Geraden. Da A und B auf der Geraden liegen, ist der Vektor $\overrightarrow{AB} = (6,3,1)-(0,5,-4) = (6,-2,5)$ ein möglicher Richtungsvektor der Geraden. Daher ist $\boldsymbol{x} = (0,5,-4)+t(6,-2,5)$ eine mögliche Parameterdarstellung.

3.2 Wenn X auf der Geraden liegt, dann muss es eine reelle Zahl geben, die die Vektorgleichung $(1,0,1)+t(1,3,3) = (2,-1,-1)$ erfüllt. Aus $1+t=2$ folgt $t=1$, es ist aber $0+(1)(3)\neq -1$. Somit liegt der Punkt X nicht auf der Geraden.

3.3 Wählt man als Stützvektor den Ortsvektor von A und als Spannvektoren $\overrightarrow{AB}$ und $\overrightarrow{AC}$, so erhält man

$$\boldsymbol{x} = \begin{bmatrix} 2 \\ 0 \\ 3 \end{bmatrix} + s\begin{bmatrix} -1 \\ -1 \\ 2 \end{bmatrix} + t\begin{bmatrix} 1 \\ -2 \\ -3 \end{bmatrix}.$$

Wählt man als Stützvektor den Ortsvektor von B und als Spannvektoren $\overrightarrow{BA}$ und $\overrightarrow{BC}$, so erhält man

$$\boldsymbol{x} = \begin{bmatrix} 1 \\ -1 \\ 5 \end{bmatrix} + s\begin{bmatrix} 1 \\ 1 \\ -2 \end{bmatrix} + t\begin{bmatrix} 2 \\ -1 \\ -5 \end{bmatrix}.$$

3.4 Schreibt man die Parametergleichung als drei Gleichungen, so erhält man

$$x_1 = 1 + 1s + 1t$$
$$x_2 = 2 + 0s + 2t$$
$$x_3 = 0 + 1s + 3t.$$

Löst man die erste Gleichung nach s auf und setzt sie in die dritte ein, so erhält man $x_3 = x_1 - 1 + 2t$. Löst man die zweite Gleichung nach $2t$ auf und setzt sie in $x_3 = x_1 - 1 + 2t$ ein, so erhält man

$$x_1 + x_2 - x_3 = 3.$$

3.5 Einsetzen von $\boldsymbol{p} = \overrightarrow{OP}$ und $\boldsymbol{n}$ in $(\boldsymbol{x} - \boldsymbol{p}) \cdot \boldsymbol{n} = 0$ ergibt die Gleichung in Normalenform

$$\left(\boldsymbol{x} - \begin{bmatrix} 2 \\ -5 \\ 7 \end{bmatrix}\right) \cdot \begin{bmatrix} 2 \\ 1 \\ -2 \end{bmatrix} = 0.$$

Setzen wir $A = (2, 7, 1)$ für $\boldsymbol{x}$ ein, so sehen wir, dass die linke Seite nicht Null ist, also liegt A nicht auf der Ebene.

3.6 Jeder Normalenvektor $\boldsymbol{n}$ muss zu den Spannvektoren orthogonal sein, also muss für $\boldsymbol{n} = (n_1, n_2, n_3)$ gelten $(1, 3, 0) \cdot (n_1, n_2, n_3) = 0$ und $(-2, 1, 3) \cdot (n_1, n_2, n_3) = 0$. Ausrechnen der beiden Skalarprodukte ergibt das lineare Gleichungssystem

$$\begin{aligned} 1n_1 + 3n_2 + 0n_3 &= 0 \\ -2n_1 + 1n_2 + 3n_3 &= 0 \end{aligned}$$

mit zwei Gleichungen und drei Variablen. Eine (ganzzahlige) Lösung ist zum Beispiel $n_1 = 9$, $n_2 = -3$ und $n_3 = 7$. Damit ist $\boldsymbol{n} = (9, -3, 7)$ ein Normalenvektor und als eine Normalengleichung der Ebene (den benötigten Stützvektor kann man direkt der gegebenen Ebenengleichung entnehmen) bekommen wir

$$\left(\boldsymbol{x} - \begin{bmatrix} 2 \\ 1 \\ 2 \end{bmatrix}\right) \cdot \begin{bmatrix} 9 \\ -3 \\ 7 \end{bmatrix} = 0.$$

Einsetzen von $\boldsymbol{x} = (x_1, x_2, x_3)$ in die Normalenform ergibt

$$\begin{bmatrix} x_1 \\ x_2 \\ x_3 \end{bmatrix} \cdot \begin{bmatrix} 9 \\ -3 \\ 7 \end{bmatrix} = \begin{bmatrix} 2 \\ 1 \\ 2 \end{bmatrix} \cdot \begin{bmatrix} 9 \\ -3 \\ 7 \end{bmatrix}.$$

Ausrechnen der beiden Skalarprodukte ergibt die Koordinatengleichung $9x_1 - 3x_2 + 7x_3 = 29$.

3.7 x_1, x_2-Ebene: $\boldsymbol{x} \cdot (0, 0, 1) = 0$, x_1, x_3-Ebene: $\boldsymbol{x} \cdot (0, 1, 0) = 0$ und x_2, x_3-Ebene: $\boldsymbol{x} \cdot (1, 0, 0) = 0$.

4.1

r		r		r	

4.2

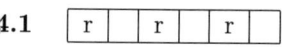

	×

4.3			×					
4.4	×	×						
4.5			×					
4.6			×					
4.7	×							
4.8		×						
4.9	×							
4.10	×							
4.11			×					

4.12 (a) ist falsch. (b) ist richtig.

4.13 (b) kein reeller Vektorraum. **4.14** (b) ist richtig.

4.15 Wir haben zu zeigen, dass $(x_1, y_1) + (x_2, y_2)$ und $c(x, y)$ jeweils eine Lösung ist, wenn (x, y), (x_1, y_1) und (x_2, y_2) Lösungen sind. Setzen wir $(x_1, y_1) + (x_2, y_2) = (x_1 + x_2, y_1 + y_2)$ in die linke Seite der Gleichung ein, so gilt: $a(x_1 + x_2) + b(y_1 + y_2) = ax_1 + ax_2 + by_1 + by_2 = ax_1 + by_1 + ax_2 + by_2 = 0 + 0 = 0$, also ist $(x_1, y_1) + (x_2, y_2)$ eine Lösung. Auch $c(x, y) = (cx, cy)$ ist eine Lösung, denn es ist: $a(cx) + b(cy) = acx + bcy = c(ax + by) = c0 = 0$.

4.16 Die Spalten der Matrix $\boldsymbol{A}$ sind linear unabhängig, also können wir die beiden Spalten als Basisvektoren für den Spaltenraum von $\boldsymbol{A}$ wählen. Es ist ein zweidimensionaler Unterraum im $\mathbf{R}^3$. Aber auch die beiden Vektoren $(1, 0, -1)$ und $(0, 1, 2)$ sind eine Basis. Der Nullraum von $\boldsymbol{A}$ besteht nur aus dem Nullvektor. Folglich ist der Zeilenraum der ganze $\mathbf{R}^2$. Eine Basis ist zum Beispiel $(1, 0)$ und $(0, 1)$. Der Nullraum von $\boldsymbol{A}^{\mathrm{T}}$ ist eine Gerade im $\mathbf{R}^3$ und kann wie folgt parametrisiert werden: $t(1, -2, 1)$, $t \in \mathbf{R}$. Damit ist zum Beispiel $(1, -2, 1)$ eine Basis von $N(\boldsymbol{A}^{\mathrm{T}})$.

4.17 Wahr. **4.18** Falsch. **4.19** Wahr. **4.20** (c) ist richtig.

4.21 (a) $E = \boldsymbol{x}^{\mathrm{T}}\boldsymbol{p} \geq E^*$. (b) $\boldsymbol{x} \cdot (1, 1, 1, 1) \geq 1000$.

4.22 Es ist

$$\boldsymbol{A}^{\mathrm{T}}\boldsymbol{A} = \begin{bmatrix} 1 & 2 & 4 \\ -1 & 3 & 5 \end{bmatrix} \begin{bmatrix} 1 & -1 \\ 2 & 3 \\ 4 & 5 \end{bmatrix} = \begin{bmatrix} 21 & 25 \\ 25 & 35 \end{bmatrix}$$

und

$$\boldsymbol{A}^{\mathrm{T}}\boldsymbol{b} = \begin{bmatrix} 1 & 2 & 4 \\ -1 & 3 & 5 \end{bmatrix} \begin{bmatrix} 2 \\ -1 \\ 5 \end{bmatrix} = \begin{bmatrix} 20 \\ 20 \end{bmatrix}.$$

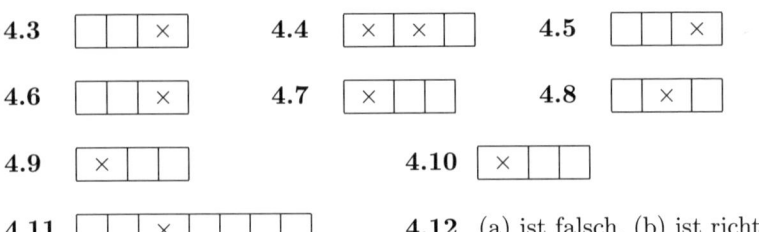

Damit ist

$$\begin{bmatrix} 21 & 25 \\ 25 & 35 \end{bmatrix} \begin{bmatrix} x_1 \\ x_2 \end{bmatrix} = \begin{bmatrix} 20 \\ 20 \end{bmatrix}$$

das Normalsystem zu $\boldsymbol{Ax} = \boldsymbol{b}$.

4.23 Zunächst gilt

$$\boldsymbol{A}^{\mathrm{T}}\boldsymbol{A} = \begin{bmatrix} 3 & -2 \\ -2 & 6 \end{bmatrix}, \quad \boldsymbol{A}^{\mathrm{T}}\boldsymbol{b} = \begin{bmatrix} 14 \\ -7 \end{bmatrix}$$

und

$$(\boldsymbol{A}^{\mathrm{T}}\boldsymbol{A})^{-1} = \begin{bmatrix} 3/7 & 1/7 \\ 1/7 & 3/14 \end{bmatrix}.$$

Somit ist

$$\boldsymbol{x} = (\boldsymbol{A}^{\mathrm{T}}\boldsymbol{A})^{-1}\boldsymbol{A}^{\mathrm{T}}\boldsymbol{b} = \begin{bmatrix} 5 \\ 1/2 \end{bmatrix}$$

die Lösung und der orthogonale Projektionsvektor ist

$$\boldsymbol{p} = \boldsymbol{Ax} = \begin{bmatrix} 11/2 \\ -9/2 \\ -4 \end{bmatrix}.$$

4.24 $W^{\perp}$ enthält mindestens den Nullvektor, da für jeden Vektor $\boldsymbol{w} \in W$ gilt: $\boldsymbol{o} \cdot \boldsymbol{w} = 0$. Wir müssen nun zeigen, dass $W^{\perp}$ unter der Addition und skalaren Multiplikation abgeschlossen ist. Sind $\boldsymbol{u}$, $\boldsymbol{v}$ in $W^{\perp}$ und c ein Skalar, dann gilt für jeden Vektor $\boldsymbol{w} \in W$: $\boldsymbol{u} \cdot \boldsymbol{w} = \boldsymbol{v} \cdot \boldsymbol{w} = 0$, also $(\boldsymbol{u}+\boldsymbol{v}) \cdot \boldsymbol{w} = \boldsymbol{u} \cdot \boldsymbol{w} + \boldsymbol{v} \cdot \boldsymbol{w} = 0 + 0 = 0$ und $(c\boldsymbol{u}) \cdot \boldsymbol{w} = c\boldsymbol{u} \cdot \boldsymbol{w} = c0 = 0$. Damit liegen auch die Vektoren $\boldsymbol{u} + \boldsymbol{v}$ und $c\boldsymbol{u}$ in $W^{\perp}$.

4.25 Die Lösung der Ausgleichsaufgabe ist

$$\boldsymbol{x} = (\boldsymbol{A}^{\mathrm{T}}\boldsymbol{A})^{-1}\boldsymbol{A}^{\mathrm{T}}\boldsymbol{b} = (20)^{-1} \begin{bmatrix} 2 & 4 \end{bmatrix} \begin{bmatrix} 3 \\ 1 \end{bmatrix} = \frac{1}{2}.$$

Der orthogonale Projektionsvektor ist

$$\boldsymbol{p} = \boldsymbol{Ax} = \begin{bmatrix} 2 \\ 4 \end{bmatrix} \frac{1}{2} = \begin{bmatrix} 1 \\ 2 \end{bmatrix}$$

und der Fehlervektor ergibt sich zu

$$\boldsymbol{r} = \boldsymbol{p} - \boldsymbol{b} = \begin{bmatrix} -2 \\ 1 \end{bmatrix}.$$

5.1

	×

5.2

	×	

5.3

	×	

5.4

f		

5.5

		×

5.6

		×

5.7 Es ist $x_1 = \frac{\text{Det}(\boldsymbol{A}_1)}{\text{Det}(\boldsymbol{A})} = \frac{24}{8} = 3$ und $x_1 = \frac{\text{Det}(\boldsymbol{A}_2)}{\text{Det}(\boldsymbol{A})} = \frac{8}{8} = 3$.

6.1

	×	

6.2 Sowohl die Matrix $\boldsymbol{A}^{\mathrm{T}}\boldsymbol{A}$ als auch die Matrix $\boldsymbol{A}\boldsymbol{A}^{\mathrm{T}}$ ist symmetrisch. Daher besitzen beide Matrizen eine Basis aus Eigenvektoren; zum einen im Raum $\mathbf{R}^n$ und zum anderen im Raum $\mathbf{R}^m$.

6.3 Die Eigenwerte sind die Diagonalelemente und als Eigenvektoren kann man die natürliche Basis wählen.

6.4 Falsch. **6.5** Wahr. **6.6** Falsch.

6.7 Aus der charakteristischen Gleichung von $\boldsymbol{A}$ $\text{Det}(\lambda \boldsymbol{E}_2 - \boldsymbol{A}) = (\lambda - 4)(\lambda - 2) = 0$ ergeben sich die Eigenwerte $\lambda = 4$ und $\lambda = 2$. $\boldsymbol{q}_1 = (1/\sqrt{2}, 1/\sqrt{2})$ und $\boldsymbol{q}_2 = (-1/\sqrt{2}, 1/\sqrt{2})$ sind orthonormale Basisvektoren, sodass sich eine Eigenvektorenmatrix $\boldsymbol{Q}$ wie folgt ergibt

$$\boldsymbol{Q} = \begin{bmatrix} 1/\sqrt{2} & -1/\sqrt{2} \\ 1/\sqrt{2} & 1/\sqrt{2} \end{bmatrix}.$$

7.1

		×

7.2 L ist linear, denn es gilt

$$\begin{aligned} L(c\boldsymbol{x} + d\boldsymbol{y}) &= L(cx_1 + dy_1, cx_2 + dy_2) \\ &= (cx_1 + dy_1 - 2(cx_2 + dy_2), -(cx_2 + dy_2)) \\ &= (cx_1 + dy_1 - 2cx_2 - 2dy_2, -cx_2 - dy_2) \\ &= (cx_1 - 2cx_2 + dy_1 - 2dy_2, -cx_2 - dy_2) \\ &= (cx_1 - 2cx_2, -cx_2) + (dy_1 - 2dy_2, -dy_2) \\ &= c(x_1 - 2x_2, -x_2) + d(y_1 - 2y_2, y_2) \\ &= cL(\boldsymbol{x}) + dL(\boldsymbol{y}). \end{aligned}$$

7.3 Es ist $\boldsymbol{A}_E = \begin{bmatrix} 1 & -2 \\ 0 & -1 \end{bmatrix}$ und

$$\begin{aligned}\boldsymbol{A}_{B'} &= \boldsymbol{P}^{-1}\boldsymbol{A}_E\boldsymbol{P} \\ &= \begin{bmatrix} 2 & -3 \\ 1 & 4 \end{bmatrix}^{-1} \begin{bmatrix} 1 & -2 \\ 0 & -1 \end{bmatrix} \begin{bmatrix} 2 & -3 \\ 1 & 4 \end{bmatrix} \\ &= \begin{bmatrix} -3/11 & -56/11 \\ -2/11 & 3/11 \end{bmatrix}.\end{aligned}$$

7.4 Die Standarddarstellungsmatrix von L ist symmetrisch und daher diagonalisierbar. Eigenvektoren sind daher eine geeignete Basis. Durch Diagonalisierung der Standardarstellungsmatrix

$$\boldsymbol{A}_E = \begin{bmatrix} -2 & 1 & -1 \\ 1 & -2 & -1 \\ -1 & -1 & -2 \end{bmatrix}$$

erhält man zum Beispiel die Eigenvektoren $(-1,-1,1)$, $(-1,1,0)$ und $(1,0,1)$. Sie bilden eine Basis des $\mathbf{R}^3$ bezüglich derer L Diagonalgestalt hat, da die dazugehörige Darstellungsmatrix eine Diagonalmatrix ist.

7.5 L ist die orthogonale Projektion auf die (x,y)-Ebene; jeder Punkt im $\mathbf{R}^3$ wird auf die (x,y)-Ebene orthogonal projiziert. Es ist

$$\boldsymbol{A}_E = \begin{bmatrix} 1 & 0 & 0 \\ 0 & 1 & 0 \\ 0 & 0 & 0 \end{bmatrix}$$

und

$$\begin{aligned}\boldsymbol{A}_{B'} &= \boldsymbol{P}^{-1}\boldsymbol{A}_E\boldsymbol{P} \\ &= \begin{bmatrix} 1 & 1 & 1 \\ 0 & 1 & 1 \\ 0 & 0 & 1 \end{bmatrix}^{-1} \begin{bmatrix} 1 & 0 & 0 \\ 0 & 1 & 0 \\ 0 & 0 & 0 \end{bmatrix} \begin{bmatrix} 1 & 1 & 1 \\ 0 & 1 & 1 \\ 0 & 0 & 1 \end{bmatrix} \\ &= \begin{bmatrix} 1 & 0 & 0 \\ 0 & 1 & 1 \\ 0 & 0 & 0 \end{bmatrix}.\end{aligned}$$

Literaturverzeichnis

Die Literaturangaben sind alphabetisch nach den Namen der Autoren sortiert.

[1] Anton, H.: *Lineare Algebra.* Spektrum-Verlag, 1998.

[2] Bartsch, H.: *Taschenbuch Mathematischer Formeln.* Carl Hanser Verlag, 19. Auflage, 2001.

[3] Beutelspacher, A.: *Lineare Algebra.* Vieweg-Verlag, 5. Auflage, 2001.

[4] Dobbener, R.: *Lineare Algebra.* Oldenbourg-Verlag, 4. Auflage, 2001.

[5] Dobner, H.-J., Engelmann, B.: *Analysis 1.* Carl Hanser Verlag, 2002.

[6] Fetzer, A., Fränkel, H.: *Mathematik 1.* Springer-Verlag, 6. Auflage, 2000.

[7] Fischer, G.: *Lineare Algebra.* Vieweg-Verlag, 13. Auflage, 2002.

[8] Golub, G., van Loan, C.: *Matrix Computations.* The Johns Hopkins University Press, 3. Auflage, 1996.

[9] Jänich, K.: *Lineare Algebra.* Springer-Verlag, 9. Auflage, 2002.

[10] Koecher, M.: *Lineare Algebra und analytische Geometrie.* Springer-Lehrbuch, 1992.

[11] Lipschutz, S.: *Lineare Algebra – Theorie und Anwendung.* Mc Graw-Hill, 1977.

[12] Möller, H.: *Algorithmische Lineare Algebra.* Vieweg-Verlag, 1996.

[13] Schwarze, J.: *Mathematik für Wirtschaftswissenschaftler, Band 3: Lineare Algebra, Lineare Optimierung und Graphentheorie.* nwb-Verlag, 11. Auflage, 2000.

[14] Strang, G.: *Introduction to Linear Algebra.* Wellesley-Cambridge Press, 2. Auflage, 1998.

Sachwortverzeichnis

Alle **fett**gedruckten Seitenzahlen sind Referenzen auf die Definition des jeweiligen Begriffs. Demgegenüber geben normal gedruckte Seitenzahlen die Seiten der Verwendung des jeweiligen Begriff wieder.